人类的故事

［美］亨德里克·威廉·房龙 著

徐明皓 译

U0391645

中国妇女出版社

图书在版编目（CIP）数据

人类的故事 /（美）房龙著；徐明皓译. –– 北京：

中国妇女出版社，2015.10

（西方青少年人文经典）

ISBN 978-7-5127-1151-8

Ⅰ.①人… Ⅱ.①房… ②徐… Ⅲ.①人类学—青少年读物

②世界史—青少年读物 Ⅳ.①Q98-49②K109

中国版本图书馆CIP数据核字（2015）第206004号

人类的故事

作　　者：［美］亨德里克·威廉·房龙 著　徐明皓 译

责任编辑：门莹

封面设计：柏拉图

责任印制：王卫东

出版发行：中国妇女出版社

地　　址：北京东城区史家胡同甲24号　　邮政编码：100010

电　　话：（010）65133160（发行部）　65133161（邮购）

网　　址：www.womenbooks.com.cn

经　　销：各地新华书店

印　　刷：北京集惠印刷有限责任公司

开　　本：165mm×235mm　1/16

印　　张：18.5

字　　数：340千字

版　　次：2015年10月第1版

印　　次：2015年10月第1次

书　　号：ISBN 978-7-5127-1151-8

定　　价：32.00元

前　言

致汉斯和威廉：

　　我十二三岁的时候，我的一位叔叔——就是他让我爱上书籍和绘画的——答应我，要带我进行一次难忘的历险。我要和他一起去鹿特丹，登上老圣-劳伦斯塔的塔顶。

　　就这样，在一个风和日丽的日子，一位教堂司事拿着一把像圣彼得大钥匙一样大的钥匙，为我们开启了一道神秘之门。他说："等你们回来想出去的话，按门铃就行。"生锈的老合页门发出刺耳的摩擦声，它就这样把我们和吵闹的街道分隔开，我们来到了一个充满新奇体验的世界。

　　生平第一次，我陷在了这种完全的寂静里。爬上第一道楼梯之后，我有限的自然现象认知里又多了一个新发现——触手可及的黑暗。多亏了一根火柴，我们找到了继续向上的路。我们爬了一层又一层，我已经记不清爬到第几层了。然后又爬了一层，突然，周围出现一大片光亮。原来，这一层跟教堂顶位于同一个高度，被用作了储藏室。象征着崇高信仰的废弃物被埋在几英寸厚的灰尘之下，早在数年前，这城中的居民就背弃了他们的信仰。对于我们的祖先来说，这些物件曾生死攸关，如今却变成了垃圾。勤奋的老鼠在雕刻的神像里搭了自己的窝；蜘蛛也还是那么警觉，在一位可亲的圣人伸出的双臂之间奔波着。

　　又向上爬了一层，我们终于知道刚才的光来自哪里了。窗户大敞着，外面嵌着一根根粗大的铁栅栏，这间既高大又荒凉的屋子成了几百只鸽子的栖息之所。风从铁栅栏中吹进来，空气中满是新奇又动听的音乐。这声音来自楼下喧嚣的城镇，但由于距离遥远，已经被净化了。汽车的轰鸣声，马蹄的嗒嗒声，起重机和滑轮的嘎嘎声，还有耐心的蒸汽机发出的嘶嘶声（它以各种各样的方式干着人类该干的活儿）——这些声音融合在一起，就像沙沙的低语一样，这唯美的声音刚好衬托出鸽子咕咕的叫声。

　　楼梯到这里就结束了，我们要开始爬梯子了。第一节梯子很旧、很滑，我们不得不小心翼翼地摸索着前进。爬过这段梯子之后，我们又有了一个更大、更新奇的发现——城市的大钟。我看到了时间的心脏。我可以听到秒针快速转动时发出的沉重的响声——1声、2声、3声……一直到60声。突然，大钟所有的齿轮似乎都停止了转动，一分钟的时间就这样从永恒中被分割出来，发出一种颤抖的声音。没有任何停顿，大钟又开始了下一分钟——1分钟、2分钟、3分钟……直到最后，一声巨响，仿佛在发出警告一样，齿轮相互摩擦，发出雷鸣般的声音，就在我们头顶正上方，向世界宣告，正午到了。

再向上一层，这里布满了各式各样的钟。有精巧的小钟，也有笨拙的大钟。在正中间，则立着那口最大的钟。若在半夜听见它发出声音，我一定会吓得手足无措，因为这响声预示着有火灾或洪水发生。它独自庄严地立在那里，仿佛在思索过去的600年的历史。在这600年里，它见证了鹿特丹市民的喜怒哀乐。就像旧式药房里整齐排列的蓝色药罐一样，大钟周围也挂满了小钟。每两周，市民们便会来赶集，要么做点买卖，要么打听点新鲜事。这时，这些小钟就会为他们演奏一首悦耳的歌曲。在角落里，一口黑色大钟孑然独立，无声却严厉——那是死亡之钟。

再向上走，我们又陷入了黑暗。梯子更陡了，比我们刚刚爬过的还要危险。突然，来自广阔天宇的新鲜空气扑面而来。我们已经到了最高的阁楼上。头顶是广阔的天空，脚下是渺小的城市——就像座玩具城一样，人们渺小得像蚂蚁，穿梭不息，每个人都只惦记着自己的那点儿事。石砌的城墙之外，则是一片绿野茫茫。

这是我第一次看到如此辽阔的世界。

从那以后，一有机会，我就爬上塔顶自娱自乐。爬上塔顶并不容易，但所耗费的体力绝对值得。

而且，我也清楚我将得到什么。我会看到大地和天空，我会听到我的看钟人好友讲的故事——他住在一个建在阁楼避风一角的小屋子里。他照看大钟和其他所有的钟，如遇火情，他还会发出警报。但他的业余时间也不少，这时，他就会吸着烟斗，思考着他自己的事。差不多50年前，他还上过学，却几乎连一本书都没读过。不过他在塔顶住了这么多年，已经从环抱他的大千世界中吸取到了智慧。

关于历史，他知道很多，因为对他来说，历史是鲜活的。他会指着河的一个拐弯处说："那儿，就在那儿，小伙子，你看到那些树了吗？奥兰治亲王就是在那儿断开堤坝，淹没了大地，挽救了莱顿城。"有时，他还会给我讲老默兹河的故事，一直讲到这条宽阔的河流由便捷的港口变成神奇的"公路"，载着德·勒伊特和特龙普的船，驶向他们著名的最后一次航行。他们牺牲了自己，为的是让大海能够属于所有人。

还有那些小村庄，分布在保佑它们的教堂周围。很久以前，这座教堂曾是它们的守护神的家。远处，我们还可以看到代尔夫特市的斜塔。我们能看见它高高的拱门，威廉一世就是在那儿被谋杀的，格劳秀斯也是在那儿造出了第一个拉丁句子。再往远看，是又长又矮的高达教堂，那是伊拉斯谟最早的家。他的智慧胜过诸多皇帝的千军万马，这个曾经的孤儿的名字曾一度响彻世界。

视线尽头是无垠大海的银色海岸线。与之形成鲜明对比的，是我们脚下斑驳的屋顶、烟囱、房屋、花园、医院、学校和铁路——我们称之为家的地方。不过，这座塔从一个全新的视角向我们展示了家的风貌。喧嚣的街道、集市、工厂和作坊成为人们能力和意愿的清晰体现。当我们重新回到日常生活中时，最好的东西——一直环绕在我们身边的辉煌的过去，会给予我们勇气去面对未来的问题。

历史是一座雄伟的经验之塔，在逝去的岁月里，时间造就了历史。登上这座古老建筑的顶端去饱览美景，并不是一件容易的事。这里没有电梯，但是年轻人拥有强健的双脚，登顶一定会成功的。

而现在，我就送给你一把打开神秘之门的钥匙。等你回来的时候，你就会明白我的热情源自何处。

亨德里克·威廉·房龙

目 录

第1章　人类历史舞台的形成

我们一直活在一个巨大问号的阴影下。

我们是谁？

我们从哪里来？

我们又将去向何处？

凭借着无畏的勇气，我们慢慢将这个巨大的问号推向远方，越过我们的视野，以期在那里找到答案。

然而，我们还没有走得太远。

对于这个世界，我们所了解的东西还太少，但我们已经可以非常准确地猜测出许多事情来。

在这一章，我会告诉你们（根据大多数人的共识），人类最初是如何出现在历史舞台上的。

如果我们用一条特定长度的直线来表示生命在地球上存在的大概时间，那么它正下方的那条短线（见下图）则表示人类（或与人类相似的生命）在这个星球上生活的时间。

人类是地球上最后出现的动物，却最早学会用智慧来征服自然力量。这就是我们要研究人类，而不去研究猫、狗、马或其他动物的原因，尽管这些动物也都有着各自非常有趣的进化史。

就目前所知，我们所居住的这颗行星最开始是一个燃烧着的巨大球体。在浩瀚的宇宙中，这个大球也不过是一片渺小的烟云。渐渐地，几百万年过去了，地球的表面已经燃烧殆尽，一层薄薄的岩石层覆盖在其表面。在这些毫无生命的岩

雨下不停

石之上，暴雨不停地落下，冲刷着坚硬的花岗岩，将冲刷下来的尘土带进峭壁间的峡谷之中，峡谷内蒸汽弥漫。

终于，阳光穿过云层，照射进来，这颗小星球的本貌也显现出来。许多散布在其表面的小溪逐渐汇集成东西半球广阔的海洋。

然后，某一天，奇迹出现了：死气沉沉的星球诞生了生命。

第一个活细胞是漂浮在大海里的。

在上百万年的时间里，它都跟着水流毫无目的地漂浮着。但就在这漫无目的的漂流中，它养成了某些特有的习性，这些习性能够让它在恶劣的环境中更好地生存下去。一些细胞喜欢沉积在湖泊和池塘黑暗的底部，于是它们便在从山顶冲刷下来的淤泥中扎根，最终变成了植物。另一些更喜欢移动，于是它们长出了奇怪的四肢，就像蝎子一样，在海底的植物和像水母一样的淡绿色东西之间缓慢爬行。还有一些长满鳞片的细胞，觅食的时候就像在游泳一样，来来回回地运动。渐渐地，它们演变成海洋里数不胜数的鱼类。

与此同时，植物的数量也在不断增长，它们不得不去寻找新的栖息地，因为海底再也没有多余的空间了。它们不情不愿地上了岸，在沼泽和山脚的泥滩上筑起了新家。每天两次，潮水会将它们淹没，为它们提供所需的盐分。其他时间里，它们则努力去适应周围不舒服的环境，并试图在地球表面稀薄的空气里生存下来。经过几个世纪的训练，它们学会了如何在空气中舒适地生存，就像当初在水里生活一样。它们变得越来越大，变成了灌木和乔木。最后，它们还学会了如何开出美丽的花朵，吸引忙碌的大黄蜂和小鸟将它们的种子带到更远、更辽阔的地方，直到整片大地都被绿植覆盖。

一些鱼类也开始离开海洋。它们学会了用鳃和肺两种方式呼吸。我们把这样的动物叫作两栖动物，也就是说，它们在陆地上和水中都能生活。你在路上遇到的第一只青蛙就能告诉你，身为两栖动物，这种穿梭在两种生存环境中的感觉是多么有趣。离开水以后，这些动物越来越能适应陆地上的生活。其中一些变成了爬行动物，类似于蜥蜴，它们与昆虫共同享受着原始森林的静谧。为了能够在松软的土壤中迅速爬行，它们的四肢逐渐强壮起来，体形也随之增大，直到整个世界都被这些庞然大物所占领。它们的身高可达30英尺～40英尺。若大象和它们在一起玩耍，就好像小猫咪在和成年猫玩耍一样。在生物学手册中，这些巨大的生物被称为恐龙家族，有鱼龙、斑龙、雷龙等。

之后，这个爬行动物家族中的一些成员开始寄居在高高的树顶上。通常，它们居住的树有上百英尺高。这种情况下，它们就不再需要用腿走路，而是需要在树枝间迅速地移动。为了适应新的生存环境，它们身体两侧和前肢小脚趾间的一部分皮肤逐渐变成了肉膜，就像降落伞一样。渐渐地，这层薄膜上又长满了羽毛，它们的尾巴则变成了可以控制方向的方向杆。这样，它们就能在树木间飞来飞去，并最终进化成真正的鸟类。

人类的出现

但是，一件奇怪的事情发生了。所有的大型爬行动物在短时间内全部死亡。直到现在，我们也无法知道其中的原因。我们猜想，这或许与气候突变有关，又或者是由于它们体形过于庞大，以至于行动困难，无法自由地游泳、行走或者爬行，只能眼巴巴地看着那些鲜美的蕨类植物和树叶，却采摘不到，直到被活活饿死。不管是什么原因导致了这场大灭亡，至此，延绵了几百万年的古爬行动物时代宣告结束。

而现在，世界被多种多样的生物所占领。它们是爬行动物的后代，但又与之前的爬行动物截然不同。它们用乳房哺育自己的幼崽，因此，现代科学将这些动物称为"哺乳动物"。它们身上没有鱼儿的鳞片，也没有鸟儿的羽毛，全身上下被毛发覆盖。除此之外，哺乳动物还养成了一些特殊的习性，与其他动物相比，这些习性更有助于它们繁衍后代。比如，哺乳动物的受精卵会一直存在于雌性动物的体内，直至孵化。其他动物会将自己的幼崽暴露在严寒酷暑之中，时刻面临野兽的袭击，而哺乳动物则会将幼崽带在身边，因为它们还无力抵抗强大的敌人。这样，便能长时间保护幼崽不受伤害。这种方式让年幼的哺乳动物得到更多生存下来的机会。在哺乳期间，它们还能从母亲那里学到很多技能。如果你能看到母猫是如何教小猫崽洗脸、捉老鼠、照顾自己等，你就会明白这一点。

关于哺乳动物，我不需要多说什么，因为你对它们已经非常了解了。它们就在你身边，不论是在大街上还是在家里，它们都随处可见。透过动物园的铁栅栏，你也会见到一些不太熟悉的哺乳动物。

现在，我们步入了一个全新的时代。人类不再像其他沉默的动物一样自生自灭，他们开始用理性来掌握种族的命运。

植物离开大海

有一头哺乳动物，在觅食和寻找栖息地方面比其他动物厉害得多。它学会了用前脚抓住猎物。经过不断的练习，它的前脚进化成类似于手掌的爪子。无数次的尝试后，它还学会了用两条后腿来平衡整个身体。（这其实是一个非常困难的动作。尽管人类已经有上百万年直立行走的历史，但每一个新生儿都要从头学起。）

这种动物似猿非猴，但正是由于这种特殊的形态，它成为了最棒的猎手，在任何气候下都能生存。出于安全考虑，它们经常集体行动。它们学会了如何发出奇怪的噜噜声，以警告自己的幼崽危险正在靠近。经过成百上千年的演变，它们开始用喉部发出怪音来进行交谈。

也许你会觉得难以置信，但这个生物就是最初的"类人"祖先。

第2章 人类最早的祖先

　　对于最初"真正"的人类，我们其实知之甚少。我们从来没见过他们。有时，在古时土壤的最深层，我们能找到一些他们的骨头。这些骨头和其他那些从地球上消失已久的动物的骨骼埋在一起。人类学家（那些终生把人类当成动物来研究的科学家们）在拿到这些零星的骨头之后，经过长期研究，就能准确复制出人类最早的祖先的样貌。

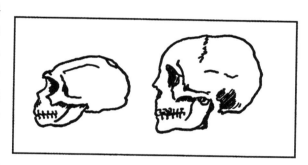

人类头骨的进化

　　人类最早的祖先是一种样貌丑陋、毫无吸引力的哺乳动物。他们身材矮小，比现代人要矮得多。常年的风吹日晒让他们的皮肤变成了深棕色。他们的头上、手上、腿上，几乎全身都长满了又粗又长的毛。他们的手指纤细而有力，整只手看上去就像猴的爪子一样。他们的前额很低，下颚更像那些尖牙利齿的野兽。他们赤身裸体。他们不知道什么是火，只是偶尔会看到隆隆的火山喷发出火焰，岩浆和浓烟铺满大地。

　　他们住在辽阔森林里阴暗潮湿的地方，即便是现在，非洲的俾格米原始部落仍然生活在这样的地方。饥饿难耐时，他们就用生树叶和植物的根来果腹，或者是从鸟儿那里把蛋偷走，然后喂给自己的孩子。运气好的时候，他们还能抓住麻雀、小野狗或者兔子，当然，这要经过一番长时间耐心的追逐。这些东西他们都是生吃的，因为他们还没有发现用火烤熟这些食物后会更美味。

　　白天，这些原始人会小心翼翼地在森林里寻找食物；到了晚上，雄性的原始人会把妻儿藏在树洞中或者巨石的后面，因为他们四周布满了凶猛的野兽，这些野兽常常在夜间出动，为它们的配偶和幼崽寻找食物，而且它们很喜欢人肉的味道。在这个世界中，要么吃掉野兽，要么被野兽吃掉，生活时刻充满着恐惧与灾难，人类每天都过得提心吊胆。

夏季，人类会暴露在炙热的阳光下；冬季，他们时常目睹孩子冻死在自己的怀里。若他们不小心伤到自己（追赶野兽时很容易摔断骨头或扭伤脚踝），也没有人来照顾，只能在恐惧中等待死亡的来临。

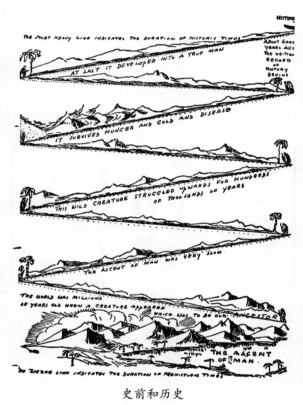

史前和历史

像动物园中很多动物会发出奇怪的叫声一样，早期的人类也喜欢发出短促又含混不清的叫声。也就是说，他们总是反复发出一些相同却毫无意义的声音，因为能听到自己的声音他们很开心。渐渐地，他们发现，在适当的时候，这种从喉部发出的声音可以用来警告同伴。危险发生的时候，他们便发出特殊的尖叫声，每一声都有着特定的含义，例如"那儿有一只老虎"或者"5头大象来了"。同伴会咕哝几声，当作回应，好像在说"我看见它们了"或者"我们快点儿躲起来吧"。也许，这就是语言的起源。

但正如之前所说的，对于这些起源，我们知之甚少。早期的人类没有工具，也没有遮风挡雨的地方。他们生生死死，除了几根锁骨和几片头骨碎片能够证明他们存在过之外，再没有其他东西了。我们知道的也只是在几百万年前，曾经有某种哺乳动物生活在这片土地上，他们有别于其他动物，很可能是从某种未知的类猿动物进化而来的。这种类猿动物学会了用后腿直立行走，并把前爪当作手来使用。他们很可能与我们的直系祖先相关。

总之，对于最早的人类祖先，我们知道的还远远不够，很多秘密还有待我们进一步去探索。

第3章 史前人类

史前人类开始为自己制造工具。

　　早期人类并不清楚时间意味着什么。他们不过生日，也没有结婚纪念日或者祭日，甚至对于日、周、年，他们也完全没有概念。但他们会用一种很简单的方法来记录季节的交替。他们注意到，温暖的春天总是降临在寒冷的冬天之后；然后就到了炎热的夏天；当果实成熟、谷穗可以收割的时候，夏天就结束了；等阵阵狂风把树叶吹落之后，很多动物便开始准备进入漫长的冬眠了。

　　但是现在，一件异乎寻常又耸人听闻的事情发生了。这件事情和天气有关。炎热的夏天到得比以往要晚，果实还没有成熟，原本青草遍地的山顶，现在却被一层厚厚的积雪所覆盖。

　　之后的某个清晨，一群野人从山顶狂奔下来。他们和住在附近地区的居民有所不同。他们看上去很瘦，而且好像还挨着饿。他们发出难懂的叫声，好像在说他们很饿。但是现有的食物并不够当地居民和这些新来者分享。当他们想要在这儿多逗留几日时，一场可怕的战争发生了。这些野人用爪子一样的手和脚互相厮杀，有些野人全家都被杀死了。剩下的则逃回到山坡上，死在了之后的暴风雪中。

　　而住在森林里的人们也十分害怕。和从前相比，白昼变得越来越短，夜晚也愈加寒冷。

　　最后，在两座小山的裂口处，一块淡绿色的小冰块出现了。它迅速变大，变成了巨大的冰川，从山上滚落下来。一块块大石头被推进山谷。在轰鸣的雷雨声中，急流夹杂着冰块、泥浆和花岗岩块涌向森林，住在森林里的人还在睡梦中就丢掉了性命。百年老树成了熊熊燃烧的木头，随后，天空飘起了雪花。

　　降雪一直持续了好几个月。所有植物都被冻死了，大批动物为了寻找阳光，开始向南方温暖的地方迁徙。人类背上自己的孩子，跟在动物后面，也开始了南迁。然而，他们没法像野兽们移动得那么迅速，他们必须作出选择，要么马上想出解决办法，要么面对死亡。他们应该是选择了前者，因为他们成功地在冰河时期之后生存了下来。在冰河时期，以下4个方面威胁着人类的生存。

首先，人类需要衣服，不然就会被冻死。他们学会了在地上挖个大洞，并用树枝和树叶将洞口盖住。他们用这个简易的陷阱来捕捉熊和鬣狗，然后用大石头砸死它们，把它们的皮毛剥下来，给自己和家人做大衣。

接下来是住房问题，这倒是很简单。许多动物都习惯睡在黑暗的洞穴里，人类便效仿它们的样子，把动物赶出温暖的家，自己住了进去。

即便如此，对于大部分人来讲，气候仍是一个严峻的考验，老人和孩子大批死亡。一个天才想到了火。有一次，他外出捕猎，刚好遇到了森林大火。他记得自己差点被火焰烤死，所以那时，火对他来说还是个敌人。而现在，火成了人类的朋友。人们把一棵枯树拖进山洞，从一棵燃烧着的木头上取下几根树枝，点燃了洞里的枯树。火光把寒冷的洞穴变成了舒适的小屋。

之后的某个傍晚，一只死鸡意外掉进了火堆。人们发现它的时候，它已经被烤焦了。人们发现，肉烤熟之后更加美味。于是，他们不再像其他动物一样吃生的东西，而是开始做起了熟食。

就这样，几千年过去了。只有那些最聪明的人生存了下来。他们不得不日夜与严寒和饥饿作斗争，于是，他们被迫发明了各种工具。他们学会了如何把石头磨尖做成石斧，还学会了如何制作锤子。他们还要贮存大量的食物来度过漫长的冬天。他们发现用黏土可以制作碗和罐子，把它们放在阳光下就会晒干。而原本会给人类带来绝迹之灾的冰河时期，却成了人类的导师，因为它迫使人类去运用自己的大脑。

史前欧洲

第4章　象形文字

埃及人发明了文字，人类开始记录历史。

这些最早生活在欧洲荒野上的祖先，迅速学习着新事物。可以说，随着时间的流逝，他们终将脱离野蛮人的生活方式，并缔造出一种属于自己的文明。但是突然间，他们与世隔绝的状态被打破了。他们被发现了。

一个来自南方未知大陆的旅者跋山涉水，来到了野蛮人居住的欧洲大陆。他来自非洲，他的故乡在埃及。

早在西方人还不知道如何使用刀叉、车轮或房屋的几千年以前，尼罗河谷就已经出现了非常先进的文明。现在，我们要离开居住在洞穴里的祖先，去拜访地中海南岸和东岸——人类最初文明的发源地。

古埃及人教会了我们许多东西。他们是优秀的农民，通晓灌溉之法。他们建造的神庙之后被希腊人所模仿，也是现代教堂建筑最早的灵感来源。他们编写了一种日历，对时间的测量极为精准，我们今天所使用的日历只是对它进行了一些改进。而最重要的是，古埃及人学会了如何为后人保留语言，他们发明了文字。

如今，我们早就对报纸、书籍和杂志等习以为常，于是我们便想当然地认为，读书和写字是人类向来就有的能力。事实上，书写这项人类最重要的发明，登上人类历史舞台的时期相当晚。如果没有那些用文字记录下来的书籍，我们就会像猫狗一样，只能教它们的下一代一些非常简单的东西。因为它们不能书写，所以它们无法将之前一代代猫狗的经验记录下来。

公元前1世纪，古罗马人来到埃及。他们发现，河谷里遍布奇怪的小图案，这些图案似乎和埃及的历史有关。但是罗马人对任何"外国的"东西都不感兴趣，于是他们没有探究那些雕刻在神庙和宫殿的墙上或是被画在莎草纸上的奇怪图案。最后一个了解如何绘制这些图案的埃及祭司，在多年前已经去世了。埃及也不再独立存在，它就像一个堆满重要历史文献的大仓库，既没有人能够破译这些文献，也没有人想要破译，因为不论是对人类还是对动物来说，破解它们都没有任何实用价值。

17个世纪过去了，埃及这片土地仍旧充满了神秘色彩。直到1798年，一位名叫波拿巴的法国将军准备进军英属印度殖民地时，恰好路过了东非。他没能渡过尼罗河，战役宣告失败。不过这次著名的远征却无意中破解了古埃及的象形文字。

一天，一位年轻的法国军官觉得罗塞塔河（尼罗河的一个河口）边小堡垒里的生活太过乏味，于是他决定到尼罗河三角洲的古老废墟中去转转。突然，他发现一块让他疑惑不解的石头。和埃及的其他任何东西一样，这块石头上面雕刻着许多小图像，但这块特殊的黑色玄武岩小石板与先前发现的任何东西都不一样。它上面刻着三样东西，其中一样是希腊文。人们能读懂希腊文，于是他想："如果把希腊文和这些埃及图像对照起来的话，埃及图像的秘密马上就能被破解了。"

这个计划听上去很简单，但人们用了20多年的时间才破解了谜团。1802年，一位名叫商博良的法国教授开始对比刻在罗塞塔石块上的这两种文字。1823年，他宣布已经成功破解了石块上14个小图像的含义。不久，他因超负荷工作而去世，但人们已经掌握了埃及文字的主要书写规律。如今，多亏那些保留下来的关于尼罗河谷4000年历史的文字记载，使得我们对尼罗河历史的了解才比密西西比河要多得多。

古埃及的象形文字（这个单词意味着"神圣的书写"）在人类历史上扮演着非常重要的角色，一些象形文字经过改编，变成了我们现在使用的字母。因此，对于这个神奇的文字体系，你应该多少了解一些。早在5000年前，这个体系就被应用，并为后人保留了前人的语言。

当然，你知道图像语言是什么。在西方，流传的每一个关于印第安人的故事，都有专门的一章用来讲述那些奇怪的小图像所表达的意义。比如在一次狩猎中，有多少野牛被杀，或者有多少猎人参加了捕猎。一般情况下，这些图像所传达的信息不难被理解。

然而，古埃及文字不仅仅是简单的图像语言。尼罗河谷聪明的人们很久以前就已经超越了这一阶段。和图像本身相比，他们所绘制的这些小图像意味着很多东西。现在，我会试着给大家解释一下。

假设你就是商博良，你正在研究一叠写满象形文字的莎草纸。突然，你看到一个图像，那是一个男人拿着一把锯，你会说："非常好，这个图像传达的意思是，一个农民出去砍倒了一棵树。"然后，你又看到了另一张纸。它描述的是一位在82岁时去世的皇后的故事。某一句中间，拿着锯的男人的图像又出现了。82岁的皇后肯定不能拿锯去砍树，所以这个图像肯定还有其他含义。那是什么呢？

这就是商博良解开的谜。他发现，古埃及人是最早使用如今被称为"语音文字"的人。这种文字体系的特点是，它可以将我们说的话再现，并借助各种笔画，将口语翻译成一种书面语的形式。

让我们再回到之前看到的那个图像——拿着锯的男人。"锯"（saw）这个单词既可以表示木工店里的一件工具，又可以是动词"看"（see）的过去式。

这就是这个单词在几个世纪里经历的变化。起初，它只代表某种特定的工具"锯"。后来，这个意义逐渐消失，它变成了一个动词的过去式。几百年后，埃及人不再使用这两种意义，图像只表示了一个字母"s"。一个短句可以表明我的意思。这是一个用象形文字书写的现代英文句子，表达如下：

图像既可以表示长在你脸上能让你看见东西的眼睛（eye），也可以表示"我"（I），即正在说话的人。

图像既可以表示一种采蜜的昆虫（bee），又可以表示动词"是"（be），意味着存在。后来，它变成了"成为"（be-come）或"行为"（be-have）等动词的前缀。在这个句子里，它之后的图案是，这个图像代表"树叶"（leaf，复数为leaves）"离开"（leave）或"欣然"（lieve），这三个词的发音一样。

大家都知道"眼睛"那个图像的意义。

最后一个图像代表了长颈鹿。这个图像是古埃及图像语言的一部分，我们所说的象形文字也是由这种语言发展来的。

现在，你可以轻松读出这句话了：

"我相信，我看见了一只长颈鹿。"

古埃及人发明了这套文字，并在几千年的时间里不断将它完善，直到他们可以用这套文字记录他们想说的任何一句话。他们用这些记录下来的文字向朋友们传递消息，记录贸易往来或是埃及的历史，这样后人便能从他们的错误中吸取教训。

第5章　尼罗河河谷

尼罗河河谷——文明的开始。

　　人类历史其实是一部关于某个饥饿的生物四处寻找食物的记录。哪里有充足的食物，他们就到哪里安家落户。

　　很久以前，尼罗河河谷就已经闻名遐迩。从非洲内陆到阿拉伯沙漠再到亚洲西部，人们大批涌向埃及，想要分到一片肥沃的土地。这些入侵者组成了一个新的民族，他们称自己为"雷米"或"人"。命运之神将他们引领到这块狭长的土地上，他们理应感恩戴德。每年夏天，尼罗河都会泛滥，洪水将河谷变成了浅湖；洪水退去后，所有的谷地和草场都会覆盖上一层几英寸厚的肥沃土壤。

　　在埃及，伟大的尼罗河完成了几百万人力才能完成的工作，养育了人类历史有迹可循以来第一批大城市的庞大人口。事实上，并非所有适于耕种的土地都位于河谷地带，但只要利用有效的水利系统，就能很好地解决取水问题。这个系统相当复杂，首先要通过许多小运河和长吊桶将水从河面引到河岸的最高处，然后再通过一个更为复杂的灌溉系统，将河水灌溉到各个农田。

埃及河谷

　　当史前人类每天要花16个小时为自己和部落成员寻找食物时，埃及的农民和城市居民已经开始享受他们的闲暇时光了。他们利用这些空余时间制作了很多东西，但这些东西只起到装饰作用，没有什么实际使用价值。

不仅如此。有一天，他们突然发现，自己的大脑可以思考各种各样的问题，不仅仅是吃饭、睡觉或是为孩子寻找住所这些问题。于是，古埃及人开始研究那些一直困扰着他们的问题。例如，星星来自哪里？是谁弄出了那些吓人的雷鸣声？又是谁定下了尼罗河泛滥的日期，让他们可以根据洪水的涨落制定出日历？他们自己又是谁？这些奇怪的小生物时刻面临着死亡和疾病的威胁，却又置身于快乐和欢笑之中。

他们问了很多这样的问题，有几个人亲切地走上前来，尽最大努力回答了这些问题。古埃及人把这些人叫做"祭司"，他们被看作思想的守护者，在族群中备受尊重。他们都是些很有学问的人，便肩负起用文字记录历史这个神圣的使命。他们清楚地知道，人类不能只想着眼前的利益，还应当把目光投向未来。当灵魂飞越西部的群山时，人类必然要向掌管生死的大神奥赛里斯阐述自己生前的所作所为，以便神灵依据他们前世的功过来作出裁决。然而，由于祭司们对奥赛里斯与伊西斯的能力和人们来世的生活进行了过分渲染，古埃及人开始将现世当作来世重生所做的短暂准备，于是，这片富饶的尼罗河谷变成了死者的葬身之地。

奇怪的是，古埃及人开始相信，灵魂只有保留在现世的躯体里，才能到达奥赛里斯的世界。于是，某人死后，他的亲人便会马上用药物和香料把他的尸体保存起来。之后，尸体会被放在氧化钠溶液里浸泡几个星期，再用树脂填满。在波斯文里，树脂的发音为"木米乃"，被保存的尸体就被叫做"木乃伊"。人们用特制的亚麻布将木乃伊层层包裹起来，放在事先准备好的棺材里，准备送往死者最后的安息之地。不过，埃及人的坟墓倒像是一个真正的家，尸体周围摆放着一些家具和乐器（可以用来消磨等待的时间），还有厨师、面包师和理发师的小塑像，这样，墓穴的主人就会有充足的食物，也不至于邋里邋遢。

一开始，人们把坟墓挖在西部山脉的岩石里，然而，随着埃及人大批北上，他们被迫在沙漠里建造墓地。但是，沙漠里有许多凶猛的野兽，还有像野兽般凶猛的盗墓者。他们闯入墓室，让墓室的主人不得安息，不仅如此，他们还窃走珠宝等陪葬品。为防止这种亵渎神灵的行为发生，古埃及人开始在坟墓上修建小石岗。后来，这些小石岗越搭越高，因为有钱人要建得比穷人更高，所有人都争着要搭建出最高的石冢。公元前30世纪，埃及法老胡夫（也就是希腊人口中的基奥普斯王）创下了最高纪录。他的陵寝被希腊人称作金字塔（因为在埃及文字里，高为"pir-em-us"），有500多英尺高。

金字塔的建造

　　胡夫金字塔占地超过13英亩，是圣彼得教堂（基督教地区最大的建筑物）占地面积的3倍。10多万名奴隶历时20年，昼夜不停地把建筑必需的石材从尼罗河对岸搬运过来——先将它们运过尼罗河（直到现在，我们也不知道他们是怎么做到这一点的），还要穿过沙漠，经过相当长的一段距离，才最终把这些大石块摆放在合适的位置上。胡夫的建筑师们出色地完成了这项艰巨的任务。时至今日，那条通向金字塔中心法老墓室的窄小通道，也丝毫没有因为承受几千吨巨石的压力而发生变形。

第6章　埃及的故事

埃及的崛起和衰落。

尼罗河是人类的好朋友，但有时，它也是一位严厉的工头。它教会了居住在河岸两边的人们什么是"团队合作"。他们彼此依靠，共同建造灌溉沟渠，修筑堤坝。通过这样的方式，他们学会了如何与邻居和谐相处。他们之间这种互惠互利的关系渐渐发展成为一个有组织的国家。

后来，一个人慢慢变得比周围的人更强大，他成了众人的领袖。当一直觊觎他们肥沃土地的西亚邻居入侵时，他还成为抵御外敌的总指挥。一段时间过后，他成为国王，统治着从地中海沿岸到西部山脉的所有土地。

然而，对于那些辛勤劳作的农民来说，古埃及法老（法老一词表示"住在宫殿里的人"）的存在并不能引起他们的兴趣。只要不被要求交纳过多的赋税，农民们就愿意接受法老的统治，如同接受大神奥赛里斯的统治一样。

可是，当外敌入侵，抢走他们的财产时，情况就截然不同了。经过20个世纪的独立后，一个叫希克索斯的野蛮部落袭击了埃及。在之后的500年里，他们一直统治着尼罗河谷。他们极其不受欢迎，同样让人讨厌的还有希伯来人——他们长途跋涉，穿过沙漠来到歌珊地寻求庇护之所。他们帮助外侵者征收赋税，还充当他们的奴仆。

公元前1700年后左右，底比斯人民发动革命。经过漫长的艰苦斗争，希克索斯人被赶了出去，埃及重新获得了自由。

1000年以后，当亚述人征服整个西亚的时候，埃及成为沙达纳帕路斯帝国的一部分。公元前7世纪，埃及接受了尼罗河三角洲萨伊斯城国王的统治，再次成为一个独立的国家。但是，在公元前525年，埃及又被波斯国王甘比西斯所攻占。到了公元前4世纪，当波斯被亚历山大大帝征服时，埃及也成了马其顿王国的一个省。亚历山大去世后不久，他的一位将军自封为新埃及国王，创立了托勒密王朝，建都亚历山大城。

最后，公元前39年，罗马人来到了埃及。最后一位埃及女王，克娄巴特拉七世竭尽所能地拯救自己的国家。对于罗马将军们来说，女王的美貌和魅力比好几支埃及军队加起来还要危险得多。曾有两次，她成功征服了罗马之王的心。然后，公元前30年，恺撒的侄子兼继承人奥古斯都大帝来到亚历山大城。他并没有像他叔叔一样拜倒在这位艳后的石榴裙下。他摧毁了她的军队，但是留了她一命。他原本打算把她当成一件战利品，游街示众。克娄巴特拉七世知道了他的计划后，便服毒自杀了。自此，埃及成为罗马的一个省。

第7章 美索不达米亚

美索不达米亚——东方文明的第二个中心。

　　现在，我将带你到最高的金字塔顶端，想象自己有一双鹰的眼睛吧。向很远很远的地方望去，越过广阔沙漠的黄沙，你会看到某样绿色的东西正在闪闪发光。那是位于两条大河之间的一条河谷，是《圣经·旧约》中记载的天堂。这片土地充满神秘与新奇，被希腊人称为"美索不达米亚"——"位于两条河之间的国家"。

　　这两条河的名字分别是幼发拉底河（巴比伦人又把它叫作普拉图河）和底格里斯河（也叫迪克拉特河）。它们发源于亚美尼亚群山中融化的积雪，诺亚方舟也曾经到过这片山脉。这两条河缓缓流过南部平原，直到流入波斯湾充满淤泥的海岸。它们发挥了良好的作用，将西亚荒芜的沙漠变成了肥沃的家园。

　　尼罗河谷之所以能吸引人们络绎而来，是因为它为人类获取食物提供了优厚的条件。美索不达米亚的繁荣也是基于同样的原因。这是一个充满希望的国度，无论是来自北部山区的居民，还是南部沙漠地带的游牧部落，都想独占这片土地，不愿同任何人分享。对这片土地的争夺，导致了双方无休无

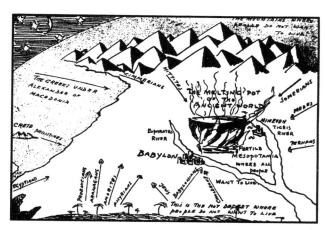

美索不达米亚——旧世界的大熔炉

止的战争。只有那些最强悍、最勇敢的人才能在战争中活下来，这就是美索不达米亚会成为一个强大种族的原因。这个种族缔造了一种新的文明，无论从哪方面来说，它都和古埃及文明同样重要。

第8章　苏美尔人

苏美尔人用刻在泥板上的楔形文字向我们讲述了闪米特人的大熔炉——亚述和古巴比伦王国的故事。

15世纪是一个地理大发现的时代。哥伦布本想找到一条通向印度群岛的航线，但他意外地发现了美洲新大陆。与此同时，一个名叫巴蓓洛的威尼斯商人来到西亚，遍寻当地的历史遗迹，还带回一些关于一种神秘预言的记录。这些语言数不胜数，有的被刻在舍拉子神庙的砖石上，有的被刻在干泥板上。

然而，15世纪的欧洲还有很多其他事要忙。直到18世纪末，第一批刻有"楔形文字"（之所以称为"楔形文字"，是因为这种文字的字母是楔形的）才被丹麦勘测员尼布尔带回欧洲。一位名叫格罗特芬德的德国教师，用了30年才破译了几个字母：D、A、R和SH，将这几个字母组合起来，刚好是波斯国王大流士的名字。直到英国官员亨利·罗林森发现了著名的贝希斯敦岩壁上的文字，才为我们开启了破解这种西亚文字的大门，而这已经是20年之后的事了。

比起破解楔形文字时遇到的困难，商博良的工作要容易得多。古埃及人运用了图像，但苏美尔人——这些美索不达米亚平原的原始居民，发明了把文字刻在泥板上的方法，并完全抛弃了象形文字，慢慢创造出一套全新的"V"形文字体系。虽然这套体系由象形文字发展而来，却很难看出二者之间的联系。举几个例子，你们就明白我想说什么了。

最开始，把一颗"星星"的图案用指甲刻在砖上时，它的形状是 。但这个图案太过复杂，不久以后，"星星"又有了"天空"的含义，所以图案也被简化成了 ，但这让人更加难以理解了。同样，一头公牛的图案从 变到 ，一条鱼的图案从 变到 。最初太阳的图案仅仅是个圆圈 ，后来变成了。如果我们现在还在使用苏美尔人的写法，那么一条船的图案会从

变成 。

这套记录人类思想的文字体系看上去十分复杂，但在长达30个世纪的时间里，苏美尔人、巴比伦人、亚述人和波斯人，以及所有那些曾经统治过富饶的尼罗河谷的其他种族都曾使用过这套文字。

美索不达米亚的故事是一部关于战争和征服的史诗。苏美尔

通天塔

人最早从北边来到这里。他们属于白种人，居住在山区，习惯在山顶上祭拜神灵。所以在来到平原之后，他们建造了许多假山，并在假山上搭建祭坛。他们不会建造楼梯，所以他们绕着高塔，砌了一圈倾斜的长廊。现代工程师借鉴了他们的做法。正如你在一些大型火车站看到的那样，每一层楼都是用上升的长廊连接起来的。也许我们还借鉴了苏美尔人其他的奇思妙想，但我们并没有意识到。后来，苏美尔人与来到富饶的尼罗河谷的其他种族完全融合在了一起，但他们修建的高塔仍然屹立在美索不达米亚的废墟之中。犹太人被流放到巴比伦时看到了这些高塔，把它们称为巴别塔，也就是通天塔。

公元前40世纪，苏美尔人入侵美索不达米亚平原，没过多久，便被阿卡德人所征服。阿卡德人是阿拉伯沙漠诸多部落中的一支，这些部落使用同一种语言，

被称为"闪米特人"，因为之前，人们认为他们是"闪"的直系后代，"闪"是诺亚的三个儿子之一。1000年以后，另一个闪米特部落亚摩利人战胜了阿卡德人，他们伟大的国王汉谟拉比在圣城巴比伦为自己修建了一座华丽的宫殿，还制定了一套完整的法律（《汉谟拉比法典》），以统治民众。在他的

尼尼微

统治下，巴比伦成为古代治理最完善的国家。之后，《圣经·旧约》中曾经提到过的赫梯人入侵尼罗河谷，毁掉了一切不能带走的东西。不久之后，赫梯人就被沙漠之神亚述人所征服。亚述人将尼尼微城设为中心，缔造了一个覆盖整个西亚和埃及的庞大帝国，从无数种族手里征收赋税。直到公元前7世纪末，耶稣降世之前，闪米特部落中的迦勒底人重新修建了巴比伦，使它成为当时世界上最重要的都城。尼布甲尼撒——迦勒底人最杰出的国王，提倡科学研究，当代的天文学和数学知识都是由迦勒底人发现的基本规律发展而来的。

古巴比伦圣城

公元前538年，一支野蛮的波斯游牧部落占领了这片古老的土地，推翻了迦勒底帝国。200年后，亚历山大大帝击败了这个部落，将这个聚集了众多闪米特部落的大熔炉变成了希腊管辖下的一个省。后来，罗马人又统治了这个地方，再后来是土耳其人。而美索不达米亚，这个世界文明的第二中心，终于沦为一片荒野，只留下那些巨大的土丘，讲述着曾经的辉煌。

第9章　摩西

犹太人的领袖——摩西的故事。

公元前2000年的某一天，一支微不足道的闪米特游牧部落离开了原本位于幼发拉底河口的家园乌尔，想在巴比伦境内找到一片新的牧场。但他们遭到了国王士兵的驱赶，不得不继续向西，希望能找到一片还没有被占领的土地，好在那里安家落户。

这个游牧部落被称为希伯来人，也就是我们通常所说的犹太人。多年来，他们四处漂泊，历尽千辛万苦之后，终于在埃及找到了庇护之所。他们在埃及居住了5个多世纪，一直和埃及人和谐相处。后来，当希克索斯人攻占埃及时（见"埃及的故事"），他们转而为这些外侵者效力，他们的牧场也因此没有被侵占。经过相当长时间的独立战争，埃及人终于将希克索斯人赶出了尼罗河谷。但犹太人的命运发生了转变，他们被贬为奴隶，被迫为皇室劳作，修建皇家大道和金字塔。由于边境都是由埃及士兵在把守，犹太人根本逃不出去。

遭受了多年的磨难之后，一位名叫摩西的年轻人终于把他们从水深火热中解救出来。摩西曾常年居住在沙漠，他很欣赏祖先质朴的本质。他们远离城市和城市生活，拒绝接受外国文明中的安逸与奢华。

于是，摩西决定唤起族人对这些美德的热爱。他成功躲过了埃及军队的追捕，带着部落里的人来到西奈山脚下的平原中心。沙漠里漫长又孤寂的生活让他十分敬畏雷电和风雨之神的力量。这位天神掌管着天庭，牧民的生命、光亮，甚至是呼吸都依赖于他。这位天神就是在西亚广受膜拜的诸神之一——耶和华。经过摩西的教导，耶和华成为希伯来民族唯一的精神统领。

有一天，摩西离开了犹太人的营地，消失了。有人说他走的时候带着两块大石板。那天下午，狂风大作，暴雨突袭，以至于人们无法看清西奈山。但当摩西回来的时候，两块大石板上都刻满了文字。摩西说，那是耶和华在电闪雷鸣中对以色列民族的训诫。自此以后，耶和华成了所有犹太人最高的命运主宰，也是他们唯一信奉的真神。耶和华教导犹太人要谨守"十戒"，过圣洁的生活。

摩西带领着犹太人，继续穿越广袤的沙漠。摩西会告诉他们什么能吃，什么能喝，以及如何在炎热的气候中健康地生存下去，他们都一一遵守。最终，经过多年的流浪之后，犹太人终于找到了一块平和且富饶的土地。这片土地叫做巴勒斯坦，意思是"属于皮利斯塔人的国家"。皮利斯塔人是克里特人的一个分支，自从他们被赶出自己的海岛之后，就一直在岸边定居。但不巧的是，巴勒斯坦内陆已经被另一支闪米特部落占领了，他们就是迦南人。但犹太人还是强行占领了山谷，建造起自己的城市。他们还搭建了一座宏大的神庙，把神庙所在的城镇命名为"耶路撒冷"，意为"和平之乡"。

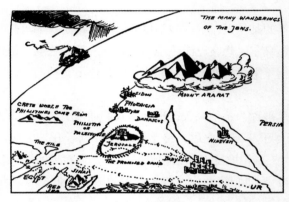

犹太人的流浪

至于摩西，他已不再是犹太人的领袖，终于可以休息了。他眺望着远处巴勒斯坦连绵的群山，永远地合上了双眼。他一直虔诚、认真地践行着耶和华的教导。他不仅把族人从外族的奴役中解救出来，带领他们重新建立一个自由独立的家园，而且还使犹太人成为所有国家中第一个信奉唯一神灵的民族。

摩西发现圣地

第10章　腓尼基人

腓尼基人为后人发明了字母。

　　腓尼基人是犹太人的邻居，也是闪米特部族的一支。很久以前，他们就在地中海沿岸定居下来。他们搭建了两座坚固的城池——提尔和西顿。不久之后，他们就垄断了西部海域的贸易往来。他们的商船会定期前往希腊、意大利和西班牙等国家，有时甚至还会穿越直布罗陀海峡，到锡利群岛去采购金属锡。不管他们走到哪里，都会在当地组织起小型的贸易聚集地，他们称其为"殖民地"。很多聚集地都是现代城市的前身，例如加的斯和马赛。

　　只要有利可图，腓尼基人什么都肯买肯卖，他们从来不会觉得良心不安。如果我们相信所有邻居对他们的描述，那么腓尼基人就毫无诚实和正直可言。在他们看来，把钱箱装满钞票才是所有良民都应该追求的最高境界。而他们也的确很讨人厌，一个朋友都没有。尽管如此，他们还是给我们留下了一笔丰厚的遗产——字母。

腓尼基商人

腓尼基人对苏美尔人发明的楔形文字很熟悉，但他们觉得这套文字太过复杂，书写起来很浪费时间。他们是非常实际的商人，绝不会花费数个小时去雕刻两三个字母，于是他们发明了一套比楔形文字更有优势的文字体系。他们从古埃及的象形文字中借鉴了几个图像，又将苏美尔人的部分楔形文字进行简化，抛弃了以前文字优美的外形，以期在书写速度上有所提高。最终，他们将几千个不同的文字图案简化成了22个字母，它们短小且便于书写。

　　随着时间的推移，这些字母穿越爱琴海，传入了希腊。希腊人又在原有字母的基础上，添加了几个他们自创的字母，并将完善后的字母体系带到了意大利。罗马人又在字母的外形上做了一定程度的修改，又把它们传授给西欧的野蛮部落。那些野蛮部落正是我们的祖先。这就是这本书用起源于腓尼基人的字母，而不是埃及的象形文字或苏美尔人的楔形文字来书写的缘由。

第11章　印欧人

印欧语系的波斯人征服了闪米特人和埃及人。

　　由古埃及、古巴比伦、古亚述和古腓尼基组成的世界，存在了将近3000年，这些古老部族也逐渐走向了衰落。当一支充满生机的新部落崛起时，他们的厄运就降临了。我们把这支新兴部族称为"印欧族"，因为他们不仅征服了欧洲，还成为我们如今称之为"英属印度"的统治阶级。

　　这些印欧人和闪米特人一样，都属于白种人，却使用一种完全不同的语言。这种语言被视为所有欧洲语言的起源，但匈牙利语、芬兰语和西班牙北部的巴斯克方言除外。

　　当我们第一次听说有印欧人存在的时候，他们已经在里海沿岸居住了几百年。有一天，他们决心收起帐篷，离开海岸，寻找新的家园。一些人来到了位于中亚的群山之中，之后的几个世纪，他们都住在围绕着伊朗高地的山峰间，这也是我们把这部分人称为雅利安人的原因所在。其余人则继续向西前行，最终占领了整个欧洲平原。在讲到希腊和罗马的故事时，我再详述这一段经历。

　　现在，我们就来看看雅利安人。在伟大导师查拉图斯特拉（又名琐罗亚斯德）的带领下，很多雅利安人离开了他们在山上的家，沿着湍急的印度河顺流而下，一直来到海边。

　　其他人更愿意留在西亚的群山里，在那里成立了米提亚人和波斯人的半独立团体，这两个民族的名字都是

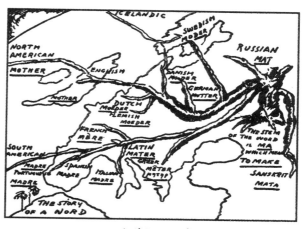

一个单词的故事

从古希腊史书里借鉴过来的。公元前7世纪，耶稣出生前，米提亚人建立了自己的王国——米提亚王国。但当居鲁士入侵的时候，这个王国就灭亡了。居鲁士是安申部落的首领，他自封为所有波斯部落的国王，四处征讨。没过多久，他和他的子孙便成为整个西亚以及埃及的统治者。

借由这股力量，这些印欧语系的波斯人继续向西征讨，一路胜利连连。很快，他们就遇到了其他印欧部族，并发生了冲突。早在几世纪前，这些部族就来到欧洲，占领了希腊半岛和爱琴海诸岛。

部族之间的矛盾导致了希腊与波斯之间三次著名的战役。在这三次战役期间，波斯国王大流士和薛西斯曾先后攻打希腊半岛北部。他们抢夺希腊人的领土，竭尽所能地想在欧洲大路上站稳脚跟。

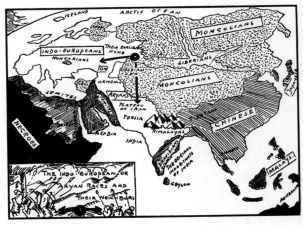

印欧人和他们的邻居

尽管如此，他们还是没能成功，因为雅典的海军坚不可摧。他们切断了波斯军队的粮草供给线路，迫使西亚入侵者退回到自己的营地。

这是亚洲与欧洲的第一次交锋，一方是年迈的"老师"，另一方是急不可耐的"学生"。书中很多其他章节还会提到东西方之间的冲突，直到现在，彼此间的矛盾仍旧存在。

第12章　爱琴海

爱琴海人民将古老的亚洲文明带到了蛮荒的欧洲。

海因里希·谢尔曼小的时候，他的父亲曾给他讲过特洛伊的故事。和所有他听过的故事相比，他最喜欢这个故事，并且下定决心，等到自己长大能够离家闯荡的时候，就要去希腊，"寻找特洛伊"。谢尔曼生于梅克伦堡村的一个牧师家庭，但是贫寒的出身并未给他造成困扰。他知道需要钱，于是他决定先积累一笔财富，再去实现梦想。他确实在很短的时间内积累了一大笔财富，他的钱足够组建一支探险队，于是他动身前往小亚细亚的西北角——他认为特洛伊就在那里。

特洛伊木马

在小亚细亚的那个小角落里，耸立着一座被农田覆盖的山丘。听说那是特洛伊国王普里阿摩斯的家乡。一听到这个消息，谢尔曼马不停蹄地开始了挖掘，他的兴奋早已淹没了他的理智。他充满激情，挖掘进展得很快，以至于从自己梦寐以求的城市的中心穿了过去，来到了另一座埋于地下的古城的废墟。这座古城比荷马描写的特洛伊城还要古老1000年以上。随后，有趣的事情发生了。如果谢尔曼只是找到了几把打磨过的石锤或是几个粗陶罐子，没人会感到大惊小怪。因为通常情况下，人们会认为这些东西是属于那些史前人类的，他们在希腊人之前就已经在这儿定居了。然而，谢尔曼在废墟里找到了许多精致的小雕像、昂贵的珠宝和一

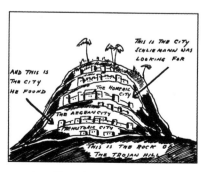

谢里曼·迪格斯发现特洛伊

阿尔戈利斯的迈锡尼城

些花瓶，上面绘制着希腊人并不熟悉的图案。他推测，在早于特洛伊大战足足10个世纪以前，有一个神秘的种族曾经在爱琴海沿岸居住过，在很多方面，这个民族都比野蛮的希腊部落更优越。希腊人侵占了他们的国家，摧毁或吸收了他们的文明，以至于后人无迹可寻。后来，谢尔曼的推测得到了证实。19世纪70年代末，谢尔曼对迈锡尼废墟进行了考察。这些废墟年代悠久，就连罗马的旅游手册也惊叹于他们的古老。就在一块小圆围墙的扁平石板下面，谢尔曼再次发现了一个巨大的宝藏库，这些宝藏仍然是那个神秘的种族遗留下来的。他们在希腊的海岸上修建城市和城墙，那些城墙又高又厚，十分坚固，古希腊人把它们称为"巨人泰坦的作品"。泰坦是传说中像天神一样的巨人们，曾和高山一起玩球。

通过对这些遗迹的仔细研究，关于这个神秘民族的浪漫色彩也慢慢浮现出来。打造这些精致工艺品和宏伟城堡的人并不是巫师，而是水手和商人。他们曾居住在克里特岛和爱琴海的小岛上。这些水手非常勤劳，他们渐渐把爱琴海变成了一个贸易中心，在这里，拥有高度文明的东方和仍处在缓慢发展的欧洲蛮荒之地不断进行着商品交换。

爱琴海

这个海岛帝国存在了1000多年，在此期间，他们的制作工艺发展到了一个很高的水平。克诺索斯——位于克里特岛北部海岸的一座小城，在卫生条件和舒适度方面，都足以与现代城市相媲美。宫殿建有良好的排水系统，住宅中还搭建了火炉，克诺索斯人还是第一个使用浴缸的民族。克诺索斯国王的宫殿有两个最著名的地方，一是盘旋蜿蜒的楼梯，二是宽敞明亮的宴会厅。宫殿下方建有地窖，用来储存葡萄酒、谷物和橄榄油，其面积之广给第一次前来参观的希腊游客留下了深刻的印象。于是，他们编造了关于克诺索斯"迷宫"的故事。迷宫是指有着许多通道的建筑物，这些通道错综复杂，一旦迷宫的大门被关闭，就几乎不可能找到出口。

欧亚大陆桥

　　然而这个伟大的爱琴海岛国最后变成了什么样子，又是什么导致了它的突然衰落？我也说不清楚。

　　克里特人通晓书法，但迄今还没有人能解读出他们留下的碑文。因此，他们的历史还不能为我们所熟知。我们只能从爱琴海人的遗迹中来重建他们的冒险之旅。这些遗迹清楚地显示，爱琴海人是顷刻间遭遇灭顶之灾的，他们应该是被欧洲北部平原的野蛮民族征服的。如果我们没有猜错的话，正是那个占领了亚得里亚海和爱琴海之间的半岛的游牧民族摧毁了克里特人和爱琴海文明，而他们就是我们所熟知的古希腊人。

第13章　希腊人

与此同时，印欧语系的赫楞人占领了希腊。

金字塔站立了上千年，逐渐显现出衰败的迹象，而古巴比伦伟大的国王汉谟拉比也已深埋地下数个世纪。这时，一个小游牧部落离开了他们位于多瑙河沿岸的家乡，为了寻找新鲜牧草，一路南下。这个部落称自己为赫楞人，即丢卡利翁和皮拉之子赫楞的后人。根据古老的传说记载，很久以前，人类非常邪恶，他们激怒了住在奥林匹斯山的众神之王宙斯，宙斯一气之下用洪水淹没了整个世界，只有两个人逃了出来，他们就是丢卡利翁和皮拉。

希腊本土上的雅典城

对于早期的赫楞人，我们一无所知。研究雅典衰落过程的历史学家修昔底德在谈到自己的祖先时，却说他们"无关紧要"，这句话也许是真的。这些赫楞人非常野蛮。他们过着猪一样的生活，把敌人的尸体直接丢给凶猛的牧羊犬。他们无视其他民族的权利，对希腊半岛的土著居民（他们称自己为皮拉斯基人）大肆屠杀，抢

亚该亚人占领爱琴海边的城市

夺他们的田地和牲口，把他们的妻子和女儿当作奴隶。赫楞人还写了很多诗歌来称赞亚该亚人的勇敢，因为他们曾充当前锋，带领赫楞人进入了塞萨利和伯罗奔尼撒山区。

赫楞人在每一座高山顶上都看见了爱琴海人的城堡，但是他们没有进攻那里，因为他们害怕爱琴海士兵的利剑和长矛。他们知道，光凭他们粗陋的石斧，是没法战胜这些金属武器的。

在几个世纪的时间里，他们就这样一直游荡，从一处山谷到另一处山谷，从山的一侧到另一侧。后来，所有的土地都被他们占领后，他们才停止了游荡。

而这一时期，正是希腊文明的开始。希腊农民可以看见爱琴海人的领地。禁不住好奇心的驱使，他们来到爱琴海人的地盘。他们发现，可以从居住在迈锡尼和梯林斯高大石墙后面的人们那里学到很多有用的东西。

他们是非常聪明的学生。很快，他们就学会了如何使用铁制武器，这些武器是爱琴海人从巴比伦和底比斯带回来的。他们还学会了航海，开始为自己建造小船。

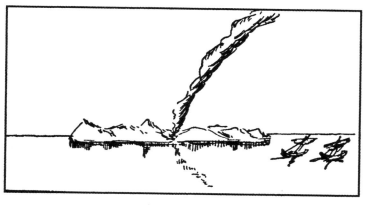

克诺索斯陷落

赫楞人把爱琴海人能传授的知识都学会之后，却恩将仇报，将他们的老师赶回了爱琴海岛屿。不久后，他们出海航行，征服了爱琴海沿岸所有的城市。终于，在公元前15世纪，他们将克诺索斯也洗劫一空。在赫楞人第一次登上这片土地的10个世纪后，他们占领了整个希腊、爱琴海以及小亚细亚沿岸地区，成为这些地区的绝对统治者。特洛伊——这座古老文明的最后一个贸易之城，也在公元前11世纪被希腊人摧毁了。欧洲历史从此翻开了崭新的一页。

第14章　古希腊城镇

古希腊城镇实际上是真正的国家。

现代人总是喜欢用"大"这个词。我们感到很自豪，因为我们属于世界上"最大"的帝国，我们拥有"最强大"的海军，我们种植出"最大"的橙子和土豆，等等。我们喜欢住在上百万人口的"大城市"里，死后也想被埋在"最大的墓地"里。

如果一个古希腊人能够听到我们谈论这些，他一定不明白我们在说什么。"凡事都要适度"，是他们生活的信条。单纯体积上的庞大并不能引起他们的兴趣。而这种对适度原则的热爱并不只是某些特殊场合的空谈，它贯穿了希腊人由生到死的全部生活。它是古希腊文学的一部分，就连神庙的建造也受其影响，显得精致小巧。男人的服饰和女人佩戴的首饰也体现了适度原则。适度原则对人们的影响还扩散到剧院，对于那些趣味低级的剧作家，古希腊人往往会把他们轰下台。

希腊人甚至要求他们的政治家和最受欢迎的运动员也坚持这种适度原则。如果一个著名的长跑运动员来到斯巴达，吹嘘自己的能力，说他可以单脚独立，并且比任何希腊人站的时间都长，那么希腊人会立刻把他赶出去，因为他所引以为傲的事情，随便一只普通的鹅就能办到。

你可能会说："这样很好，注重适度与完美是一种美德，但为什么在古代，只有古希腊人培养了这种美德呢？"要知道问题的答案，就要谈谈古希腊人的生活方式。

无论是在埃及，还是在美索不达米亚，人们都只是一个神秘统治者的"附属品"。这个神秘的统治者住在遥远的宫殿里，守备森严，人们很难见其一面。而希腊人则刚好相反，他们作为"自由公民"，分属于100多个独立的"城市"。在这些城市中，最大城市的人口也比现在的大型村庄少很多。如果一个住在乌尔的农民说自己是巴比伦人，那么他是在说，他是西亚国王统治下的数百万个纳税者中的一个。但如果一个希腊人自豪地说自己是雅典人或底比斯人的话，那么他提到的地方既是他的家乡又是他的国家。那里没有什么统治者，人们共同来决定大小事务。

对于希腊人来说，他的祖国就是他出生的地方。在那里，他和童年的小伙伴一起在雅典卫城的石墙边玩捉迷藏，和上千个同龄人共同成长。他知道这些小伙伴的

奥林匹斯山——诸神的住所

外号，就像你和学校里的同学很熟一样。他的祖国也是埋葬他父母的圣地。高大的城墙守护着他的小家，让他的妻子和儿女能够过上平安的日子。对他来说，周围这四五英亩岩石遍布的土地就是整个世界。现在你该知道，一个人的言行举止受周围环境的影响有多大了。巴比伦人、亚述人和埃及人只是一群乌合之众，犹如沧海一粟，但希腊人一直保持着与周围环境的紧密接触，从生到死，他都是那个小镇里的一员，在那里，每个人都对彼此知根知底。他感觉到聪明的邻居一直在关注着他。不管他做了什么，创作了一部戏剧也好，刻了一座大理石雕像也罢，或者谱了几首曲子，他都始终记得，他所做的一切都要接受家乡人民的评判，因为这些自由的公民对他所做的事非常了解。这种意识迫使他不断地追求完美，因为他从小就被告知，凡事若不适度，就无法趋于完美。

在这所严格的学校里，希腊人在很多方面都很擅长。他们发明了新的管理体制，开创了新的文学形式，整理出新的艺术思想，从来没有人能超越他们。而这些奇迹都来自只相当于现代城市四五个街区大小的村庄。

让我们看看最后发生了什么吧！

公元前4世纪，马其顿的亚历山大大帝征服了全世界。战争结束后，亚历山大决定把希腊文明传播给全人类。他将希腊文明从小村庄、小城市里带出来，希望它能在自己新缔造的庞大帝国里开花结果。但是远离了朝夕相处的神庙，远离了故乡小巷里熟悉的声音和味道，希腊人似乎一夜之间失去了适度与完美的平衡感。这种平衡感曾让他们用灵巧的双手和聪慧的大脑创造出伟大的作品，也曾让他们缔造了故国的辉煌。而现在他们沦为廉价的手工艺匠，满足于制造些粗糙的工艺品。从古希腊小城镇失去独立、沦为帝国一部分的那天起，悠久的希腊精神也随之永远地消失了。

第15章　古希腊的自治制度

古希腊人是历史上第一个尝试自治的民族。

最开始，所有的古希腊人都一样，没有贫富之分。每个人都拥有一定数量的牛羊。用泥巴搭成的小屋就是自己的城堡。他们行动自如，不受约束。一旦有某些重要的公共事务需要商讨，所有人便聚集到集市上进行讨论。人们会选出一位年长的人来充当会议的主席，他的责任就是确保每个人都有机会发表自己的意见。有战事发生的时候，一位精力旺盛又信心饱满的村民便会被选为总司令，大家都自愿听从他的指挥。一旦危机解除，人们也会停止他的职务。

但慢慢地，小村庄发展成了大城市。一些人勤奋努力，另一些人则好吃懒做。一些人遭遇了不幸，另一些人则通过欺骗邻居积累了财富。于是，城市里不再人人平等，一小拨人变成了富人，绝大多数人还很穷。

一座希腊城市——一个国家

此时还发生了另一种变化。那些战时带领人们抵抗外敌、被推选为"首领"或"国王"的总司令，从人们的视线中消失了。他们的地位被贵族所取代。这些贵族是一群有钱人，随着时间的推移，他们逐步积累了大量的农田和财产。

这些贵族享有许多普通百姓享受不到的特权。他们可以到地中海东部的集市上选购最精良的武器。他们有大量的闲暇时间用来练习搏斗。他们住在坚固的房子里，还雇用士兵来为他们战斗。为了争夺城市的统治权，贵族之间经常爆发战争。胜利的贵族可以得到王位，统治整个城市，直到某一天，他被另一个野心勃勃的贵族杀害或驱逐。

我们把这种依靠士兵保护的国王称为"暴君"。在公元前7世纪~公元前6世纪这段时间里，每一座希腊城池都由这样的暴君所统治。顺便提一句，暴君中的很多人都很有才干。但是到最后，人们终于无法忍受暴君的统治，开始谋求改革。改革的结果是，出现了人类历史上第一个民主政府。

公元前7世纪初，雅典人决定进行一次彻头彻尾的改革，要让众多自由居民拥有发言权，一同参与政府管理。早在他们的祖先亚该亚人生活的时代，这种权利就已经存在。他们让一位名叫德拉古的人制定了一套法律，来保护穷人的利益不受富人侵害。德拉古立刻着手工作。不巧的是，他是一名职业律师，并不了解普通人的生活。在他看来，犯罪就应受到重罚。等他编写完这套法律之后，雅典人却认为德拉古法典太过严厉，根本没法实施。在这部新法律里，偷一个苹果也会被定为死罪。如果依照这部法律执行的话，那么绞死犯人的绳子都不够用。

于是，雅典人开始寻找一位更具人性的改革者。最后，他们找到了这个人，他比任何人都更能胜任这份工作。这个人叫梭伦，来自一个贵族家庭，他曾经周游列国，考察过许多国家的政治体制。经过长期的细致研究，梭伦制定出一套新的法典，它完美展现了希腊人所推崇的"适度"原则。他尽力改善农民的生活条件，同时又尽量不损害富人的利益。富人们拥有强大的军队，这对城市安全来说极为重要。为了让穷人不再遭受法官滥用职权的危害（法官通常在贵族中产生，因为他们没有报酬），梭伦特意制定了一项条款，有冤情的市民可以组建一个30名雅典市民的陪审团，进行上诉。

最重要的是，梭伦让每一个自由居民都能参与处理国家事务。雅典人不能再赖在家里，借口说"哎呀，我今天实在是太忙了"。或者说"就快下雨了，我还是别出去了"。每一个公民都必须履行自己的义务，出席由城市议会定期组织的集会，肩负起城市繁荣发展与安全的责任。

然而，这个公民自治的政府还算不上成功。很多时候，人们的想法都不切实际。有时，为了争名夺利，还会有相互诽谤的事情发生。但它确实让希腊人更加独立，也教会他们要凭借自己的力量获得自由，这一点值得肯定。

第16章　古希腊人的生活

古希腊人是如何生活的？

　　你也许会好奇，如果希腊人总是赶到集市上去讨论公共事务，他们怎么会有时间照看自己的家庭和生意？在这一章，我将为你揭晓答案。

　　每一座希腊城市都分布着如下人种：少数的本土自由居民、大量的奴隶和零星的外国人。从管理角度来讲，希腊的民主制度只承认一类居民——自由居民。

　　只有极少数时候（通常是爆发战争，需要征兵时），古希腊人才会赋予那些他们称为"野蛮人"的外国人以公民权，但这只是例外情况。公民资格是与生俱来的。你是雅典人，是因为你的父亲和祖父在你出生前就已经是雅典人了。无论你是多么出色的士兵或商人，只要你的父母不是雅典人，那么你一辈子都是"外国人"。

希腊社会

因此，当希腊还没有被国王或暴君统治的时候，每一座城池的大小事务都由自由居民来管理，一切决定也都是为他们服务的。但如果离开了数量是自由居民五六倍的奴隶，这种体制是不可能存在的。奴隶完成了大量的工作，就如我们现代人要想养家糊口，就必须花大量的时间和精力一样。

奴隶们包揽了所有烹饪、烘烤和制作蜡烛的工作。他们从事着裁缝、木匠、珠宝工匠、小学教师或图书管理员等职业。他们还要照看商店或者工厂，因为他们的主人要去参加公共会议，讨论战争与和平的问题，或者去剧院观看埃斯库罗斯最新创作的悲剧，再或者去聆听一场关于欧里庇得斯的革命性观念的激烈讨论，因为这位剧作家竟敢怀疑天神宙斯的威力。

实际上，古雅典就像现代的一个俱乐部。所有的自由居民都是世袭的会员，所有的奴隶都是世袭的奴隶，等候听从他们主人的吩咐。但能成为这个组织的一员，就已经荣幸之至了。

我们在这里提到的奴隶，并不是你在《汤姆叔叔的小屋》里读到的那种人。对于那些处在奴隶位置上的人来说，每天到田里耕种的确是件累人的事，但那些没落的自由居民为了生计，也不得不受雇于人，到农田里做事，过着和奴隶一样的悲惨生活。然而在城市里，很多奴隶都比下层的自由居民要富有。对于崇尚"适度"原则的古希腊人来说，他们并不想像罗马人那样残忍地对待奴隶。在罗马人的统治下，奴隶就好像工厂里的机器，他们的权利少之又少。哪怕是犯了一丁点儿错误，他们都会被主人当成食物丢给野兽。

但古希腊人还是承认奴隶制的，他们认为这种制度是必需的。没有奴隶制，城市就不会成为适合真正的文明人居住的家园。

奴隶们还从事着如今由商人或专业人员才能从事的工作。对于那些在现代需要母亲花大量时间来完成，并让父亲下班后感到头疼的家务活儿，希腊人会把花费在它上面的精力减到最少。他们的住所简单朴素，这样就不用从事什么家务，可以享受大量的闲暇时光。

首先，希腊人居住的房屋非常简朴。即使是富有的贵族，也只是住在一种土垒的房子里。在现代人看来，享有舒适的条件是他们天生的权利，但在古希腊，这些条件都没有。希腊人的屋子由四面墙、一个屋顶和一扇通往街道的门组成，不过他们的屋子没有窗户。厨房、客厅和卧室都建在一个露天的庭院四周，庭院中会有一座喷泉或一座雕像以供欣赏。庭院里种植的植物，让整个屋子看起来宽敞明亮。天气好的日子里，一家人就在庭院里生活。庭院的一角，厨师（其实是奴隶）正在做饭；另一角，家庭教师（也是奴隶）正在教孩子们背诵希腊字母和算术乘法表；再换一个角落，女主人和裁缝（还是奴隶）正在为男主人缝补外套。女主人几乎足不出户，因为在当时的希腊，已婚妇女经常在大街上乱逛会被视为有伤风化。在大门后的一间小办公室里，男主人正认真核对着农场工头（还是奴隶）刚刚送来的账本。

晚饭准备好后，一家人会聚在一起用餐。饭菜非常简单，也用不了多少时间。古希腊人似乎不怎么热衷饮食，他们把吃饭当成一种难以避免的罪恶，不像娱乐活动，既可以打发沉闷的时光，又可以陶冶情操。他们的主要食物是面包和葡萄酒，再加一点肉和蔬菜。只有在没有别的饮品时，他们才喝水，因为他们觉得水不是很健康。他们喜欢邀请朋友来家里一起吃饭，但是现代人这种大吃大喝的行为会让他们感到恶心。他们喜欢围坐在餐桌边，边聊天边品尝美酒。由于他们对适度原则的推崇，他们很看不起那些酗酒的人。

古希腊人的简朴原则不仅体现在饮食上，还体现在穿着上。他们喜欢干净利落，所以他们的胡子和头发总是修剪得非常整齐。他们喜欢锻炼身体，去游泳馆游泳，好让自己的身体更加强壮。但他们从不追赶亚洲的时尚，亚洲人的衣服色彩艳丽，图案古怪。古希腊男的人们会穿着白色的长袍，看上去就像现在围着蓝色披肩的意大利官员一样，显得精明干练。

他们喜欢看自己的妻子佩戴珠宝，但他们觉得在大庭广众下炫富是一件十分庸俗的事。所以女人们在外出时，都尽可能不引人注目。

简言之，古希腊人不仅讲求适度，还十分推崇简朴。要知道桌子、椅子、书籍、房屋、马车等这些东西，总是会花费它们的主人很多时间。最终，这些东西会让拥有它们的人变成自己的奴隶。因为主人的时间都要用来照料它们——抛光、打磨、涂漆，等等。古希腊人最重视"自由"，不论是心灵上的自由，还是身体上的自由。为了追求精神上的真正自由，他们宁可把日常的生活需求降到最低程度。

第17章　古希腊戏剧

戏剧的起源——人类第一种公共娱乐形式。

很早以前，古希腊人就开始收集那些歌颂他们英勇祖先的诗歌。这些诗歌主要记录了他们的祖先是如何把皮拉斯基人赶出希腊半岛并摧毁了特洛伊。这些诗歌在大街小巷广为传颂，人们都会出来听。但是戏剧——我们当今生活中几乎必不可缺的一部分，却并不来自这些被传诵的英雄故事。戏剧的起源非常微妙，所以我想用单独的一章来详细介绍。

古希腊人热衷游行。每年他们都会举办盛大的游行活动，来纪念酒神狄俄尼索斯。在古希腊，人人都爱葡萄酒（在希腊人看来，水只能用来游泳和航海），所以这位酒神备受欢迎。你简单想象一下，便能理解。

希腊人认为这位酒神居住在葡萄园里，和一群被称为萨特的半人半羊的怪物在一起，所以人们在游行时总是会披着一件羊皮，像真正的公羊一样，发出咩咩的叫声。在希腊语里，山羊的写法为"tragos"，歌手的写法为"oidos"。所以，那些学山羊发出咩咩声的歌手就被称为"tragos-oidos"，也就是山羊歌手。这个奇怪的名字逐渐演变成一个现代词语——"Tragedy"，从戏剧角度来说，这个词代表了以不幸结尾的戏剧；正如"Comedy"（它的原意是指对快乐、幽默的事情的歌颂），代表了以大团圆收场的戏剧一样。

也许你会问，这些像山羊一样四处乱蹦的闹哄哄的游行队伍合唱团，到底是怎样发展成为那些曾在世界各个剧院上演、历经2000年不衰的悲剧的呢？

其实山羊歌手和哈姆雷特之间的联系非常简单，我马上告诉你。

最开始，合唱团非常受欢迎，吸引了众多人站在街道两边观看，观众笑声连连。但没多久，人们便厌烦了这种声音。希腊人认为，乏味无趣是一种罪恶，等同于丑陋和疾病。于是，他们要求合唱团表演些更有趣的东西。这时，一位来自阿提卡地区伊卡利亚村的年轻诗人想出了一个办法，并大获成功。他让山羊合唱团的一员从队伍中站出来，与走在队伍最前面的首席排箫乐师交谈。这位队员可以走出队列，一边和乐师交谈，一边挥舞手臂，做出各种动作（也就是说，当其他人只是站在队伍里唱歌的时候，他却在"表演"）。他问很多问题，在表演开始前，合唱团的领队要根据诗人事先写好的答案作出回答。

这种简单的交谈——也就是对白，主要讲述了酒神狄俄尼索斯或其他天神的故事。很快，这种表演就受到了人们的追捧。从那以后，每一次狄俄尼索斯节游行，便会有这样一段"表演的场景"。没过多久，"表演"就比游行和山羊合唱更为重要了。

埃斯库罗斯是古希腊最著名的"悲剧作家"，在他漫长的一生里（公元前526—公元前455年），他一共创作了不下80部悲剧。他做了一次大胆的尝试，选出两名"演员"，而不是一个。到了下一代，索福克勒斯把演员的数量增加到了3个。公元前5世纪中期，当欧里庇得斯开始创作悲剧时，他可以根据自己的意愿来决定演员的数量。而当阿里斯托芬在他著名的戏剧中嘲笑周围的人事（就连奥林匹斯山的众神也没能例外）时，合唱团的角色已经被减弱到仅仅是站在主要演员的身后了。当前面的主演犯下罪行、触犯了众神的旨意时，他们便一起高唱："这是一个恐怖的世界啊！"

这个新颖的戏剧娱乐形式需要一个合适的表演场所，因此不久之后，每一座希腊城池都拥有了一座剧院。剧院修建在附近小山的岩壁旁，观众们会坐在木制的长椅上，面向宽阔的圆形场地（就像我们如今花3美元30美分观看的管弦乐队表演一样）。舞台就搭建在半圆的场地上，演员和合唱团都会在舞台上表演。在他们身后有一座帐篷，那是演员化装的地方。他们头戴用黏土制成的表情各异的大面具，这样观众就会知道，演员是高兴地大笑还是悲伤地哭泣了。在希腊语里，帐篷的写法是"skene"，这就是"scenery"（场景）一词的由来。

当悲剧慢慢走入希腊人生活的时候，人们对待它的态度就认真起来，不再只是把它当成一种大脑的消遣。一出新戏的上演就如同大选一样重要，一个成功的剧作家甚至比刚刚凯旋的将军还要受人尊重。

第18章　波斯战争

　　希腊人成功抵御了亚洲对欧洲的入侵，并将波斯人赶回了
爱琴海对岸。

　　爱琴海人从腓尼基人那里学会了如何贸易，希腊人又从爱琴海人那里掌握了
这门技术。希腊人效仿腓尼基人，扩充了殖民地。在腓尼基人的基础上，他们
还做了一些改进，在和外国人进行交易时，开始大量使用货币。到了公元前6世
纪，希腊人已经稳稳扎根在小亚细亚沿岸，很快便从腓尼基人那里把生意抢走
了。腓尼基人当然不满于希腊人的抢夺，但他们的实力还不够强大，不敢和希腊
人硬碰硬。他们只能坐等良机。

　　在前面已经讲述了波斯帝国是如何从一个微不足道的部落发展成一个四处讨
伐，并最终占领西亚大部分土地的王国。波斯人还算文明，只要臣民愿意每年向
他们上交赋税，波斯人就不会抢夺他们的财产。当波斯人到达小亚细亚海岸时，
坚决要让吕底亚地区的希腊殖民地人民承认波斯国王对他们的统治，并按照一定
数目上交赋税。希腊殖民地的人民拒绝了这一要求，但波斯人依旧坚持。殖民地
人民不得不向祖国求救，战争就此爆发。

　　其实真相是这样的，历届波斯国王都将希腊的自治制度视为眼中钉、肉中
刺。因为其他民族极有可能
效仿他们，但波斯国王想让
他们永远臣服于自己。

　　当然，因为有爱琴海这
道天然屏障的保护，希腊人
觉得很安全。但是他们的死
对头腓尼基人和波斯人站在
了一起，前者为后者出谋划
策。如果波斯国王决定出
兵，腓尼基人就会提供船

波斯舰队的沉没

只，将波斯人带到欧洲。公元前492年，亚细亚做好了准备，要摧毁这股正在崛起的欧洲势力。

波斯国王派信使向希腊人发出了最后通牒，要求他们让出"土地和水"，以表明他们愿意归顺。希腊人立刻把信使丢进了最近的井里，让他们在那里寻找丰富的"土地和水"。战争因此一触即发。

但奥林匹斯山的众神一直在关注着他们的儿女。当腓尼基舰队载着波斯军队抵达阿托斯山附近时，风雨之神铆足了劲，吹起阵阵飓风。最终，舰队毁在一场猛烈的飓风里，所有波斯人都被淹死了。

两年后，波斯人东山再起。这一次，他们直穿爱琴海，在小村马拉松附近登陆。雅典人一听到这个消息，便立刻派了一支万人军队驻守在环绕着马拉松平原的群山上。同时，他们挑选了一个跑得最快的人，去斯巴达搬救兵。但是斯巴达一直嫉妒雅典的盛名，拒绝伸出援手。其他希腊城邦也不愿出兵相救，最后，只有一座名叫普拉迪亚的小城派出了1000名士兵。公元前490年9月12日，雅典统帅米泰亚德率领着这支1000人的部队迎战波斯人。希腊人抵挡住了波斯人的箭雨，用长矛杀得波斯人四处窜逃。这支亚细亚军队从来没遇上过如此顽强的对手。

那一晚，雅典人注视着被点燃的战船上的大火逐渐染红的天空，焦急地等待着最后的结果。终于，人们看到远处通往北方的路上扬起一波尘土。是费迪皮迪兹，那个跑去求助的人。他气喘吁吁，一路磕磕绊绊，因为他的生命就要走到尽头了。几天前，费迪皮迪兹刚刚完成向斯巴达送信的任务，就立刻赶回了战场。那天早上，他参与了进攻，后来又自告奋勇要把胜利的消息带回他至爱的家乡。人们看见他摔倒在地，都纷纷冲上前去扶他。"我们赢了……"他只轻轻地说了一句话，就停止了呼吸。他死得光荣，所有人都羡慕他为国家作出的贡献。

至于波斯人，这次大败以后，他们又试图在雅典附近登陆。但他们发现，海岸线上已经有重兵把守，只好撤回亚细亚。希腊领土又一次赢来了和平。

波斯人用了8年的时间来休养生息，希腊人也丝毫不敢松懈。他们知道，最后的战役即将打响。但在抵御外敌的战略上，希腊人产生了分歧。一些人认为应该增强陆军力量；另一些人则认

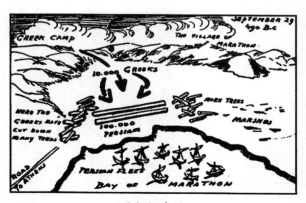

马拉松战役

为，建立一支强大的海军是成功的前提。这两派分别由阿里斯蒂德（支持陆军）和地米斯托克利（支持海军）领导，两方互不相让，直到阿里斯蒂德被流放，争执才结束。随后，地米斯托克利获得了机会，他尽己所能建立了一支庞大的舰队，并把比雷埃夫斯变成了一个坚固的海军基地。

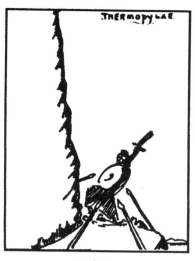
温泉关

公元前481年，一支庞大的波斯军队向希腊北部省份色萨利发起了进攻。在这个危急关头，军事实力强大的城邦斯巴达被推选为总指挥。但是斯巴达人对北方的战事并不在意，因为他们自己的城邦还没有受到进攻，于是他们忽视了对通往希腊的要道的防守。

于是，在列奥尼达的带领下，一支斯巴达小分队奉命去防守位于山海之间、连接色萨利和希腊南部省份的小路。列奥尼达奋力御敌，拼死守住小路。但是，一个名叫艾菲阿尔迪斯的叛徒出卖了他们，他知道梅里斯附近有一条小路，便带领波斯军队穿过山脉，从列奥尼达的后方发起了进攻。在温泉关附近——塞莫皮莱山口，展开了一场激战。最终，夜幕降临，列奥尼达和他忠诚的士兵们全部战死沙场，身边堆满了波斯士兵的尸体。

温泉关之战

要道还是被攻破了，希腊大部分领土落入了波斯人手中。他们继续朝雅典进军，攻陷了雅典卫城，还烧掉了整座城市。大批雅典人涌入萨拉米岛，希腊仿佛失去了一切。公元前480年9月20日，地米斯托克利率领雅典海军在希腊内陆和萨

波斯人焚烧雅典

拉米岛之间的狭窄海域与波斯舰队展开了大战，只用了几个小时，就摧毁了波斯舰队的3/4。

这样一来，波斯人在塞莫皮莱取得的胜利就毫无意义了。薛西斯不得不下令撤退，但他并没有放弃，还想在来年和雅典人决一死战。他带领军队撤离到了色萨利地区，在那等待春天的到来。

但是这次，斯巴达人意识到了事态的重要性。为了保护城邦，斯巴达人修建了一条横跨科林斯地峡的城墙。在保塞尼亚斯的带领下，他们不再躲在城墙后面，而是主动出击，向波斯大将玛尔多纽斯率领的军队进军。由来自12个城邦约10万人组成的希腊联军，向30万波斯大军发起了进攻，战争在普拉提亚附近打响。希腊步兵再一次抵挡住波斯军队的箭雨，波斯人最终战败了。和马拉松战役的结果一样，波斯人选择了撤退。碰巧的是，就在希腊步兵在普拉提亚附近取得胜利的那一天，雅典海军在小亚细亚附近的米卡尔角海域也摧毁了波斯舰队。

亚洲与欧洲的第一次交锋便由此告终。雅典赢得了荣誉，斯巴达也英勇奋战，声名远播。如果这两个城市能够达成一致，不再彼此嫉妒的话，它们或许会成为一个强大而统一的希腊的领袖。

然而，随着战争胜利和热情的消退，这样的机会再也没有了。

第19章　雅典与斯巴达展开大战

　　为了争夺希腊的统治权，雅典与斯巴达展开了一场历时弥久的激战。

　　雅典和斯巴达都是希腊的城邦，两城人民说着共同的语言。但在其他方面，两城截然不同。雅典海拔颇高，常年受海风滋润，雅典人总是像快乐的孩童一般观察着这个世界；而斯巴达则修建在一座深谷里，四周环绕的高山把外界的思想也挡在了外面。雅典是一座经济繁荣的城市；而斯巴达则像一座兵营，人们的梦想就是成为一名士兵。雅典喜欢沐浴在阳光下，讨论诗歌或者倾听哲人的箴言；而斯巴达人从未创作出可以称之为文学的只言片语，但是他们知道如何战斗。他们酷爱战斗，为了做好战斗准备，他们甚至不惜抛弃人类所有的情感。

　　因此，当雅典获得成功时，斯巴达人对他们恨之入骨也就不足为奇了。雅典人将战时激发出的强大精力用在建设城市上。雅典卫城得以重建，并被作为大理石神殿以祭司雅典女神。伯里克利——雅典民主制度的领袖，寻遍各处，找到著名的雕塑家、画家和科学家，让他们参与雅典的重建，为的是让雅典变得更加美丽，让年轻人为家乡感到自豪。与此同时，伯里克利还时刻关注着斯巴达，他修建了连接雅典和大海的高大城墙，使雅典成为当时防御最坚固的城邦。

　　一次小小的争执终于让这两个希腊城邦兵戎相见。雅典和斯巴达的战争一共持续了30年。最终，雅典惨败。

　　战争进行到第三年，一场瘟疫袭击了雅典。半数之多的雅典人都死于这场瘟疫，包括伟大的领袖伯里克利。瘟疫过后，雅典一度陷入无人管理的局面。这时，一位名叫阿尔西比阿德的年轻人受到了人们的器重。他建议对位于西西里岛的斯巴达殖民地锡拉库扎进行一次远征。于是，雅典人组建好军队，做好了一切准备。但阿尔西比阿德却因卷入一场斗殴而被迫逃亡。接任他的将军是个庸人，他不仅赔掉了舰队，还把陆军也葬送了。少数幸存下来的雅典士兵被带到锡拉库扎的采石场上做苦力，最终被活活饿死、渴死。

　　这次远征几乎让雅典所有的年轻人都丢掉了性命，雅典城的灭亡已注定。

公元前404年4月，雅典终于抵挡不住长期的包围，投降了。高大的城墙被夷为平地，海军也被斯巴达人接管。作为庞大殖民帝国的中心，雅典曾经强极一时，但如今，一切已不复存在。但是，她对知识、真理的渴望和探究，在繁荣昌盛的时代里让她的人民卓尔不群，这些并不会随着城墙的倒塌和海军的转接而消失。这种精神与世长存，并将进一步发扬光大。

雅典再也不能掌握希腊半岛的命运了。但如今，作为学术的发源地，雅典的影响已超越希腊狭小的国境，影响着那些充满智慧的人。

第20章　亚历山大大帝

> 马其顿人亚历山大建立了一个希腊式的全球帝国，他的野心最终又变成了什么呢？

当亚该亚人离开他们在多瑙河沿岸的家园，到南方去寻找新的牧场时，曾经在马其顿的群山中度过一段时间。从那时起，希腊人便和这个北部国家保持着或多或少的联系，而马其顿人也一直留意着希腊的一举一动。

那时，斯巴达和雅典刚刚结束了争夺希腊领导权的战争，而马其顿则在一位聪明绝顶的领导者的统治之下，他叫菲利普。他一直很崇尚希腊的文学和艺术，却看不起希腊人在政治上缺乏自治。他眼看着一个优秀民族在无休止的争吵中费了大量时间和人力，感到非常懊恼。为了解决这个难题，他决定成为希腊的新主人。随后，他让归属他的希腊人民参与到蓄谋已久的远征中，前往波斯，作为对薛西斯150年前攻打希腊的报复。

不幸的是，这场准备充足的远征还没开始，菲利普就被人谋杀了。为雅典复仇的重任就落在了菲利普的儿子——亚历山大的肩上。亚历山大是希腊最伟大的导师、哲学家亚里士多德的爱徒。

公元前334年春，亚历山大率军离开欧洲。7年后，他的大军抵达印度。与此同时，他还摧毁了希腊的老对手——腓尼基人的家园。后来，他又占领了埃及，住在尼罗河谷的人民奉他为"法老的儿子和继承人"。接着，他战胜了波斯最后一任国王，推翻了波斯帝国，下令重建巴比伦，带领军队来到了喜马拉雅山的中心地带。他让整个世界都成为一个马其顿省份。随后，亚历山大停止了扩张的脚步，筹划着另一个野心勃勃的计划。

新成立的帝国必须接受希腊精神。人们要学说希腊语，城市也要按照希腊的样式来建造。亚历山大的士兵成为文明的传播者。往日的军营变成了吸收希腊文明的和平中心，希腊的社会风俗和生活方式像洪水一样传遍整个帝国。正当这个风潮一浪高过一浪时，亚历山大却突然得了热病，于公元前323年在巴比伦国王汉谟拉比修筑的旧宫殿里辞世。

随后，希腊文明之潮退去，但仍旧留下了一大片希腊文明的沃土。尽管亚历山大的雄心和自负显得有些孩子气和愚蠢，但他的确作出了伟大的贡献。他的帝国没能存活多久，一群野心勃勃的将军瓜分了他的领土。但他们怀着和亚历山大一样的梦想，那就是建立一个能将希腊文明与亚洲精神相融合的伟大世界。

这些小国始终保持着独立，直到罗马人征服西亚和埃及，将它们划入自己的统治范围。这份特殊的希腊文明遗产（结合了希腊、波斯、埃及和巴比伦的文明）落入了罗马征服者手中。在随后的几个世纪里，这种精神在罗马世界根深蒂固，直到今天，我们还能感受到它的影响。

第21章　小结

1—20章总结。

到目前为止，我们一直都在从高高的塔楼上向东眺望。但是从现在开始，埃及和美索不达米亚的历史就没有那么精彩了，所以我要带领大家去欣赏一下西方的景观。

在此之前，让我们先暂停片刻，回顾一下一起看过的风景。

首先，我向大家介绍了史前人类——一种习性非常简单、举止不太优雅的生物。我告诉过你们，在浪迹于五大洲荒原的众多动物中，他是最没有防御能力的，但是他拥有较为发达的大脑，因此能使自己立于不败之地。

随后便是冰河时期和长达几个世纪的严寒。地球上的生活变得十分艰辛，人类若想生存下去，就不得不花费更多的时间去思考。因此，"想要生存下去"的念头成为每个生命体全力以赴的目标，哪怕只剩最后一口气。于是，冰河时期的人类大脑进入了全力运作状态。这些勇敢的人不仅成功度过了连许多猛兽都没能度过的漫长的寒冷时期，而且当地球再一次变得温暖舒适时，史前人类已经学会了很多技能，超过了那些没他们聪明的邻居，以至于灭绝的危险（人类出现在地球上的头50万年里，这是一个非常严峻的问题）也变得不再紧迫。

我还告诉过大家我们早期的祖先是如何缓慢前行的，但突然（原因至今仍不是很清楚），居住在尼罗河谷的人们冲到了前面，几乎在一夜之间，他们创造了第一个文明中心。

随后，我向大家展示了美索不达米亚——"两河之间的地域"，它是人类的第二大学堂。我还描述了爱琴海之上的诸多小岛，这些小岛像桥梁一样，古老东方的知识和科技通过它们传到了年轻的西方，传到了居住在岛上的希腊人那里。

后来，我向大家描述了一个印欧语系的部落——赫楞人。他们在几千年前离开了亚细亚的中心，于公元前11世纪抵达希腊岩石众多的半岛，从此，就成为我们所熟知的希腊人。我向大家讲述了作为国家的小希腊城邦的故事，在那里，古老埃及和亚细亚的文明蜕变（这个词的意义非常深刻，但你们应该可以猜出它的意思）为一种全新的文明，比此前的任何一种文明都更加高雅。

当你看着地图，你会看到，在那个时间一个半圆形的文明是如何形成的。它始于埃及，途经美索不达米亚和爱琴海诸岛，向西一直到达欧洲大陆。在第一个4000年里，埃及人、巴比伦人、腓尼基人和诸多闪米特部落（请记住，犹太人是众多闪米特部落中的一支）手持火炬，照亮了整个世界。现在，他们将火炬传递给了印欧语系的希腊人，后来他们成为另一个印欧语系部落——罗马人的导师。但与此同时，闪米特人开始沿着非洲北海岸向西前行，成为地中海西半部分的统治者，而东半部分则归希腊人（或者说印欧人）所有。

因此，你将很快看到由此引起的两个敌对种族之间的恶战，以及从挣扎中崛起的罗马帝国。它把埃及—美索不达米亚—希腊文明带到欧洲大陆更深远的角落，现代社会就是以那时的欧洲大陆为基础建立起来的。

我知道，所有这些听起来都很复杂，但是如果你能掌握这些关键点，接下来要讲述的历史就会容易理解得多。地图能把那些文字所不能表达的东西呈现出来。经过这个短暂的回顾后，我们要再次回到故事中，且听我把迦太基和罗马之间的著名战争娓娓道来。

第22章 罗马和迦太基

为争夺西地中海的统治权，非洲北岸闪米特人的殖民地迦太基与意大利西海岸印欧语系的罗马人展开了激烈的战争，最终迦太基人全军覆没。

腓尼基人的一个小贸易据点卡特·哈斯达特坐落在一座小山上，在那里可以俯瞰分隔欧洲与非洲的地中海。这个据点是一个理想的商业中心，几乎可以说是完美的。它发展得很快，变得非常富有。早在公元前6世纪，巴比伦国王尼布甲尼撒摧毁了提尔，从此哈斯达特就和祖国失去了一切联系，变成一个独立的国家——迦太基，它也是闪米特部落向西拓展的一个重要根据地。

不幸的是，这座城市继承了上千年来腓尼基人所特有的一些不良习惯。迦太基是一座贸易城市，有强大的海军护卫，对生活中诸多优美的事物都十分排斥。迦太基和周围的乡村以及很多遥远的殖民地都是由一个人口稀少但权力极大的富人团体统治着。在希腊语中，富人写作"ploutos"，因此希腊人把富人统治的政府叫作"Plutocracy"。迦太基的实际权力掌握在12个大船主、大矿场主和大商人的手中。他们在密室中召开会议，商讨国家事务，并把他们共同的祖国当成一个商业机构，认为她理应为他们带来高额的利润。但他们的确是一帮头脑精明、精力充沛又勤劳肯干的人。

随着时光的流逝，迦太基对邻近地区的影响力越来越大，直到地中海沿岸的大部分地区、西班牙以及法兰西的部分地区都成为迦太基的附属品，都要向地中海的这座大都市进贡、缴税、上激利润。

当然，即便是这样一个由富人统治的国家，也还是

迦太基

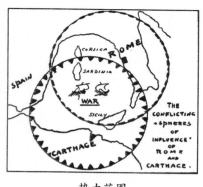

势力范围

要听取民意的。只要这里有大量的工作机会和高额的薪水，大多数百姓都会心满意足，允许那些"比他们强的人"统治他们，也不会向他们提出那些令人尴尬的问题。可是一旦没有船舶驶离港口，熔炉里也没有矿石在冶炼时，码头工人和装卸工人就失业了，他们就会抗议，要求召开平民会议，正如在古代当迦太基还是个自治共和国时经常做的那样。

为了防止这样的情况发生，政府不得不想办法让城市的商业全速发展。500年来，他们非常成功地做到了这一点，直到从意大利西海岸传来的一些谣言让这些统治者们寝食难安。据说，台伯河边的一个小村庄突然崛起，成为意大利中部所有拉丁部落的领袖。又据传言说，这个名叫罗马的小村庄打算建造船只，争取同西西里和法兰西南部地区进行贸易。

迦太基绝不允许这样的竞争出现。他们必须把这个新崛起的对手铲除，不然他们就会失去自己作为西地中海绝对霸主的地位。他们对传言进行了详细的调查，大致搞清楚了实际情况。

长久以来，意大利西海岸都是个落后的地方。希腊的所有良港都朝向东方，面向爱琴海上繁忙的岛屿；而除了地中海冰冷的海浪，意大利西海岸再也看不到让人兴奋的东西了。这个国家很穷，因此很少有外商来此。当地居民都居住在丘陵和遍布沼泽的平原之上，不受外界打扰。

这片土地所遭受的第一次严重侵略来自北方。具体的日期我们并不清楚，一些印欧语系的部落成功找到了穿越阿尔卑斯山的路径，他们一路向南，直到在这个形状类似长靴的意大利的土地上建立起自己的村庄，牲畜遍布各地。对于这些早期的征服者，我们知之甚少。没有一个类似荷马那样的人歌颂过他们的丰功伟绩。他们自己对罗马城建立过程的记述（这些都出现在罗马已经成为帝国中心之后的800年）都是一些神话故事，不能称为历史。关于罗慕路斯和勒莫斯跳过对方的城墙（我总是记不清到底是谁跳过了谁的城墙）的传说是非常有趣的，但罗马城的建立实际上是一件非常单调的事。罗马的建立就像1000座美国城市的建立一样，对于马匹交易和其他贸易来说，这是一个非常便利的地方。它坐落在意大利平原的中心，台伯河为它提供了直接的入海口。城中还有一条贯穿南北的大道，一年四季都可以使用。台伯河沿岸还有7座小山，无论是对于居住在山上的居民，还是对于居住在遥远海边的居民，它们都形成了一道抵御外敌的天然屏障。

居住在山上的人叫作萨宾人。他们是一群粗野的山民，总想靠抢劫为生。但他们又非常落后，仍然用石斧和木盾作为武器，难以和罗马人手中的金属剑相抗衡。相比较而言，沿海地区的居民才是真正危险的敌人。他们被称为伊特拉斯坎人，其来历至今都是历史学上一个未解之谜。没有人知道他们是什么时候来到意大利的，他们是谁，又是谁把他们从自己的家园赶了出去。在意大利沿岸各个地区，我们都发现过他们的城市、墓地和供水系统的遗迹。他们留下了大量的碑文，但是由于没人能够破译伊特拉斯坎文字，这些碑文至今仍是令人烦恼的无用图形。

罗马城的崛起

我们能够作出的最为准确的猜测，是伊特拉斯坎人起源于小亚细亚，本国的一场大战或瘟疫让他们不得不远离家乡，到别处去寻找新的家园。无论他们来到意大利的原因是什么，在历史上，伊特拉斯坎人都曾扮演过十分重要的角色。他们把古老文明的"花粉"从东方带到了西方，教会了来自北方的罗马人建筑学、街道建设、作战、艺术、烹饪、医药以及天文等知识。

但正如希腊人并不爱戴他们的爱琴海导师一样，罗马人也十分憎恨他们的伊特拉斯坎师傅。当希腊商人发现可以同意大利进行贸易之后，当第一批希腊商船抵达罗马之后，罗马人就立即摆脱了伊特拉斯坎人。希腊人是来罗马做生意的，后来却留下来做了罗马人的新老师。希腊人发现，这些居住在罗马乡间的部落（也就是拉丁人）非常愿意学习具有实用价值的东西。当罗马人意识到他们可以从书写文字中得到极大好处时，便模仿了希腊人的文字。他们还意识到，制定精确的币值和度量衡制度将大大促进商业的发展。最后，罗马人把希腊文明的"鱼钩"连同"鱼线"和"坠子"都吞进了肚子里。

他们甚至把希腊诸神请到了自己的国家。宙斯来到罗马之后，成为朱庇特。其余的希腊众神也紧随其后。但罗马诸神并不像那些陪着希腊人历尽坎坷的远亲那样神采奕奕。罗马诸神是国家的一分子，每个人都掌管着自己的部门，要伸张正义、秉公执法。而作为回报，他们要求信徒对他们言听计从。因此，罗马人小心翼翼地侍奉着这些天神。但罗马人和诸神之间从未建立起像古希腊人同奥林匹斯山巅的诸神之间那样和谐的神人关系。

虽然罗马人同古希腊人一样，都属于印欧语系部落，但他们并没有效仿希腊人的管理模式。早期的罗马史和雅典及其他希腊城市的历史非常相像，但罗马人轻而易举地摆脱了他们的国王——那些古代部落首领的后裔。可一旦将国王驱逐出城，罗马人就不得不严控贵族的权力。他们花了几个世纪的时间才建立起一个制度，即凡是罗马的自由民都有机会参与他所在城市的事务管理。

从那以后，罗马人就比希腊人更胜一筹。他们不愿靠长篇大论的说辞来治理国家，也不像希腊人那样有丰富的想象力。他们宁愿采取一项实际行动，也不愿在那里废话连篇。在他们看来，平民集会（"plebs"，也就是自由民的集会）只是浪费宝贵时间的空谈。因此他们把管理城市的实际工作交给两名执政官，并让一群长者辅助他们，这群长者被称为"元老院"（因为"senex"的意思是老人）。出于对习俗和实际情况的考虑，这些元老都选自贵族，但他们的权利会受到严格限制。

为了解决贫富差距问题，雅典制定了德拉古法典和梭伦法典。公元前5世纪，罗马也出现了类似的贫富纠纷。最终，自由民为自己争取到一部法律的保护，并设立一名"保民官"来保护他们不受贵族法官的迫害。保民官是由自由民选出的地方长官，他们有权阻止那些自认为不公正的政府官员的非法行为。执政官有权判处一个人死罪，但如果证据不够充分，保民官就可以介入案件，保住这个可怜人的性命。

但当我在用"罗马"这个词的时候，好像指的是那个拥有几千百姓的小城。但罗马的真正力量隐藏在城墙以外的广大乡村地区。正是在对这些外省的管理上，早期的罗马帝国彰显出其作为殖民帝国的强大实力。

很久以前，罗马是意大利中部唯一有着良好防御的城市，但对于其他遭受袭击的拉丁部落，它总是热情地为他们提供避难所。这些拉丁邻居也意识到，与这么强大的朋友结成盟友，对他们是百利而无一害的。他们希望能在某一基础之上，和罗马结成一种攻守同盟的关系。其他国家，如埃及、巴比伦、腓尼基甚至希腊，都坚持要这些"野蛮人"签订归顺条约，罗马人却根本不吃这一套。他们给了这些"外来人"一些机会，让他们可以成为"共和国"或"共同体"的一员。

罗马人说："你想加入我们？好啊，欢迎加入。我们会把你们当成有充分权利的罗马公民来对待。但是作为回报，我们希望能在任何需要你们的时候，你们都为我们的城市、我们的母亲全力而战。"

这些"外来人"非常感激罗马人的慷慨，他们用无比的忠诚表明了自己的态度。

在古希腊，一旦某座城池遭到袭击，所有的外国居民都会尽快撤离。对他们来说，这个城市仅仅是一个临时的住所，为了生活，他们还要缴纳各种各样的款项，他们为什么要去保护它呢？但当敌人来到罗马城的门前时，所有的拉丁人都会奋起反抗。因为陷入危险的正是他们共同的母亲。尽管有些人居住在百里之外，甚至连圣山的守护墙都没见过，但这里仍然是他们真正的"家园"。

没有任何一场失败或是灾害可以动摇他们对罗马的情感。公元前4世纪初，野蛮的高卢人来到了意大利。他们在阿利亚河附近击败了罗马军队，并来到了罗马城。他们夺下了罗马城，以为罗马人会来主动求和。他们等了很久，但什么都没有发生。不久，高卢人发现他们陷入了敌人的包围之中，根本无法获得供给。7个月之后，饥饿迫使高卢人撤出了罗马。罗马人对"外来人"平等对待的政策取得了巨大的成功，罗马也从此变得空前强大。

从这段简短的早期罗马史可以看出，罗马人对于建立一个健全国家的理想，同迦太基体现出来的古代世界的理想是非常不同的。罗马人依靠的是众多"平等公民"之间的真诚协作，而迦太基人却效仿埃及和西亚，坚持认为其属民应无条件（因此也是非常不情愿地）服从他们。当他们达不到目的时，便雇用职业士兵来为他们战斗。

罗马军舰

现在你们应该懂得为什么迦太基人必然会害怕这个聪明又强大的敌人了。这也是迦太基的富人统治集团恨不得挑起一个事端，从而把这个危险的敌人消灭在萌芽阶段的原因。

　　但是作为精明的商人，迦太基人明白，操之过急只会适得其反。他们向罗马人提议，让两个城市分别在地图上画一个圆圈，作为彼此的"势力范围"，并保证互不侵犯。协议很快就签署完，但又很快就遭到了破坏。因为双方都觉得进军西西里是个明智之举，那里土地富饶，政府却软弱无能，仿佛在向外部势力发出邀请。

　　接下来的战争（也就是所谓的布匿之战）足足持续了24年。战争最开始爆发在海上。一开始，经验丰富的迦太基海军好像会把刚成立不久的罗马舰队击败。迦太基沿用古老的海战法，不是撞击敌人的船只，就是猛攻敌舰的侧面，撞断对方的船桨，然后用乱箭和火球杀死那些孤立无援的水手。但是罗马的工程师发明了一种新式军舰，船上配有木板吊桥，这样可以让擅长肉搏的罗马士兵通过吊桥冲到敌人的船上。迦太基人的节节胜利就这样戛然而止了。在米拉战役中，迦太基海军遭到了重创。他们被迫求和，西西里从此成为罗马的一部分。

　　23年后，两国之间又爆发了新的战争。为了寻求铜矿，罗马侵占了撒丁岛；为了寻找白银，迦太基占领了西班牙整个南部地区。如此一来，迦太基就成为紧挨着罗马的邻居。但罗马人对此很反感，他们派军队翻越比利牛斯山，想看看迦太基的军队到底在干什么。

　　两国之间第二次交战的舞台已经搭建好了。一个希腊殖民地再次成为导火索。迦太基人包围了西班牙东岸的萨贡特城，萨贡特人向罗马求助。像往常一样，罗马非常愿意伸出援助之手。元老院同意派遣军队，但筹备此次远征花费了一段时间，就在筹备期间，萨贡特已经落入迦太基人之手，整座城池都被摧毁了。这件事大大违背了罗马人的意志，元老院决定立即向迦太基宣战。一支罗马军队渡过了地中海，在迦太基本土登陆。另一支军队则负责牵制驻扎在西班牙的迦太基军队，以防他们前来救援。这是个绝妙的计划，人人都期盼着大获全胜。但诸神另有安排。

　　公元前218年的秋天，负责牵制迦太基驻西班牙军队的罗马士兵离开了意大利。就在人们都在等待一个轻松愉快的胜利消息的时候，一个可怕的谣言在整个波河平原散播开来。这些山民嘴唇打着哆嗦，惊恐万分，他们说几十万棕色人带着一种奇怪的野兽，"每一只都像房子那么大"，突然从大雪中冲了出来。他们出现的地方就是古葛瑞安山隘，几千年前，赫尔克里斯就路过此地，当时他赶着格尔扬的公牛从西班牙前往希腊。很快，不计其数的衣衫褴褛的逃难百姓就来到罗马城门外，罗马人从他们口中得知了更多细节。原来是哈米尔卡的儿子汉尼拔带领着5万名步兵、9000名骑兵以及37头战象，越过了比利牛斯山。在罗纳河边，他击败了西皮奥将军率领的罗马军队。尽管是在10月，厚厚的冰雪覆盖了路面，但他还是带领军队安全越过了阿尔卑斯山。他联合高卢军队，合力打败了正要渡过特拉比河的第二支罗马军队，并围困了连接罗马和阿尔卑斯山区行省的北方重镇——普拉森西亚。

元老院大吃一惊，却像往常一样镇定自若，精力充沛。他们隐藏了罗马军队失败的消息，又派遣了两支全副武装的军队，但在特拉西美诺湖遭到汉尼拔的突袭，所有罗马军官和大多数士兵被消灭。这一次失败给罗马人带来了极大的恐慌，但是元老院还在强装镇定。于是第三支军队又组建起来，费边·马克斯穆斯被任命为统领，为挽救国家，他可以行使任何权利。

费边知道，小心才能驶得万年船，否则就会全军覆没。他手下这些从未受过训练的士兵（他们已经是罗马所能召集的能作战的最后一批人了），根本无法与汉尼拔手下经验十足的老兵相提并论。因此，费边尽量避免与汉尼拔正面交战，始终尾随其后，销毁所有可食用的东西，拆毁所有的道路，不断袭击迦太基人的小分队，利用恼人的游击战，大大挫伤了迦太基人的士气。

但这种办法显然难以让那些躲在罗马城内惊恐万分的百姓满意。他们要求"行动"，一定要有所举措，而且要尽快。一个名叫瓦罗的平民英雄在罗马城中到处发表演说，说他比行动迟缓的老费边厉害得多。于是，在群众的呼声中，瓦罗被任命为总司令。但在公元前216年的康奈战役中，他遭受了罗马历史上最为惨重的失败。7万多人被杀，汉尼拔也因此成为整个意大利的统治者。

汉尼拔从亚平宁半岛的一端一路长驱直入来到另一端，宣称自己是"让人摆脱罗马奴役的救世主"，号召外省加入他的反罗马战争。再一次，罗马的明智举措结出了珍贵的果实。除了卡普亚和锡拉库扎之外，其余所有人民都继续忠于罗马。而汉尼拔这位伪装成人民朋友的"解放者"，遭到了人民的反抗。他离迦太基太远，对于自己的处境十分不安。于是，他派信使回迦太基，要求提供新的装备和士

汉尼拔跨越阿尔卑斯山

兵。但迦太基什么都没有给他。

吊桥的发明让罗马成为海上霸主。汉尼拔必须尽全力施行自救。他接连打败了罗马派来攻击他的军队，但他自己的人马也在迅速减少。意大利的农民对这位自封的"救世主"敬而远之。

在取得多年的胜利之后，汉尼拔发现自己被这个他所征服的国家包围了。有段时间，情况似乎有好转的可能。他的兄弟哈士多路巴在西班牙打败了罗马军队，即将越过阿尔卑斯山前来增援汉尼拔。他派了一名信使南下，告诉汉尼拔他即将赶来，并让其他部队在台伯河平原接应他。不幸的是，信使落在了罗马人手中。汉尼拔苦苦等着兄弟的消息，等来的却是自己兄弟的头颅。哈士多路巴的头颅被精心装在一个篮子里，滚进了汉尼拔的营帐。这也宣告了迦太基最后一支军队的命运。

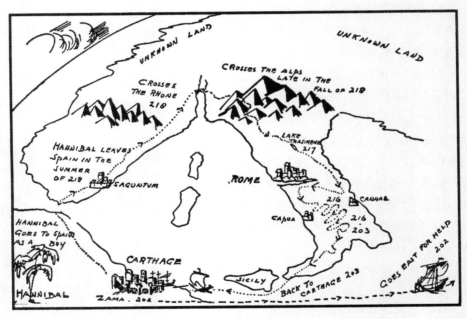

汉尼拔和远征军

在除掉哈士多路巴之后，年轻的普布留斯·西皮奥轻松地将西班牙重新攻占下来。4年之后，罗马人已经做好了发动最后进攻的准备。汉尼拔被迦太基紧急召回。他试图组织起迦太基的防御体系。公元前202年，迦太基人在扎马战役中被击败。汉尼拔逃到提尔，又转道前往小亚细亚，企图说服叙利亚人和马其顿人来对抗罗马。他在这些亚细亚国家中的煽动成效不佳，却给了罗马人一个借口，他们把战火带到了东方和爱琴海世界。

汉尼拔遭到各个城市的驱逐，变成一个无家可归的逃兵。他终于意识到，自己充满野心的美梦就要做到尽头了。他挚爱的迦太基已经在战火中被夷为平地，它不得不签下屈辱的条约以换取和平。迦太基的所有舰队都被击败，并沉入海底；未经罗马人允许，迦太基不可发动战争；它还要向罗马支付一大笔战争赔款，不知道要偿还到什么时候。生活不再充满希望，前途也十分渺茫，于是在公元前190年，汉尼拔服毒自尽了。

汉尼拔之死

　　40年后，罗马人向迦太基发动了最后一次进攻。在3年艰苦的岁月里，这些古代腓尼基殖民地的人民顽强地抵抗着新兴的共和国。但饥饿迫使他们不得不投降。在围困中生存下来的少量男人和女人被卖作奴隶，整个城市陷入一片火海。整整两个星期，仓库、宫殿和兵工厂都在熊熊大火中燃烧着。在对乌黑的残骸施以最恶毒的诅咒后，罗马军队回到了意大利，享受胜利的果实。

　　在之后的1000年里，地中海变成了欧洲的内海。但罗马帝国一灭亡，亚细亚便再次试图控制这片内陆海域。等我讲到穆罕默德的故事时，你们就知道怎么回事了。

第23章　罗马的崛起

罗马是如何形成的？

罗马帝国的诞生其实是个意外，没有人策划过这件事，它自己就"诞生"了。从来没有哪位著名的将军、政客或者刺客站起来说："朋友们，罗马人们，公民们，我们一定要建立一个帝国。跟着我，让我们一起征服从赫尔克里斯之门到托罗斯山的所有土地。"

罗马的诞生

罗马造就了许多知名的将军，以及同样杰出的政治家和刺客，罗马军队在整个世界所向披靡。但罗马帝国就这样自然而然诞生了，并没有经过任何计划。罗马人是非常讲求实际的，他们不喜欢关于政府的理论。当有人发出"罗马帝国应该向东扩张……"这样的言论时，罗马人就会立刻离开演讲的集会。罗马人不断地抢夺越来越多的土地，因为环境迫使他们必须这样做，并非他们野心勃勃或者贪得无厌。不论是受天性还是兴趣影响，罗马人都愿意做个农民，安安分分地待在家里。可是一旦受到攻击，他们就会奋起自卫。如果敌人远渡重洋去他国寻求帮助，极富耐性的罗马人就会跋山涉水去攻打这些危险的敌人。一旦敌人被击败，他们就会留下来管理新征服的土地，以免它们流入四处游荡的野蛮人之手，从而给罗马的安全造成隐患。这听起来很复杂，对于现代人而言却非常简单，很快你就明白了。

公元前203年，西皮奥率军渡过地中海，将战争的触手伸向了非洲。汉尼拔被迦太基召了回来，却得不到雇佣军的支持，在扎马附近，汉尼拔战败了。罗马人要他投降，他却逃到了马其顿和叙利亚，寻求两个国王的帮助，正如我在上一章中所讲述的。

当时，马其顿和叙利亚的统治者（他们都是亚历山大大帝的继承者）正谋划着远征埃及，想要瓜分富饶的尼罗河谷。埃及国王一听说这个消息，就立刻向罗马求救。一场极为有趣的阴谋与反阴谋大戏即将登上舞台。可是，罗马人向来缺乏想象力，没等好戏正式开场，他们就拉下了帷幕。马其顿人沿用古希腊的重装步兵方阵，却被古罗马军团一举歼灭。这场大战发生在公元前197年，地点在色萨利中部的辛诺塞法利平原，也就是"狗头山"。

随后，罗马人继续向南挺进，来到了阿提卡，并向希腊人宣告，要把他们"从马其顿的奴役下解救出来"。而希腊人过了多年的半奴隶生活，什么都没学会，竟然把重获的自由用在了毫无意义的事情上。所有的希腊城邦又一次陷入争吵，正如他们在美好的旧时代所做的那样。罗马人对此很不理解，也很不喜欢一个民族内部这种愚蠢的争吵，但他们极力忍耐着。最终，罗马人受够了这些无休止的争吵，失去了耐心。他们入侵了希腊，烧毁了科林斯城（"以警告其他城邦"），并派了一名罗马总督去雅典管理这个骚乱的省份。如此一来，马其顿和希腊就成为保护罗马东部边境的两个缓冲区。

与此同时，赫勒斯滂海峡对岸的叙利亚国王安条克三世也跃跃欲试，因为他的上宾汉尼拔将军告诉他，入侵意大利并攻占罗马城是一件轻而易举的事。

此前入侵非洲并在扎马打败汉尼拔及其迦太基军队的西皮奥将军的弟弟——卢修斯·西皮奥被派往小亚细亚。公元前190年，他在马格尼西亚附近击败了叙利

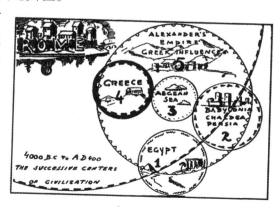

文明西行

亚国王的军队。没过多久，安条克就被自己的子民用私刑处死。小亚细亚就此成为罗马的保护地。这个小小的罗马共和城邦，最终成为地中海地区大部分土地的主人。

第24章　罗马帝国

经过几个世纪的动荡和变革，罗马共和国最终成为罗马帝国。

当罗马军队带着胜利果实满载而归时，受到了群众的夹道欢迎。但可惜的是，这种突如其来的荣耀并没能让罗马人更加幸福。正相反，接二连三的战事扰乱了农民的正常生活，他们不得不投身到帝国的建设中来。那些功成名就的将军（以及他们的亲朋好友）手里掌握了太多权力，他们以战争为由，从中牟取暴利。

古罗马共和国崇尚简朴，许多古罗马名人都过着艰苦朴素的生活。新共和国却觉得，寒酸的衣服和先辈们所尊崇的简朴原则让他们有失颜面。罗马变成了一个被富人所统治并为其谋取福利的国家。如此一来，罗马注定要遭受灾难性的失败。现在就让我来细说一下。

在不到150年的时间里，罗马就成为地中海地区几乎所有土地的主人。在历史的早期，战俘必定会失去自由、沦为奴隶。罗马人把战争看得很重要，对于被征服的敌人毫不手软。迦太基陷落后，当地的妇女和儿童以及他们之前的奴隶都一起被买做奴隶。而那些敢于反抗罗马统治的希腊人、马其顿人、西班牙人和叙利亚人，也是相同的命运。

2000年前，一名奴隶只是机器的一个零件。如今的富人们会把金钱投资到工厂，而古罗马的富人们（元老、将军以及发战争之财的人）则把钱投在土地和奴隶身上。土地是他们从新占领的外省中购买或抢占到的，奴隶则是以最便宜的价格从市场上买到的。在公元前3世纪~公元前2世纪的大部分时间里，奴隶的数量都非常多。因此，他们会让奴隶拼命劳作，直到他们累死在田野上，然后他们又在附近廉价的奴隶市场买来新到的科林斯或迦太基奴隶。

现在，我们再来看看自由的罗马农民的命运吧。

他们为罗马鞠躬尽瘁，竭尽全力为其作战而毫无怨言。但当5年、15年或是20年后回到家乡时，他们的土地上早已长满了荒草，房子也被摧毁了。但他们意志坚强，决心开启新的生活。他们除去杂草，种上庄稼，等待着丰收时刻的到来。他们把粮食、家禽和牲畜一起拉到市场上，却发现那些用奴隶劳作的农场主把所有商品的价格都压得很低。为了保住自己的土地，他们苦撑了几年，但最终还是在绝望中放弃了土地。他们离开罗马，来到了离罗马最近的城市。可即便是来到了新的环境，他们还是要像以前一样忍饥挨饿。不过，至少他们能和其他成千上万有着同样命运的人们分享痛苦。他们聚集在大城市郊区肮脏的棚屋里。那里传染病肆虐，他们很容易就染上疾病，最终不治身亡。对于这种境况，每个人都非常不满。他们曾为国家浴血奋战，如今却落到如此田地。他们非常愿意聆听演说家们极具煽动性的演说。这些演说家把这群饿鹰似的人聚集到一起，很快他们就对国家安全造成了严重威胁。

但新兴的富人阶级在听到这个消息后只是耸耸肩。他们争论道："我们有自己的军队和警察，他们能把暴徒制伏。"随后，他们就躲入自己舒适别墅的高墙内，种种花，养养草，或是读上几句希腊奴隶为其译成优美拉丁文的荷马史诗。

但在少数几个贵族世家里，古老共和国时期无私奉献的精神保留了下来。阿非利加将军西皮奥的女儿科内莉亚嫁给了一位名叫格拉古的罗马贵族。她生了两个儿子，即提比略和盖约斯。男孩儿们长大后都进入了政坛，尝试着实施了几项迫在眉睫的改革措施。一项统计显示，意大利半岛的大片土地，都集中在2000个贵族世家手中。在当选为保民官后，提比略·格拉古想帮助那些自由民。他恢复了两项古代律法，限定每个人所能拥有的土地数量。通过这一做法，他希望能够帮助那些对国家极有价值的小土地所有者得以复兴。但富人们对他恨之入骨，称其为"强盗"和"国家敌人"。他们在街头策动了一场暴乱，还雇了一群暴徒去刺杀这位受人爱戴的保民官。当提比略步入公民会议的会场时，受到了暴徒们的袭击，最终被殴打致死。10年后，他的兄弟盖约斯顶着兵强马壮的特权阶层的巨大压力，再度尝试进行国家改革。他通过了一部《贫民法》，旨在帮助那些破产的农民，最终却让大部分罗马市民沦为职业乞丐。

在罗马帝国的偏远地区，盖约斯为贫民兴建了许多居留地，但这些居留地并没有吸引到它们想收留的那些人。在盖约斯·格拉古做出更多举动之前，他也被谋杀了。他的追随者不是被杀害，就是被流放。最初的这两位改革者都是贵族绅士，之后的两位却和他们截然相反。他们是职业军人：一个叫马略，另一个叫苏拉。每个人都有一大批追随者。

苏拉是农场主的领袖；而作为在阿尔卑斯山脚下歼灭条顿人和辛布里人的胜利者，马略则是那些被剥夺了财产的自由之民的英雄。

公元前88年，亚细亚传来的谣言极大地影响了罗马的元老院。据说黑海沿岸有一个国家，国王名叫米特拉达特斯，他的母亲是希腊人。他很可能建立起第二个亚历山大帝国。作为征服世界的开始，他屠杀了住在小亚细亚的所有罗马人，无论男女老少。这种行为无疑是在挑起战争。元老院立刻组建了一支军队，来征讨本都的这位国王，以惩戒他的罪行。但应该由谁来担任司令呢？元老院说："苏拉是不二人选，因为他是执政官。"民众却说："应该是马略，因为他曾担任过5次执政官，还维护我们的利益。"

苏拉恰巧拥有军队的真正指挥权。他率军向东，讨伐米特拉达特斯。马略被迫逃往阿非利亚，并一直潜伏在那里。一听说苏拉的军队到达了亚细亚，马略就回到意大利，集结了一群愤世嫉俗的乌合之众向罗马挺进，并轻而易举进入城内。他们用了五天五夜的时间屠杀了元老院中与马略为敌的人。马略被选为执政官，却由于过度兴奋，在两个星期后便过世了。

接下来的4年，罗马都处在一片混乱之中。而此时，苏拉已经打败了米特拉达特斯，宣布他已经做好返回意大利的准备，还要解决一些未了的私人恩怨。他是个言必信、行必果的人。一连好几周，他的士兵都在忙于屠杀那些被认为同情民主改革的同胞。一天，他们抓住了一个经常和马略在一起的年轻人。就在他们准备吊死他的时候，有人打断了他们："这个孩子太小了。"于是，士兵们把他放了。这个孩子的名字叫尤利乌斯·恺撒，下面读者还会再见到他。

而苏拉则成为"独裁者"，这意味着他是罗马的最高统治者，也是罗马所有财产的唯一拥有者。他统治了罗马4年，最终在床上安静地死去。像许多一生都在屠杀同胞的罗马人一样，他晚年的大部分时间都花在耕地种菜上。

但罗马的情况并没有好转。苏拉的密友庞培将军再次率军东征，征讨不断给帝国带来麻烦的米特拉达特斯国王。他把这个精力旺盛的反抗者赶到了深山中。米特拉达特斯深知一旦落入罗马人手中，自己的命运将会如何，于是他吞下毒药，结束了自己的生命。接下来，庞培攻克了叙利亚，将其重新划入罗马的管辖范围。他摧毁了耶路撒冷，将战火烧向整个西亚，试图重振亚历山大大帝时期的雄风。最后（公元62年），他载着12艘船的国王、王子和将军回到了罗马。在罗马人为庞培举行的盛大凯旋仪式上，那些曾经显赫一时的国王、王子和将军被迫在街上游行示众。庞培还给罗马带来了高达4000多万金元的财富。

而此时的罗马政府急需一个强有力的人来领导。就在几个月前，罗马险些落入一个名叫喀提林的贵族青年手中。他所有的家产都输在了赌桌上，于是便希望趁火打劫，捞取一大笔钱财来弥补自己的损失。一名有公益精神的律师——西塞罗察觉了这一事态，并上报给元老院，喀提林被迫逃亡。但是还有其他年轻人怀揣着同样的野心，此处暂且不表。

于是，庞培组织了一个"三头同盟"来处理国事。他成为这个三人委员会的领袖。二把手是尤利乌斯·恺撒，在作为西班牙总督时，恺撒就已声名远播。最后一位是个无足轻重的人，名叫克拉苏。他之所以能够当选，是因为他拥有富可敌国的财产，成功为战争提供了大量物资。不久以后，他就被派往帕提亚，在那里被杀害。

说到恺撒，他是三个人中最能干的一个。他觉得自己需要建立一些更为辉煌的战功，才能成为一个受万民敬仰的英雄。他翻过阿尔卑斯山，征服了如今称为法兰西的那片土地。接着，他又在莱茵河上架起一座坚实的木桥，入侵了条顿人的家园。最后他乘船来到了英格兰。如果不是他不得不回到意大利，天知道他会在哪里停下脚步。恺撒听说庞培被任命为终生独裁官，这意味着恺撒的名字将会出现在"退休军官"的列表上，一想到这一点，他就火冒三丈。他记得自己当年是跟随在马略身后踏上军旅生涯的。于是，他决定给元老院和这位"独裁者"一个新的教训。他率军渡过了分隔亚平宁高卢省和意大利的卢比孔河。所到之处，人们都亲切地称他为"人民的朋友"。恺撒不费吹灰之力就进入了罗马，庞培被迫逃往希腊。恺撒一路追击，在法尔萨拉附近将庞培和他的追随者打败。庞培渡过地中海，逃到了埃及。他刚一着陆，年轻的埃及国王托勒密就派人刺杀了他。几天后，恺撒来到埃及，却发现自己掉入了陷阱。埃及人和庞培的老部下组成联军，攻击了他的军营。

但幸运之神眷顾着恺撒。他成功烧毁了埃及的舰队。但不幸的是，熊熊烈火迸出的火星恰巧落在了闻名遐迩的亚历山大图书馆屋顶上（它正好位于码头边），大火将图书馆烧成了灰烬。接着，恺撒袭击了埃及军队，把埃及士兵赶到尼罗河边，淹死了托勒密，并建立起一

恺撒西征

个新的政府，还扶持已故国王的姐姐克娄帕特拉为首领。一个新的消息紧随其后而来，米特拉达特斯的儿子兼继承人——法纳西斯，已经踏上了讨伐他的征程。恺撒率军北上，仅用了5天时间，就打败了法纳西斯。他把胜利的消息传回罗马，里面有这样一句话"veni，vidi，vici."翻译成拉丁文就是"我来了，我看见了，我征服了！"这句话后来成为一句名言。恺撒返回埃及后，疯狂地爱上

了克娄巴特拉。公元46年，恺撒返回罗马执掌政权，克娄巴特拉同他一起来到了罗马。恺撒先后举行过4场凯旋入城仪式，分别是为了纪念4场大战的胜利。恺撒来到元老院，向元老们汇报他的丰功伟绩。元老们感激涕零，任命他为"独裁官"，任期长达10年。但对恺撒而言，这是致命的一步。

这位新独裁官采取了多项措施，对罗马进行改革。他给予自由民成为元老院成员的资格。像早期罗马历史中出现的那样，他给予边疆居民公民权。他允许"外国人"对政府管理施以影响。他改革了对边远行省的管理制度，免得它们变成某些贵族世家的领地和稀有财产。简言之，他做了很多有益于大多数人的好事，却因此遭到了特权阶层的憎恶。50个年轻贵族联手策划了一场"拯救共和国"的阴谋。就在古罗马历3月的第15天（恺撒从埃及引进的新历的3月15日那天），恺撒一步入元老院就被杀害了。罗马再次陷入了群龙无首的境地。

有两个人曾试图发扬恺撒的丰功伟绩。一个是安东尼，他曾是恺撒的秘书；另一个是屋大维，他是恺撒的侄孙，也是恺撒的地产继承人。屋大维留在了罗马，安东尼则到埃及去找克娄巴特拉。他也爱上了克娄巴特拉，似乎罗马的将军们都有着共同的喜好。

辉煌的罗马帝国

于是，安东尼和屋大维之间展开了一场激战。在阿克提翁战役中，安东尼自尽，留下克娄巴特拉七世独自迎战敌人。她使尽浑身解数，试图让屋大维成为第三个拜倒在她石榴裙下的罗马将军。但她发现，无论她怎样做，这位高傲的贵族都对她无动于衷，最后她也自杀了。埃及沦为罗马的一个省。

至于屋大维，他是个非常聪明的年轻人，没有重蹈恺撒的覆辙。他深知，言辞不当会让百姓敬而远之。因此，回到罗马后，他总是用最谦逊的语气提出要求。他不想成为一名"独裁官"，一个"光荣者"的称号就能让他心满意足。但几年后，当元老院授予他"奥古斯都"（意即神圣、显赫之人）的称号时，他并没有拒绝。又过了几年，有市民在街上喊他"恺撒"或"皇帝陛下"时，他也欣然接受了。士兵们则习惯把他称为统帅或总司令，或者是元首。共和国实际上已经变成了帝国，但罗马百姓并没有意识到这一点。

公元14年，作为罗马人民的绝对统治者，屋大维的地位已经稳如磐石。人们把他当成神一样膜拜，他的继承者成为真正的"皇帝"——史上最伟大帝国的绝对统治者。

事实上，罗马人已经厌倦了无政府状态和混乱局面。他们不在乎谁来统治他们，只要新主人能够让他们安稳地生活，不再听到街上不时传来的喧闹声就可以了。屋大维为他的属民带来了40年的和平。他无意开拓疆界。公元9年，他发动了一场战争，想要征服生活在西北荒野的条顿人。但他的将军瓦禄和所有士兵都在条顿堡森林中被杀害了。自此，罗马人再也不打算教化这些野蛮的民族了。

他们将精力集中在国内改革等重大问题上，但为时已晚。两个世纪的内部革命和外部战争，让年轻一代的才俊都赔上了性命；自由农民阶层也几近消亡，因为奴隶的大量引进让自由民难以与大农场主竞争；城市也变成了一个个蜂巢，里面居住着大量身患疾病的农民；战争还滋长了一个巨大的官僚体制——小官吏们拿着微薄的薪水，但是为了养家糊口，他们不得不收受贿赂。最糟糕的是，战争让人们习惯了暴力和流血，在面对别人的痛苦时，他们甚至会幸灾乐祸。

从表面上看，公元1世纪的罗马帝国拥有庞大的政治体系，连亚历山大帝国都只是它的一个小行省。但在这表面的辉煌之下，却居住着成千上万困苦不堪的百姓，他们像在巨石下筑巢的蚂蚁一样，没日没夜地劳作着，却是在为别人的利益卖命。他们跟田间的动物争夺食物，住着马厩牛棚，最后他们在绝望中闭上了眼睛。

时光飞逝，到了罗马建国的第753年。此时的尤利乌斯·恺撒和屋大维·奥古斯都都已住进了帕拉塔山的宫殿里，终日忙于处理国事。

而远在叙利亚的一个小村里，木匠约瑟夫的妻子玛利亚，正在悉心照料刚刚在伯利恒马厩里出生的儿子。

这个世界真是无奇不有。

不久后，王宫和马厩就要展开公开的斗争了。

而马厩会取得最终的胜利。

第25章　拿撒勒人约书亚

希腊人称之为耶稣的拿撒勒人约书亚的故事。

　　罗马建国第815年（按照我们现在的计算方式，应该是公元62年）的秋天，罗马的一名外科医生——埃斯库拉比厄斯·卡尔迪拉斯给他正在叙利亚出兵的外甥写了一封信，信的内容如下。

亲爱的外甥：

　　几天前，有人叫我去给一个名叫保罗的病人看病。他应该是犹太裔的罗马公民，受过良好教育，举止优雅。他告诉我，他来这里是为了一场官司。该案是由凯撒利亚或者东地中海某个地区的法庭提请的。人们说他是一个"野蛮又暴力"的家伙，到处发表反对人民、反对法律的演说。但我觉得他才思敏捷、诚实守信。

　　一位曾在小亚细亚驻军服役的朋友告诉我，他曾经听到过一些关于保罗在以弗所传教的故事，好像在宣扬一位新的上帝。我询问我的病人这件事是不是真的，问他是不是号召过人民起来反抗我们所爱戴的陛下的意志。保罗回答我说，他所宣扬的国度并不属于这个世界，他还讲了很多奇怪的东西。我听不懂他说的话，可能是因为发烧，他在胡言乱语吧。

　　但他的个性的确给我留下了深刻的印象。我听说几天前他在奥斯提亚大街上被人杀害了，我感到很遗憾。为此，我写了这封信给你。你下次路过耶路撒冷的时候，帮我打听一下我的朋友保罗和他宣扬的那位似乎是他导师的陌生犹太先知。我们的奴隶听说了这位所谓的弥赛亚（即救世主）之后，都异常兴奋，有几个还公开谈论这一"新的国度"（不管它到底是什么意思），说保罗被钉在十字架上处死了。我很想弄清楚这些传言的真相。

你的舅舅，
埃斯库拉比厄斯·卡尔迪拉斯

6个星期后，他的外甥格拉丢斯·恩撒——高卢第七步兵团的上尉回了信，内容如下。

亲爱的舅舅：

来信已经收到，您要我做的事我已经完成了。

两周前，我们的部队被派往耶路撒冷。这座城市在上个世纪经历了多次改建，所以老城里已经没有什么东西了。我们在这里已经待一个月了，明天要前往佩德拉地区，那里的几个阿拉伯部落经常闹事。刚好今晚有时间，我就给您写了这封信，但千万别指望我能递交一份详细的报告。

我和这座城市的大部分老人都交谈过，但只有寥寥几人能够提供给我一些详细的信息。几天前，一个商贩来到军营附近。我向他买了一些橄榄，问他知不知道那位年轻时就被杀死的著名的弥赛亚。他说这件事他记得很清楚，因为他父亲曾带他去各各他（耶路撒冷城外的一座小山）观看那场处决。他父亲还告诫他，若是触犯法律、成为犹太人的敌人，就会得此下场。

他给了我一个名叫约瑟夫的人的地址，说他是弥赛亚的密友。商贩还跟我说，要想知道更多信息，我最好去找约瑟夫。

圣地

今天早上，我去拜访了约瑟夫。他已经一把年纪了，曾经是淡水湖边的渔夫。但他的记忆力还是很好，从他口中我终于了解到在我出生前那个动荡的年代究竟发生了什么。

　　当时在位的，是我们伟大而光荣的陛下提比留，而掌管犹太和撒玛利亚地区的则是本丢·彼拉多。约瑟夫对彼拉多知之甚少，他应该是个廉洁清白的人，在做省长的时候留下了不错的名声。罗马建国第783年或784年（约瑟夫记不清楚了），彼拉多被派往耶路撒冷去平定一场动乱。据说，一位年轻人（拿撒勒一名木匠的儿子）正在策划一场反对罗马政府的革命。奇怪的是，我们向来消息灵通的情报官员仿佛对此事一无所知。随后他们对此事进行了调查后汇报说，这名木匠的儿子一直是个遵纪守法的好公民，没有理由去控告他。但是据约瑟夫称，犹太教守旧的领导们对这一结果感到非常不安。这位木匠的儿子很受希伯来穷苦大众的拥护，他们对此非常不悦。于是他们告诉彼拉多，这个拿撒勒人曾经公开表示，无论是希腊人、罗马人还是非利士人，只要他想要过体面高尚的生活，就能和毕生研究摩西法律的犹太人一样优秀。彼拉多并不太在意这些争论，但当耶路撒冷圣殿周围的人群威胁说要处死耶稣，并杀光他所有的追随者时，为了挽救耶稣的性命，彼拉多决定先把耶稣拘捕起来。

　　彼拉多好像一点儿都不明白这场争论的实质。当他要求犹太祭司们解释对这位木匠的儿子的不满时，他们便大声喊着"异端""叛徒"，显得异常兴奋。最后，约瑟夫告诉我，彼拉多派人把约书亚（即那个拿撒勒年轻人的名字，但生活在这一地区的希腊人都称他为耶稣）带到面前，亲自审问他。他们交谈了好几个小时。彼拉多问约书亚关于"危险教义"的事，据说他在加利利海边布道时曾宣讲过那些教义。但耶稣的回答是，他从未涉及过政治。相较于人的肉体，他更关心人的灵魂。他希望世人都能视自己的邻里为兄弟，只敬爱唯一的上帝——万物之父。

　　彼拉多受斯多葛哲学学派和希腊其他哲学家的影响很深，但他似乎看不出耶稣的言论有什么煽动性。据约瑟夫称，彼拉多再次设法挽救这位仁慈的先知的性命。他一直拖延着处决的日期，但犹太大众受祭司的煽动，情绪变得非常激昂。此前，耶路撒冷曾爆发过多次骚乱，但驻扎在周围能够随叫随到的罗马士兵却寥寥无几。人们向凯撒利亚的罗马政府递交报告，说彼拉多"陷入了拿撒勒人的花言巧语里"。城市里到处都有请愿活动，要求把彼拉多召回，因为他已经成为皇帝的敌人。您知道，我们的政府明令禁止驻外总督与当地居民发生公开冲突。为了避免国家爆发内战，彼拉多最终选择牺牲他的囚犯约书亚。约书亚对此表现出高尚的品格，宽恕了所有憎恨他的人。最终，在耶路撒冷市民的狂叫和嘲笑声中，耶稣被钉死在十字架上。

这就是约瑟夫向我讲述的故事，他边哭边讲完了这个故事。离开他家的时候，我给了他一枚金币，他没有接受，而是让我把它送给比他更穷苦的人。我还问了他一些关于您的朋友保罗的事，但他对保罗并不熟悉。保罗原来好像是个做帐篷的，后来放弃了自己的职业，一心宣扬他那位仁爱宽宏的上帝，这位上帝与犹太祭司们一直向我们宣扬的耶和华截然不同。之后，保罗好像走访了小亚细亚和希腊的很多地方，告诉奴隶们，他们都是博爱天父的孩子，无论富有还是贫穷，只要竭尽所能诚实地生活，并为困苦中的人们做善事，幸福就会降临在他们身上。

我希望已经回答了您的问题，也希望您能对我的回答满意。在我看来，整个故事对于帝国的安全来说没有任何危险之处。但我们罗马人还是不能真正理解生活在这里的人民。我很遗憾他们杀了您的朋友保罗。真希望此刻我能在家里。

您忠诚的外甥，
格拉丢斯·恩撒

第26章 罗马的衰落

罗马帝国的晚期。

根据古代历史教科书的记载，罗马帝国于公元476年灭亡，因为在这一年，最后一位罗马皇帝被赶下了宝座。但正如罗马的建立并非一朝一夕之事一样，罗马的灭亡也持续了很长一段时间。这个过程相当缓慢，以至于罗马人都没有察觉到他们的旧世界就要走到尽头了。他们抱怨时局动荡，物价奇高，但工人的工资很低。他们咒骂那些奸商，因为他们垄断了谷物、羊毛和金币的所有市场。偶尔碰上一个贪赃枉法的总督，他们也会起来造反。但总体说来，在公元头4个世纪里，大多数罗马人该吃就吃、该喝就喝（视钱包鼓瘪而定），敢爱敢恨（随着自己的性子），也照常去剧院（只要有免费的角斗士搏击上演），当然也有人在大城市的贫民窟里忍饥挨饿。他们全然不知，帝国气数已尽，就要走向灭亡了。

他们怎么会意识到潜在的危险呢？罗马帝国始终呈现着一派繁荣的景象。平坦的道路将各个省份连接在一起，帝国警察勤勤恳恳，对于拦路抢劫的土匪毫不留情；边疆防御也十分严密，足以抵御盘踞在欧洲北部荒野的蛮族入侵。全世界都在向伟大的罗马城递交赋税，还有一批才能出众的人夜以继日地为帝国服务，以纠正过去的错误，使罗马人能重新过上共和国早期的快乐生活。

但是，正如我在前面说过的，罗马帝国逐步衰落的祸源并没有被去除，因此改革是难以施行的。

其实，罗马自始至终都是一座城邦，就像古希腊时期的雅典和科林斯一样。它有能力统治意大利半岛，但从政治角度来说，罗马作为整个文明世界的统治者是失败的，也没有足够的实力来完成这一任务。在无休无止的战争中，很多年轻人都献出了生命。因为长期的服役和沉重的赋税，农民也破产了。他们要么沦为职业乞丐，要么受雇于富有的庄园主，用他们的服务来换取食宿，成为富人的"农奴"。这些不幸的穷人既非奴隶，又非自由人，而是变成他们所劳作的那块土地的一部分，就像那里的牛马和树木一样，终生难以离开。

国家成为重中之重，普通百姓变得一文不值。至于那些奴隶，他们听信保罗的话，接受了那位谦卑的拿撒勒木匠所传播的福音。他们并不造反，相反，他们被教导要谦恭温顺，遵从主人的安排。但是，眼前的世界不过是一个悲惨的生存之地，这让他们失去了对世事所有的兴趣。他们情愿打上漂亮的一仗，也许死后就能进入天堂了。罗马皇帝企图进攻努米底亚、帕提亚或苏格兰以获得更多的荣耀，奴隶们却不愿为这样一位野心勃勃的皇帝的利益而战。

几个世纪过去了，国家形势变得越来越严峻。早期的几位罗马皇帝至少还保持着"领袖"的传统，允许部落的首领管理自己的臣民。但公元2～3世纪的皇帝都是些"兵营皇帝"、职业军人，其生存全靠那些保镖，也就是所谓的禁卫军的忠诚。皇帝们像走马灯一样，不停轮换着皇位。他们以谋杀作为入主皇宫的手段，当下一个野心家积攒了大量财富，足以贿赂禁卫军发动新一轮政变时，上一个篡位者便迅速被谋杀了。

野蛮人穿过一座罗马城市

与此同时，野蛮民族也在不断骚扰着北方边境。由于罗马已经没有任何本土士兵能够抵御外族的入侵，只能雇用外籍士兵来抵抗入侵者。而这些外籍雇佣兵与他们的敌人其实来自同一种族，所以在作战时他们很容易对敌人心慈手软。最后，作为一种实验，皇帝允许一些部落在帝国境内定居，其他部落也随之而来。没过多久，这些部落就叫苦连连，抱怨贪婪的罗马税吏把他们最后一分钱都榨干了。当他们的呼声没有得到重视时，他们来到了罗马，想让皇帝了解到他们的需求。

这让作为皇室居住地的罗马变得非常混乱。于是，君士坦丁皇帝（公元323～337年在位）开始寻找一个新的首都。他选择了拜占庭，这个连接欧、亚的

罗马

贸易之门。他将拜占庭更名为君士坦丁堡，皇室也东迁至此。君士坦丁去世后，他的两个儿子为了更有效地管理国家，便把罗马帝国一分为二。哥哥住在罗马，统领西半部分；弟弟则留在君士坦丁堡，成为东罗马之主。

到了公元4世纪，神秘的亚细亚骑兵——匈奴人来到了欧洲。在长达两个世纪的时间里，他们都滞留在欧洲北部，烧杀抢掠，无恶不作。直到公元451年，他们才在法国沙隆的马恩河被击败。当匈奴人到达多瑙河时，他们给当地的哥特人带来了极大的威胁。为了挽救自己的民族，哥特人被迫入侵罗马。瓦伦斯皇帝试图阻止他们，却于公元378年在亚特里亚堡附近阵亡。22年后，在国王阿拉里克的带领下，这些西哥特人向西进军，攻击罗马。他们没有大肆掠夺，只是摧毁了几处宫殿。接着汪达尔人来袭，在这座历史悠久的罗马城肆意妄为。随后是勃艮第人、东哥特人、阿拉曼尼人、法兰克人……侵袭一刻都未停止。最后，罗马成为任人宰割的羔羊，只要这些野心勃勃的强盗能够召集一批追随者，他们就能随时入侵罗马。

公元402年，西罗马皇帝逃往拉文纳。拉文纳是一座海港城市，防御良好。公元475年，日耳曼雇佣军的指挥官奥多亚克想要瓜分意大利的农田。于是，他采取了一种温和但行之有效的手段，把最后一任西罗马帝国的皇帝罗慕洛·奥古斯塔斯赶下皇位，并宣布自己成为西罗马新的统治者。此时，东罗马皇帝正因国内事务忙得不可开交，只能默认此事。在之后的10年里，奥多亚克一直治理着西罗马帝国那些残余的省份。

几年之后，东哥特国王西奥多里克率军入侵了这个新成立的国家，攻克了拉文纳，并将奥多亚克杀死在他的餐桌上。在罗马帝国的废墟之上，西奥多里克建立了一个新的哥特王国。但这个国家的寿命并不长久。公元6世纪，一支由伦巴德人、撒克逊人、斯拉夫人和阿瓦人组成的联军入侵意大利，毁掉了这个哥特王国，并建立了一个新的国家，以帕维亚为首都。

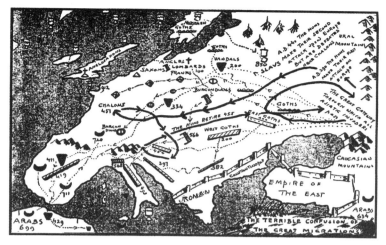

野蛮人入侵

　　最后，这座皇城终于陷入一片无人问津、满是绝望的境地。古老的宫殿屡次遭到抢劫；学校被毁为平地；老师们活活饿死。富人们被逐出他们的别墅，那些浑身恶臭、满身毛发的野蛮人住了进来。由于年久失修，道路塌陷，桥梁断裂，商贸也中断了。由埃及人、巴比伦人、希腊人和罗马人几千年辛勤劳作得到的文明成果，曾把人类带入他们的祖先难以想象的境地，如今却面临着从西方大陆灭亡的危险。

　　当然，在远东地区，作为帝国中心的君士坦丁堡仍延续了1000年。但它还不能算作欧洲大陆的一部分。它把全部精力都放在了东方，忘记了自己来自欧洲。渐渐地，希腊语取代了罗马语，罗马字母也被舍弃，就连罗马律法也用希腊语进行了重写，并由希腊法官加以阐述。东罗马皇帝成为一位亚洲君主，如同3000年前尼罗河谷底比斯的埃及国王那样，受到神一样的膜拜。当拜占庭的传教士想要寻找新的传教地时，他们便向东出发，把拜占庭文明带入了广袤的俄罗斯大地。

　　至于西方，只能任由蛮族摆布。在此后的12个世代里，烧杀抢掠成为那时的主旋律。一样东西——也只有这一样东西让欧洲免于彻底灭亡，免于回到依穴而居、茹毛饮血的时代。

　　这就是教会——那些千百年来承认自己是拿撒勒木匠耶稣追随者的那群谦卑的男女组成的团体。这位拿撒勒木匠之所以被杀，就是为了使伟大的罗马帝国能够避免一场发生在叙利亚边境小城的街头暴乱。

第27章　教会的兴起

罗马成为基督教世界的中心。

生活在帝国时代的普通罗马知识分子，对于祖先所信奉的那些神并没有太大兴趣。他们每年都会去神庙朝拜几次，但仅仅是出于习惯。当人们庄严地列队游行，庆祝某个宗教节日时，他们会耐心地看着。在他们看来，罗马人对朱庇特（众神之首）、密涅瓦（智慧女神）和尼普顿（海神）的崇拜是非常幼稚的，是共和国创建初期留下的一个败笔。对于一个钻研斯多葛、伊壁鸠鲁和其他伟大雅典哲学家作品的学者来说，这些根本不值得研究。

这种态度使得罗马人在宗教问题上非常宽容。政府规定，所有人——无论是罗马人、外国人、希腊人、巴比伦人还是犹太人，都必须对每座神庙中皇帝的塑像示以尊重。

但这只是一种形式，并没有什么深层次的含义。通常情况下，人人都可以根据自己的喜好赞颂、崇拜或爱慕任何神明。其结果是，罗马各地遍布各种各样奇怪的小神庙和小教堂，用来供奉来自埃及、非洲和亚洲的神明。

当第一批基督耶稣的信徒到达罗马，并开始宣讲他们"人人皆兄弟"的教义时，没有人提出反对。街上的行人还会停下脚步，聆听他们的教义。而作为当时世界中心的罗马，随处可见云游的传教士，每个人都在传播自己的"秘密教义"。大多数自封的传教士会借助人们的理性，对那些愿意追随自己所信奉的神明的人许下承诺，说他们会拥有金色的未来和无尽的享乐。不久，聚集在大街上的群众注意到，那些所谓的"基督徒"（"基督"的追随者，或被上帝用膏油涂抹、祝福过的人）宣扬的是一种截然不同的教义。他们好像并不关心财富或者高贵的地位，反而称赞贫穷、谦卑和顺从这类美德。而罗马成为世界强国的原因并非得益于这些品德。在帝国的全盛时期，罗马人民却被告知，现世的成功并不能给他们带来永久的幸福，这真是一件非常有趣的事。

此外，基督教的传教士们还大肆宣扬，那些拒绝听从真神之言的人将会面临悲惨的命运。想要碰碰运气并非什么明智之举。当然，罗马的旧神还在，但他们能否保护老朋友，跟刚刚从遥远的亚洲传入欧洲的新神相抗衡呢？人们开始产生怀疑。他们返回原地，希望能够听到关于这个新教义的更多解释。一段时间之后，他们开始约见那些宣传基督教义的男男女女。他们发现，这些人和罗马本土的僧侣截然不同。他们一无所有，对奴隶和动物都非常友爱。他们从不试图聚敛钱财，却对其他人大施援手。他们无私的生活态度感染了许多罗马人，罗马人纷纷投身到基督教的小团体中。他们在私人住宅的密室或是空旷的原野上集会，神庙从此变成了摆设。

时间一年年过去，基督教徒的数量不断增加。人们推举出神父或长老（Presbyters在希腊语中的原意为"老年人"），来保护小教会的利益。人们还选出一名主教来担任该省所有社团的领袖。继保罗之后来到罗马的彼得，成为罗马第一任主教。一段时间之后，彼得的继任者（被信徒们称为"神父"或"爸爸"）便被称为教皇。

教会逐渐变成罗马帝国一个非常有实力的机构。基督教义不仅感染了诸多对世界绝望的人，还吸引了一大批有才华的人。他们发现，在帝国政府的管理下，他们很难成就一番作为，但在拿撒勒导师诸多谦逊的追随者中，他们能把自己的领导天赋发挥得淋漓尽致。最后，政府不得不开始关注基督教。正如我在之前提到的，罗马帝国对不同文化是采取兼容态度的。它允许百姓根据自己的喜好来寻求拯救灵魂的方式。但国家规定，所有宗教都要和谐共处，遵循"自己活，也让别人活"的原则。

然而，基督教社团却拒绝任何形式的宽容。他们公然宣称，他们的上帝，也只有他们的上帝才是宇宙万物的真正主宰，别的神明不过是些冒充者罢了。这种说法对于其他宗教来说似乎很不公平，警察不得不出面进行干预，但基督教徒仍坚持他们的说法。

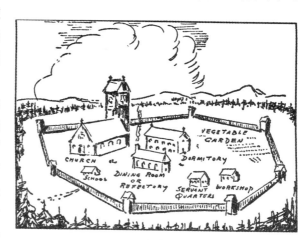

寺院

很快，麻烦接踵而至。基督教徒拒绝执行向皇帝表示敬意的礼仪，国家号召他们入伍时，也遭到拒绝。罗马行政当局威胁说要惩罚他们。基督教徒却回答说，这个悲惨的世界不过是通向天堂的"入口"，为了坚持自己的信仰，他们宁愿丢掉现世的生命。罗马人对于这种言论很困惑，迫不得已时他们会杀死几个反抗者，但大多数时候他们都置之不理。在教会成立初期，曾发生过用死刑处死基督教徒的事件，但这都是那些暴徒的行为。他们指责那些温顺的基督教徒邻居，给他们扣上各种各样的罪名（例如杀人、吃婴儿、传播疾病和瘟疫、在国家危难时叛国等）。因为他们知道基督教徒不会反击，所以可以轻易将他们处死，并且不会受到报复。

哥特人来了

与此同时，罗马一直遭受着野蛮人的侵略，但它的敌人最终失败了。基督教徒站了出来，向野蛮的条顿人宣讲和平的福音。这些传教士非常坚强，无畏死亡。他们讲到冥顽不灵的罪人未来会面对哪些情形时，让人深信不疑。这些给条顿人留下了深刻的印象。他们向来崇敬古罗马人的智慧。他们想，这些人来自罗马，他们说的很有可能是事实。很快，基督传教团就在条顿人和法兰克人聚居的蛮族地区成为一股强大的力量。6个传教士抵得上整整一个兵团的力量。罗马皇帝开始明白，基督教可以大为他们所用。在某些行省，基督教徒被赋予了与信仰古老宗教的人同等的权利。但直到公元4世纪后半期，本质性的变化才发生。

君士坦丁，也有人叫他君士坦丁大帝（天晓得为什么这么称呼他）是当时的皇帝。他是个可怕的暴君，但在那个战乱频发的年代，性情温顺的人是很难生存下来的。在漫长又艰辛的生涯中，君士坦丁经历过许多起起落落。有一次，当他就要被敌人击败的时候，他想，也许该试试这位人人都在传颂的亚细亚新上帝究竟有多大的能耐。于是，他许下诺言，如果自己能在接下来的战争中取得胜利，他就会信奉基督教。他获得了胜利，从此他对基督教上帝的力量深信不疑，还接受洗礼，做了基督教徒。

从那时起，基督教得到了罗马的官方承认，大大巩固了这一新教在罗马的地位。

但是在罗马的全部人口中，基督教徒仍占少数（只有5%或6%）。为了进一步扩大影响，他们拒绝接受一切妥协，旧神必须被摧毁。在很短的一段时间里，热爱希腊智慧的朱利安皇帝曾成功挽救了异教神祇，使他们免遭进一步的迫害。但在同波斯的一场战役中，朱利安身负重伤，不治而亡。他的继承人朱维安重新创造了基督教的辉煌。古代神庙的大门一个接一个地关上了。之后继位的是查士丁尼皇帝（就是他下令建造了君士坦丁堡的索菲亚大教堂），他下令关闭了柏拉图在雅典创立的哲学学校。

这也标志着古希腊世界走到了尽头，人们可以按照自己的意志去思考和梦想的时代结束了。当旧有的秩序被野蛮和愚昧的洪水冲走之后，要想为生活之舟指引正确的方向，古希腊哲学家的行为准则就有些含糊了。人们需要一些更为积极、明确的东西，这正是教会所能提供的。

在一切都不确定的年代里，只有教会稳如磐石，从不在真理和神圣的准则面前退缩。这种坚定的勇气受到了百姓的敬仰，使得在罗马帝国遭遇灭顶之灾时，罗马教会得以幸存。

但是基督教徒最后的成功也存在一定的侥幸因素。公元5世纪，西奥多里克建立的罗马—哥特王国消失之后，相对来说，意大利受到的外部侵略就变少了。继任哥特人统治意大利的伦巴底人、撒克逊人和斯拉夫人都是软弱又落后的部落。在这种环境下，罗马的主教们终于得以维护罗马城的独立。很快，散布在意大利半岛上的帝国残余势力就承认了罗马大公（罗马主教）在政治和精神上的统治地位。

历史已经为一位强人的出场搭好了舞台。这个强者出现在公元590年，他的名字叫格里高利。他出身于罗马的贵族统治阶层，曾担任过罗马市的市长。之后他还做过僧侣和主教，最后他极不情愿地（他本打算做一名传教士，前往荒芜的英格兰传道）被拉到圣彼得大教堂，成为教皇。他统治罗马的时间只有14年，但到他死的时候，西欧的基督教世界都正式承认了罗马主教（即教皇）是整个教会的首领。

然而，罗马教皇的势力并没能蔓延到东方。在君士坦丁堡，东罗马帝国仍然延续着旧时的传统，承认奥古斯都和提比留的继承者既是政府的最高统治者，又是国教的领袖。公元1453年，土耳其人攻占了东罗马帝国，君士坦丁堡沦陷。君士坦丁·帕里奥洛格——东罗马最后一位皇帝，死在了圣索菲亚大教堂的台阶上。

而此前几年，帕里奥洛格的兄弟——托马斯——的女儿佐伊，嫁给了俄罗斯的伊凡三世。如此一来，莫斯科大公就成为君士坦丁堡的继承人。古老的拜占庭双鹰标志（用来纪念罗马被分为东、西两个部分）变成了当代俄罗斯军服的徽章。原来仅仅是俄罗斯首席贵族的大公，摇身一变成为沙皇，获得了和罗马皇帝一样的尊严。在他面前，所有臣民不分贵贱，都只是不足挂齿的奴隶。

沙皇的宫殿按照东罗马皇帝从亚细亚和埃及引进的东方风格进行了翻修，他们自吹这和亚历山大大帝的王宫如出一辙。垂死的拜占庭帝国将这份奇特的遗产留给了一个始料不及的世界，在6个多世纪里，它凭借着顽强的生命力，在俄罗斯广阔的草原上延续下来。最后一个佩戴双鹰王冠的沙皇尼古拉二世被杀害了。他的尸体被丢进井里，儿女也都被杀害了。他曾享有的特权和君权都被废除，教会的地位又回到了君士坦丁登上王位之前其在罗马的地位。

不过，罗马天主教会的遭遇却全然不同。在下一章，我们将看到一个赶驼人给整个基督教世界所带来的威胁。

第28章　穆罕默德

　　赶骆驼的阿哈莫德成为阿拉伯沙漠的先知，为使唯一真主阿拉获得更伟大的荣耀，他的追随者几乎征服了整个世界。

　　自迦太基和汉尼拔之后，我们就没再提起过闪米特人。你应该记得他们的故事是如何占满古代世界史的所有篇章的。巴比伦人、亚述人、腓尼基人、犹太人、阿拉米人、迦勒底人，都属于闪米特族，他们曾经统治西亚长达三四千年之久。后来，他们被来自东面的印欧语系波斯人和来自西面的印欧语系希腊人所征服。亚历山大大帝去世100年后，为争夺地中海的统治权，闪米特族腓尼基人的殖民地迦太基和印欧语系的罗马人展开激战，迦太基被罗马人击败并彻底摧毁，在之后的800年，罗马人成为世界的主人。然而到了公元7世纪，另一支闪米特部落登上了历史舞台，向西方权威发出了挑战。他们就是阿拉伯人，那些游牧在阿拉伯沙漠的天性温和的牧羊人。一开始，他们并没有显露出任何称霸世界的野心。

　　后来，他们听从了穆罕默德的教诲，骑上战马，西征欧洲。在不到一个世纪的时间里，阿拉伯人来到欧洲的心脏地带，向那些充满恐惧的法兰西农民宣讲"唯一真主"阿拉的荣耀，以及"阿拉的先知"——穆罕默德的信条。

　　阿哈莫德的故事说起来更像是《一千零一夜》里的某个章节。他是阿布达拉和阿米娜的儿子，人们通常把他叫作"穆罕默德"，意即"该受赞美的人"。穆罕默德出生在麦加，原来是一个赶骆驼的人。他似乎有些癫痫，每当做奇怪的梦或听到天使加百利的声音时，他就会昏迷不醒。后来，这些事情被记录在一本名叫《古兰经》的书里。商队首领的工作让他走遍了阿拉伯各地，他经常会和犹太商人以及基督教徒生意人打交

穆罕默德的逃亡

道。这让他意识到，向唯一的上帝朝拜是件非常有益的事。当时，他的阿拉伯同胞还像几千年前的祖先一样，崇拜奇形怪状的石头和树干。在圣城麦加矗立着一座方形神殿——圣堂，里边都是伏都教崇拜的神像和一些零零散散的小物件。

穆罕默德决定成为阿拉伯人的摩西。但他不能一边做先知，一边赶骆驼。于是他娶了一个有钱的寡妇，也就是他的雇主——查迪亚为妻。如此一来，他就不用为钱发愁了。随后，他告诉居住在麦加的邻居们，他就是人们期盼已久的先知，是真主阿拉派来拯救世界的人。邻居们对他大加嘲笑，但穆罕默德还是坚持发表这样的演说。这一行为惹恼了他的邻居们，人们决定杀死他。人们把他当成疯子，所有人都讨厌他，觉得他一点儿都不值得同情。穆罕默德知道了这个消息后，就连夜和他最信任的学生艾卜·伯克尔一起逃到麦地那。这次出逃发生在公元622年的一天，这是穆罕默德有生以来最为重要的一天。后来，人们把这一天叫做穆斯林纪元——以纪念穆罕默德成功出逃。

在故乡麦加，人人都知道穆罕默德只是个赶骆驼的人。但在麦地那，没有人认识他，这也便于他宣扬自己先知的身份。没多久，他身边就有了一大批追随者，并且数量在不断增加。这些追随者被称为穆斯林，是"顺从神旨"的伊斯兰教徒，这也正是穆罕默德所推崇的最高美德。在之后的7年时间里，他一直在向麦地那的人民布道。他积聚了足够的实力，相信自己已经足以向那些敢于嘲笑他的神圣使命的邻居开战了。他率领一个由麦地那人组成的军队，浩浩荡荡地穿过沙漠。他的追随者没费多大力气就夺下了麦加，杀害了当地的许多百姓。他们发现，要让人们相信穆罕默德是一位真正的先知简直轻而易举。

从那时起，一直到穆罕默德去世，无论他做什么，都顺风顺水。

伊斯兰教的成功主要有两个原因。首先，穆罕默德传授给追随者的教义非常简单。教义告诫他们说，一定要热爱仁慈而怜悯的宇宙主宰——阿拉；必须孝敬父母，听从父母的教导；在和邻里交往时，一定要诚实、谦逊，对遭受穷苦和病痛的人要施以援手；最后，不得饮用烈酒，在饮食方面要注意节俭。这就是教义的内容。伊斯兰教中没有看护羊群的牧人，即那些需要人们供养的教士。穆斯林的教堂或清真寺，只是石砌的大厅而已，没有长椅也没有图画，这里只是信徒聚集（如果他们愿意的话）的地方，他们可以在这里读书或讨论圣书《古兰经》的章节。对于一般的穆斯林来说，他们的信仰是与生俱来的，从来不会觉得伊斯兰教的戒律和规定会束缚他们的身心。每天5次，他们会面朝圣城麦加做简单的祷告。在其他时间里，他们会让阿拉去管理这个世界，带着无比的耐心和顺从，接受命运安排给他们的一切。

当然，这种对待生活的态度并不会鼓动信徒去发明电动机、修建铁路或者开发新的汽船航线，但它给每个穆斯林都带来了一定的满足感。它让人们能够平和地对待自己和他们所生活的这个世界，这是件非常好的事。

在穆斯林与基督教徒的战争中，穆斯林获胜的第二个原因是穆罕默德士兵们的行为，他们是为了真正的信仰而走向战场的。因为先知曾许诺，那些勇敢面对敌人而战死沙场的穆斯林，可以直接升入天堂。与这个悲苦世界中漫长而无味的生活相比，战场上的迅速死亡更能让人们接受。这让穆斯林在和十字军作战的时候占据了极大的优势。十字军害怕黑暗的地狱，他们更贪恋现世的美好，所以想尽可能地活下去。这也可以解释为何到了今天，穆斯林士兵仍然可以冲进欧洲人的枪林弹雨之中，全然不顾等待着他们的命运。也正因为如此，他们一直都是危险而顽强的对手。

在将伊斯兰教安排妥当之后，穆罕默德就开始享受作为诸多阿拉伯部落首领的权力了。然而，成功往往会毁掉从困境中走出来的人。为了赢得富人们的支持，穆罕默德颁布了一些对富人有利的条例。他允许信徒可以娶4个妻子。在当时，所谓娶妻就是男方直接到女方家里购买女人，娶一个妻子需要花不少钱，能娶4个妻子更是件极奢侈的事。除了那些拥有单峰驼和椰枣园的富人，对于普通的贪财之人，这简直是痴心妄想。伊斯兰教原本是为那些生活在沙漠中的穷苦牧人所创立的，却逐渐演变成一个为迎合生活于城市别墅中的富人的宗教。这种转变违背了伊斯兰教最初的教义，对穆罕默德的伟业也没有好处。至于先知本人，他至死都在继续宣扬阿拉的真理，颁布行为准则。公元632年6月7日，穆罕默德因一场热病而猝死。

穆罕默德的继任者是艾卜·伯克尔，他被称作哈里发（即穆斯林的领袖），他曾与穆罕默德共同度过早期的艰苦岁月。两年后，艾卜·伯克尔去世，奥马尔继位。在不到10年的时间里，奥马尔征服了埃及、波斯、腓尼基、叙利亚和巴勒斯坦等地，并把大马士革立为第一个伊斯兰世界帝国的首都。

奥马尔之后继位的，是穆罕默德的女儿法蒂玛的丈夫阿里。但在一场有关穆斯林教义的争执中，阿里被杀害了。他去世后，哈里发变成了世袭制，而之前那些作为宗教精

十字军与伊斯兰教的斗争

神领袖的人们，则变成庞大帝国的统治者。在幼发拉底河岸靠近巴比伦遗址的地方，他们建造了一座新城，命名为巴格达。他们把阿拉伯牧民纳入军队，组成勇猛的骑兵，开始四处征讨，并把穆罕默德的福音传播到异教世界。公元700年，穆斯林将军泰里克穿过赫尔克里斯门，来到欧洲海岸的悬崖峭壁。泰里克把这个地方称为直布尔，也称其为泰里克山或直布罗陀。

11年后，在泽克勒斯战役中，泰里克打败了西哥特国王的军队。随后，穆斯林军队继续向北挺进，沿着汉尼拔曾经走过的路线，穿过比利牛斯山的山隘。他们击败了试图在波尔多附近阻击他们的阿奎塔尼亚大公，继续向巴黎进军。但在公元732年（穆罕默德逝世100年后），在图尔和普瓦捷之间的一场战役中，穆斯林军队被打败了。就在那一天，法兰克人的首领查理·马特尔（外号"铁锤查理"）从穆斯林人手里救下了整个欧洲。他把穆斯林赶出法国，不过，穆斯林依然占据着西班牙。阿布德·艾尔·拉赫曼在这里建立了科尔多瓦哈里发王国，它是中世纪欧洲最伟大的科学和艺术中心。

这个穆斯林王国统治西班牙长达7个世纪，由于它的统治者来自摩洛哥的毛里塔尼亚地区，所以它也被称为摩尔王国。直到1492年，穆斯林在欧洲的最后一个堡垒格拉纳达沦陷后，哥伦布才接到西班牙王室的委托书，开启他伟大的发现之旅。不久之后，穆斯林又积聚力量，开启了新的征程，把亚洲和非洲的很多地区都收入囊中。直到今天，穆罕默德的追随者和耶稣的信徒在数量上也不相上下。

第29章　查理曼大帝

> 法兰克人的国王查理曼登上皇位，试图重塑世界帝国的旧理想。

普瓦捷战役把欧洲从穆斯林人手中拯救出来。但欧洲内部的敌人仍然存在——罗马帝国消亡后，欧洲大陆陷入了无人管理的混乱状态。的确，欧洲北部那些刚刚皈依基督教的民众，对万能的罗马主教还是怀有深深敬意的。但是当他眺望远方的群山时，这位可怜的主教却丝毫没有安全感。天知道又有什么新崛起的野蛮部落已经做好了翻越阿尔卑斯山的准备，打算对罗马展开新的进攻。对于这位全世界的精神领袖来说，找到一位刀剑锋利、拳头结实的同盟迫在眉睫。这样当危险发生的时候，它就能保护教皇陛下了。

于是，神圣又讲求实际的教皇们踏上了寻找同盟之路。很快，他们便把目光锁定在一个最有希望的日耳曼部落身上。罗马灭亡之后，这个部落一直盘踞在西北欧洲，他们被称作法兰克人。早期，他们有一位名叫墨洛温的国王，曾在公元451年的加泰罗尼亚战役中帮助罗马人击退了匈奴人。他的后代建立起了墨洛温王朝，继续蚕食着罗马帝国的领土。直到公元486年，国王克洛维（古法语中的"路易"）认为自己已经强大到足以和罗马人相抗衡。但他的子孙都是些软弱无能的人，他们把国事全都交给首相，也就是"宫廷管家"去处理。

矮个子丕平是著名的查理·马特之子，继其父之后成为宫廷管家，面对这种情形，他却无从下手。他的国王是位虔诚的神学家，对政治丝毫不感兴趣。于是，丕平向教皇征求建议。教皇是个非常务实的人，他回答说："国家的权力应当属于实际拥有它的人。"丕平立刻领会了教皇的意思。于是，他说服墨洛温王朝的最后一位国王希尔德里克去当僧人，而他则在其他日耳曼部落首领的认同下成为国王。但这些并没能让精明的丕平感到满足，他想成为一个比野蛮部落首领更伟大的人。他策划了一场加冕仪式，邀请西欧最伟大的传教士博尼费斯来给他抹油，并封他为"上帝恩赐的国王"。"上帝恩赐"这几个字很容易就溜进了加冕仪式，但再次把它驱逐出去，却花了大约1500年的时间。

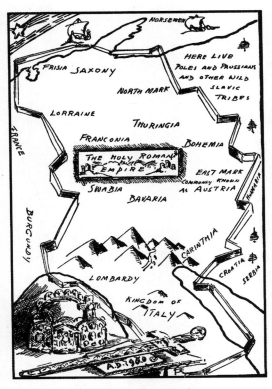

日耳曼人的神圣罗马帝国

丕平非常感激来自教会的大力支持。他两次出征意大利，帮教皇击退他的敌人。他把拉文纳和其他几座城市从伦巴德人手中抢过来，将它们奉献给教皇陛下。教皇把这些新的领地并入所谓的教皇国，直到半个世纪之前，它都是一个独立的国家。

丕平死后，罗马和埃克斯·拉·夏培乐或尼姆维根或英格尔海姆（法兰克国王没有官方的居住地，总是带着大臣及官员们四处迁移）之间的关系变得愈加亲密。最后，教皇和法兰克国王共同迈出了一步，这一步对欧洲历史产生了深远影响。

查理，通常被称作卡罗勒斯·马格纳斯或查理曼，于公元768年继任法兰克国王。他征服了德国东部的撒克逊人，在北欧大部分地区修建起城市和寺院。应阿布德·艾尔·拉赫曼的敌人之邀，查理曼入侵西班牙，攻打摩尔人。但是在比利牛斯山，他受到野蛮的巴斯克人的攻击，被迫撤退。就在这一关键时刻，布列塔尼侯爵罗兰自告奋勇，展现出早期法兰克贵族誓死效忠国王的精神。为了保护皇家军队安全撤离，罗兰献出了自己及其忠诚追随者的生命。

然而到了公元8世纪的最后10年，查理曼不得不集中全部精力来处理欧洲南部的问题。一群罗马暴徒袭击了教皇利奥三世，把他扔在大街上，让他等死。一些善良的百姓为教皇包扎了伤口，帮助他逃到查理曼的军营，以寻求帮助。查理曼很快便派了一支法兰克军队来平息这场叛乱，并将利奥三世送回了拉特兰宫。自君士坦丁时代以来，那里就一直是历任教皇的住所。公元799年12月，也就是利奥事件发生后的第二年的圣诞节，查理曼正在罗马出席圣彼得大教堂举行的盛大祈祷仪式。当他念完祷告词刚要起身的时候，教皇将一顶皇冠戴在他头上，宣布他为罗马皇帝，并再次以"奥古斯都"的伟大称号向其祝贺。上一次出现这个称呼，还是几百年前的事。

北欧再次成为罗马帝国的一部分。帝国的尊严却被一个略认文字但从没学过书写的日耳曼首领所拥有。不过，他骁勇善战，在很短的时间内欧洲就恢复了秩序，甚至连君士坦丁堡的东罗马皇帝也写信支持他，称他为"亲爱的兄弟"。

不幸的是，这位卓越的老人在公元814年就去世了。他的儿孙立即展开了争夺最大份额帝国遗产的大战。根据公元843年的《凡尔登条约》和公元870年在默兹河畔签订的《默森条约》，卡洛林王朝的土地被瓜分了两次。"勇敢者"查理接管了西半部分，包括旧罗马时代的高卢行省。在那里，当地居民的语言早已被拉丁化。法兰克人很快学会了这种语言，这就是法兰西这样一个纯粹的日耳曼国家却说着拉丁语的原因。

查理曼的另一个孙子得到了东半部分，罗马人把那里叫做日耳曼尼亚。这片人烟稀少的土地从来就不属于旧罗马帝国。奥古斯都大帝曾试图征服这片"远东之地"，但是他的军队于公元9年在条顿森林全军覆没，所以该地的百姓从没受过高度发达的罗马文明的洗礼，他们说的是日耳曼语言。在条顿语中，"人民"一词写作"thiot"，因此，基督传教士把日耳曼语言称为"lingua theotisca"或者"lingua teutisca"，也就是"大众方言"。"teutisca"一词逐渐演变成"Deutsch"，也就是"Deutschland"（德意志）这一名称的由来。

至于那顶著名的帝国皇冠，很快就从卡洛林王朝继承者的头上滑落下来，滚回了意大利平原，沦为一些小君主、小权谋家手中的玩物。他们互相厮杀，从彼此手里抢夺王冠，不管教皇允不允许，他们都会把它戴在头上，直到下一个更加野心勃勃的邻居把它抢走。可怜的教皇再一次陷入四面楚歌的境遇，不得不向北方求助。但是这次，他并没有向西法兰西王国的统治者求助。他的信使翻越阿尔卑斯山，去拜访当时日耳曼部落所公认的最伟大的领导者——撒克逊亲王奥托。

和日耳曼人的喜好一样，奥托一直都很向往意大利半岛上蔚蓝的天空和美丽快乐的百姓。一收到教皇的召唤，他就马不停蹄前来营救。为了答谢奥托的衷心，教皇利奥八世封他为"皇帝"。自此，查理曼王国的东半部分就变成"日耳曼民族的神圣罗马帝国"了。

这个奇特的政治产物一直在历史的舞台上延续了839年。公元1801年（托马斯·杰斐逊担任总统期间），它才被无情地丢进了历史的垃圾堆里。摧毁这个古老日耳曼帝国的人是一名科西嘉公证员的儿子，在效力法兰西共和国期间曾创下丰功伟绩。他的近卫军团闻名遐迩，也因此让他成为欧洲的统治者，但他想要的不仅仅如此。他派人去罗马请教皇，教皇应邀而来，却只是尴尬地站在一旁，眼睁睁地看着拿破仑将军将皇冠戴在自己头上，并宣称自己就是查理曼大帝光荣传统的继承人。历史如同人生一样，虽变幻莫测，却始终不离其宗。

第30章 北欧人

为什么10世纪的人会祈祷上帝保护他们不受北欧人的侵袭。

公元3~4世纪，中欧的日耳曼部落突破了罗马帝国的防线，生活在罗马富饶的土地上。到了公元8世纪，轮到日耳曼人来充当"被劫掠者"。他们一点儿都不喜欢这种境遇，即便敌人是自己的近亲表兄弟，也就是那些居住在丹麦、瑞典和挪威的北欧人。

我们并不清楚到底是什么原因让这些勤劳朴实的水手变成了海盗。但当这些北欧人发现了抢劫的甜头和海盗自在的生活乐趣之后，便一发不可收拾。他们经常会突袭某个位于河口附近的法兰克人或弗里西亚人的小村庄，杀光所有的男人，再把女人掳走，乘着快船飞驰而去。等国王或他的士兵到达村庄时，他们早已逃之夭夭，只剩下一堆冒着浓烟的废墟。

在查理曼大帝去世后的无序日子里，北欧海盗变得更加猖獗。他们的舰队入侵到每一个国家，他们的水手沿荷兰、法兰西、英格兰和德国的海岸，建立了诸多独立的小王国。他们甚至找到了通往意大利的路径。这些北欧人聪明绝顶，他们很快就学会了新的附属国的语言，并且改掉了早期维京人（或者说海盗头子）邋里邋遢、野蛮无理的习惯。

北欧人的故乡

公元10世纪伊始，一个名叫罗洛的维京人多次向法国海岸发出袭击。当时的法兰西国王软弱无能，根本无法抵抗这些来自北方的强盗。于是，法兰西国王试图诱导他们做"良民"。他许诺把诺曼底地区让给他们，如果他们能停止骚扰其他属地的话。罗洛答应了这笔交易，成为"诺曼底大公"。

但是，征服的欲望一直流淌在罗
洛子孙的血液当中。在海峡对岸，离
欧洲大陆只有几小时航程的地方，他
们能够看到英格兰白色的悬崖和绿色
的田野。可怜的英格兰度过了多少艰
苦的日子啊！200年来，它一直都是
罗马的殖民地。罗马人走后，它又被
来自欧洲北部石勒苏益格的两个日耳
曼部落——盎格鲁人和撒克逊人征
服。之后，丹麦人占领了英格兰的大
部分土地，建立起克努特王国。丹
麦人终于被赶走之后，到了11世纪初
期，另一个撒克逊人——忏悔者爱德
华戴上了王冠。但爱德华似乎活得不
长，也没有子嗣。对于野心勃勃的诺
曼底大公来说，这种情况是极为有利的。

北欧人远征俄国

诺曼人远眺海峡

公元1066年，爱德华去世。诺曼底大公威廉率军渡过海峡，在黑斯廷战役中
击败已经登上王位的哈罗德，自立为英格兰国王。

在另一章中，我曾讲过一个日耳曼首领在公元800年变成罗马国王的故事。
而现在，到了公元1066年，一个北欧海盗的子孙摇身一变，成为英格兰的国王。

历史上的真实故事其实非常有趣，我们为什么要去读那些神话故事呢？

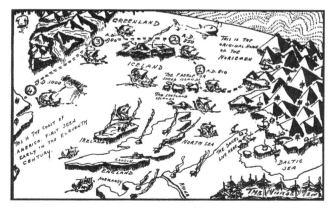

北欧人的世界

第31章 封建制度

三面受敌的欧洲大陆中部成了名副其实的兵营，没有那些职业士兵和从属于封建制度的行政官员，欧洲早就灭亡了。

接下来我要讲的，是公元1000年欧洲大陆的境况。当时，很多人都过得十分不幸，他们甚至把世界末日即将到来的预言都当了真。于是，人们纷纷涌入修道院，以期当审判日来临的时候，上帝会发现他们正在虔诚地向他祷告，从而赦免他们。

某天，日耳曼部落离开他们在亚细亚的老家，向西迁徙到欧洲。凭借人数众多，他们强行闯入罗马帝国，彻底摧毁了西罗马帝国。罗马帝国由于远离日耳曼部落而幸免于难，但也只是勉强延续着古罗马的光辉传统。

在随后到来的动荡时期里（这一时期是历史上真正的"黑暗时期"，大概在公元六七世纪），日耳曼部落被说服，接受了基督教，并奉罗马主教为教皇，也就是世界的精神领袖。到了公元9世纪，查理曼大帝凭借其出色的组织能力，重振罗马帝国，将欧洲西部的大部分土地整合起来，建立了一个统一的国家。到了公元10世纪，这个帝国还是土崩瓦解了。其西部变成一个独立的国家——法兰西，其东部则变成日耳曼民族的神圣罗马帝国，这个联邦政府的统治者都说自己是恺撒和奥古斯都的直系后裔。

不幸的是，法兰西国王的权力并没有延伸到皇室居住的城堡之外，神圣罗马帝国的皇帝也经常受到其附属国民的强烈反抗，无论他们是出于理想，还是出于利益。

而更让广大民众感到痛苦的是，西欧的三角地带经常三面受敌。南面是随时可能带来危害的穆罕默德信徒；西海岸经常遭受北欧海盗的袭击；而东部边境（除了一小段喀尔巴阡山外，基本处于无防御状态）也只能任由匈奴人、匈牙利人、斯拉夫人和鞑靼人糟蹋。

罗马的宁静祥和早已成为历史，人们只能在睡梦中重温这一去不复返的"美好旧时光"。摆在眼前的事实是，"要么战斗，要么等死"。受环境所迫，欧洲变成一个全副武装的大兵营，急需强有力的首领来统领这个大兵营。可不论是国王还是皇帝，都离他们太远。所以，这些边疆居民（公元1000年时大部分欧洲地区都属于边疆）必须自我救助。他们愿意被国王派到当地进行行政管理，只要能保护他们不受敌人侵扰。

很快，欧洲中部就被大大小小的小国所瓜分。视情况而定，每个国家都分别由一名公爵、伯爵、男爵或主教所管理。这些公爵、伯爵、男爵们都曾宣誓效忠授予他们"封邑"（也就是封建制"feudal"一词的由来）的国王，以他们忠诚的服务和一定金额的赋税作为交换条件。但在当时，交通并不便利，通信方式也极其有限。因此，这些皇室任命的行政长官在管理上有着很大的独立性。在他们的管辖范围内，他们其实行使了很多本应属于国王的权力。

但是，如果你认为11世纪的百姓会反对这种管理体制，那你就错了。他们支持封建制度，因为这种制度既满足他们的需求，又切实可行。他们的封建主通常居住在坚固的石屋里，这些石屋或修建在陡峭的岩壁之上，或修建在护城河环绕

北欧人来了

的地方，但都位于百姓看得到的地方。一旦发生危险，百姓就可以到坚固的高墙后寻找一个避难之所。这就是百姓力图在离城堡更近的地方居住的原因，也说明了为何很多欧洲城市都发源于靠近封建城堡的地方。

而中世纪早期的骑士并不只是职业士兵那么简单，他们还是公务员。他们是自己所在社区的法官，负责该社区的治安。他们会逮捕拦路抢劫的强盗，保护四处游荡的小贩，也就是11世纪的商人。他们还负责监察水坝，以防村庄被洪水淹没（就像4000年前的埃及法老在尼罗河谷所做的一样）。他们还赞助那些云游四方的吟游诗人，鼓励他们讲述大迁徙时代战争英雄的事迹。除此之外，他们还要保护自己领地的教堂和修道院。尽管他们自己缺少文化（在当时，读书识字会被当成缺乏男子气概），但他们会雇用一些教士为自己记账，记录男爵或公爵领地内发生的婚丧嫁娶等一系列事宜。

到了15世纪，国王再次强大起来，能够再次行使作为"上帝眷顾之人"所应享受的权力。于是，封建骑士们失去了早先的独立性，沦为普通乡绅。他们不再适应时代的需求，而是成为人人厌弃的一类。但如果没有"封建制度"，欧洲很可能就从黑暗时代灭亡了。那时有很多品德败坏的骑士，就像如今的很多坏人一样。但总体说来，公元12～13世纪的铁腕男爵们大多是些勤劳的行政长官，为社会的进步作出了不菲的贡献。在那个年代，曾经照亮埃及人、希腊人和罗马人的文化与艺术的火炬光芒已十分微弱。如果没有骑士和他们的僧侣好友们，整个文明都会荡然无存，人类也会被迫退回到历史舞台的开端，像洞穴人一样开始新的生活。

第32章 骑士精神

> 为了共同的利益和对自己的保护，中世纪的职业战士曾试图建立某种组织。出于对这种密切团结的组织的需求，骑士制度和骑士精神应运而生了。

我们对于骑士制度的起源知之甚少。但是随着这一制度的发展，它给予当时世界亟须的东西——一系列明确的行为准则。这一系列准则缓和了当时的野蛮气氛，与500年前的黑暗时代相比，人们的生活更加舒适一些。但是要想教化那些粗俗的边疆居民，并非易事。他们大部分时间都在和穆斯林、匈奴人或者北欧海盗作战。通常，他们会为自己的堕落感到羞愧。他们每天早晨都发誓要一心向善，但在夜晚降临之前，他们就会杀光所有的囚犯。不过，进步总是来自缓慢而长久的努力。最终，连嚣张的骑士都必须遵守他们所属"阶级"的规则，否则就要自食其果。

在欧洲大陆的不同地区，这些规则也不尽相同，但它们都强调"服务精神"和"尽忠职守"。在中世纪，"服务"被当成一项非常高贵又美好的品德。只要你勤勤恳恳，对工作不懈怠，即使是做一名仆人，也没什么好丢脸的。至于忠诚，置身于一个必须忠实履行诸多职责才能维持正常生活的年代，它就成为骑士们最重要的品德。

因此，一名年轻的骑士会被要求作出如下宣誓：作为上帝和国王的仆人，他将永远忠诚。此外，他还要承诺帮助那些比自己更需要帮助的人。他发誓要低调行事，绝不夸耀自己的功绩。他要做所有受苦大众的朋友，但穆斯林除外，因为他一见到他们就会将其杀掉。

事实上，这些誓词只不过是用中世纪人们所能理解的语言表达出来的"十戒"。从这些誓词里，骑士们还发展出一套关于礼貌和行为举止的复杂礼仪。中世纪的骑士试图以亚瑟王的圆桌武士和查理曼大帝的宫廷贵族作为自己的榜样，就好像普罗旺斯骑士的抒情诗或骑士英雄的史诗向他们描述的那样。他们希望自己能像兰斯洛特那样勇敢，像罗兰侯爵那样忠诚。尽管他们一贫如洗，衣着简朴，但他们总是保持着自己的尊严。他们言语优雅，谦和有礼，因为他们要保持骑士风度。

如此，骑士制度就成一所培养良好举止的大学校，而优雅的举止刚好是社会这台机器正常运转的润滑剂。骑士精神意味着谦逊有礼，封建城堡还向世人展示了如何穿衣、如何就餐、如何邀请女士跳舞以及诸多日常生活中应该关注的点点滴滴。这些礼节可以让生活变得更有趣、更舒适。

和所有的人类制度一样，骑士精神一旦无用，便要走向灭亡了。

十字军的东征带来了贸易的复兴，在后续章节中，我会详述。一夜之间，城市发展了起来。城镇里的人们变得富裕起来，他们聘请优秀的学校教师，不久便拥有和骑士同等的地位了。枪弹的发明让重装骑士不再具有优势，使用雇佣军作战也让他们不能像下棋那样，用精致的布局来指挥战争了。骑士的存在变成了多余。当他们献身理想的情操没有了实用价值，他们就变成一个滑稽的形象。据说，堂吉诃德是世界上最后一位真正的骑士。在他死后，他的宝剑和盔甲都被卖出，以偿还他欠下的债务。

但不知为什么，宝剑似乎落入过很多人之手。在福奇谷的严冬里，华盛顿总统就曾佩戴过它。当戈登将军被围困在喀土穆，拒绝抛弃将生命托付给自己的殖民者，面对死亡来临时，这把宝剑是他唯一的防御用具。

我不知道骑士精神在刚刚过去的第一次世界大战中究竟发挥了多大作用，但事实证明，它的价值是无法估计的。

第33章　教皇与皇帝之争

> 中世纪的百姓既效忠于皇帝又效忠于教皇，这种奇特的双重效忠制度，引发了教皇与神圣罗马帝国皇帝之间无休无止的战争。

　　要想真正了解生活在过去的人是件非常困难的事。每天你都会见到自己的祖父，但他就像一个生活在不同世界里的神秘人物，从思想到衣着到行为方式都与众不同。现在我要向你们讲述的，是比你们的祖父还要早25代的老爷爷们的故事。要想理解这一章的意思，你们可能需要多读几遍。

　　中世纪的百姓生活非常简单，并没有什么事件发生。即使是一个来去自如的自由民，也很少会离开他所生活的街区。当时并没有印刷出来的书籍，只有一些手抄本。每个地方都有几个勤奋的僧人在教人们读书、写字和简单的算术。但科学、历史和地理仍深埋在希腊和罗马的废墟下面。

　　人们对过去时代的了解，都来自他们听来的故事和传奇。这些故事代代相传，在细节上难免会有所偏差，但在历史事件的主要内容上，它们仍保留了极高的准确性。2000多年之后，为了吓唬淘气的孩子，印度的母亲们还会说"再不听话，伊斯坎达尔就要来抓你了！"而这位伊斯坎达尔，正是在公元前330年率军攻打印度的亚历山大大帝。千百年来，他的故事一直流传在广袤的土地上。

　　中世纪早期的百姓从来没有读过一本关于罗马历史的教科书。他们对很多事情都一无所知，而对于现在的学生来说，他们在上小学三年级以前就已经掌握这些知识了。罗马帝国对你们来说也许只是个名字，对中世纪早期的百姓而言却是一个鲜活的存在，他们能够感觉到它的存在。他们把罗马教皇当成自己的精神领袖，因为教皇居住在罗马，他还代表着罗马帝国这一深入人心的概念。当查理曼大帝和其后的奥托大帝重塑了世界帝国的概念，并创建了神圣罗马帝国，使得世界恢复到它原本的面貌时，百姓发自肺腑地感激他们。

　　但是罗马传统有两个不同继承人的事实，让中世纪忠诚的自由民们陷入两难的境地。中世纪政治制度的理论依据既明了又简单：世俗世界的统治者（皇帝）掌管臣民的肉体，精神世界的领袖（教皇）则保护他们的灵魂。

然而，在实践过程中，这个制度却暴露出很多弊端。皇帝总是试图干涉教会的事务，教皇也不甘示弱，总是教导皇帝应该怎样管理好自己的国家。之后，他们不顾言语上的礼貌，彼此警告不要多管闲事。如此一来，战争将不可避免。

在这种情况下，百姓要怎么做呢？一名优秀的基督教徒，应该既效忠教皇，又服从皇帝的管理。但是教皇和皇帝已经变成敌对势力。那么，作为一名有责任感的国民以及虔诚的教徒，他到底该向着谁呢？

要给出正确的答案真是不容易。有时，皇帝会是一个强大的人物，有足够的钱财去组织一支强大的军队，那么他就可以翻过阿尔卑斯山，兵临罗马。如果有必要的话，他还会把教皇围困在自己的宫殿内，强制他听从皇帝的命令，否则就让他后果自负。

但在大多数情况下，教皇都更具实力。于是，这位皇帝或者国王以及他所有的臣民都会被开除教籍。这就意味着所有的教堂都会被关闭，人们不能接受洗礼，临死之人也不能举行忏悔仪式。简言之，中世纪政府一半的职能都被取消了。

不仅如此，教皇还会取消人们对皇帝的效忠宣誓，鼓励他们去反抗自己的主人。但如果他们听从远方教皇的指令，并被本国的皇帝抓住，他们就会被处以绞刑。这种结果也非常悲惨。

的确，百姓们处在一个进退两难的境地。而最不幸的，要数那些生活在公元11世纪下半叶的人们了。当时，在德意志国王亨利四世和教皇格里高利七世之间爆发了两场战争。这两场战争并没有改变什么，却让欧洲陷入了长达50年的混乱之中。

在公元11世纪中期，教会内部掀起了一场激烈的改革运动。当时，教皇的选举还非常不正规。对于神圣罗马帝国的皇帝来说，选出一位易于相处的教士做教皇是非常有利的。所以在每次选举时，皇帝总会亲临罗马，用他们的影响力为某个朋友谋取福利。

公元1059年，这种情况发生了改变。教皇尼古拉斯二世颁布了一条法令，规定罗马附近地区的主教及执事都要加入所谓的红衣主教团。选举未来教皇的特权落在了这群地位显赫的教会人物（"Cardinal"表示重要的人物）手里。

公元1073年，红衣主教团选出了一位教皇。他名叫希尔布兰德，出生在托斯卡纳地区一个极为普通的家庭，人们称其为格里高利七世。他的精力异常充沛。他坚信，教皇的无上权力应当建立在花岗岩般坚定的信念和勇气之上。在他看来，教皇不仅是基督教会的绝对领袖，还应该是所有世俗事务的最高上诉法官。教皇既然能够让普通的日耳曼王公登上皇帝的宝座，也能随意废黜他们。他可以否决任何一项由大公、国王或皇帝制定的法律，但如果有人质疑教皇颁布的法令，他就要小心了，否则无情的惩罚会立即降临到他头上。

　　格里高利派大使前往欧洲所有的宫廷，把他新颁布的法令传达给所有国王，要求他们关注法令的具体内容。征服者威廉承诺会谨遵教皇的旨意，但从6岁开始就一直与臣民并肩作战的亨利四世，并不打算服从教皇的意志。他召集了一帮德意志主教，指控格里高利犯下的所有罪行，并最终通过沃尔姆斯大会把他废黜了。

　　作为报复，教皇把亨利四世逐出教会，并要求德意志的王公贵族远离这位不称职的国王。德意志的王公们正巴不得除掉亨利四世，于是他们邀请教皇来到奥格斯堡，帮他们选出一位新皇帝。

　　于是，格里高利离开了罗马，动身前往北方。亨利四世也不是傻瓜，他清楚地知道自己的处境非常危险。他必须不惜一切代价，换取与教皇的和平相处。时值严冬，亨利顾不得天气寒冷，匆匆翻过阿尔卑斯山，来到教皇临时歇脚的卡诺萨城堡。从公元1077年1月25日～28日整整三天的时间里，亨

在卡诺萨的亨利四世

利都打扮得像个虔诚的教徒一样（他破旧的僧服下面其实穿着保暖的毛衣），一直等候在卡诺萨城堡的大门外。最终教皇允许他进入城堡，并赦免了他的罪责。但他的忏悔并没有持续多久。亨利一回到德国，就和以前一样，我行我素。于是教皇再次把他逐出教会，而亨利也再次召开了德意志主教会议，废黜了格里高利。这次亨利带着一支军队，翻越了阿尔卑斯山。他们包围了罗马，逼格里高利退位，并把他流放到萨勒诺，格里高利最终死在那里。但这次流血冲突并没能解决任何问题。亨利一回到德意志，教皇和皇帝之间的战争就又展开了。

　　不久之后，霍亨施陶芬家族取得了德意志帝国的皇位，他们变得比前任更加独立。格里高利曾经声称，教皇凌驾于所有君主之上，因为教皇要在末日审判那天为他所掌管的所有羔羊负责；而在上帝看来，一个国王不过是牧羊人中的一分子而已。

　　霍亨施陶芬家族的腓特烈，常常被人称作"红胡子巴巴罗萨"，提出了一个相反的观点。他认为，帝国是由"上帝本人"赐给他的祖先的，既然帝国包括意大利和罗马，他便发动一场战争，将这些"遗失的省份"收复回北欧。但在十字军第二次东征期间，腓特烈在小亚细亚意外溺水身亡。他的儿子腓特烈二世将战争继续下去。腓特烈二世是位杰出的青年，少年时就接受了西西里岛穆斯林文明

的洗礼。教皇指控他是异教徒。实际上，腓特烈也确实看不上北方粗俗的基督教徒、德意志平庸的骑士和意大利狡诈的教士。但他什么都没说，继续东征，从异教徒手中夺回了耶路撒冷。不过，这一举动并没能缓和他和教皇之间的关系。他们把他逐出教会，并把他在意大利的领地给了安茹的查理，也就是著名的法兰西国王圣路易的兄弟。如此一来，战争便一发不可收拾了。霍亨施陶芬家族的最后一位继承人——康拉德四世之子康拉德五世，试图夺回自己的王国，却被打败了，最终被处死在那不勒斯。20年后，在西西里地区极不受欢迎的法国人，在所谓的西西里晚祷中全部被杀。战争就这样持续着。

教皇与皇帝之间的争吵一直都没停过，但是一段时间之后，双方都学会了互不干涉。

公元1273年，哈布斯堡的鲁道夫被选为德意志的皇帝。他不想麻烦地跑到罗马去接受加冕。教皇并没有反对，但是作为报复，他们疏远了德意志。这意味着和平。但是在此前的200年里，那些本该用来建设国家的宝贵时间，全都浪费在了毫无意义的战争上。

凡事皆有利有弊。意大利的一些小城市，一直小心翼翼地维持着与教皇和皇帝的平衡。在这期间，他们成功壮大了自身实力，并从教皇和皇帝那里取得了更多的独立性。当朝拜圣地的运动开始时，面对成千上万嚷着要拥向耶路撒冷的十字军战士，他们轻松地解决了交通问题。在十字军东征结束时，他们用砖石和金子为自己筑起坚固的防御体系，可以公然跟教皇和皇帝对抗。

正所谓鹬蚌相争，渔翁得利。教会与国家不断斗争，第三方——中世纪的城市却从中摘取了胜利的果实。

第34章　十字军东征

土耳其人占领了圣地，亵渎了神灵，还严重阻碍了东西方
之间的贸易。这时，欧洲人忘记了所有的内部矛盾，开始了十
字军东征。

3个世纪以来，除了西班牙和东罗马帝国这两个守卫欧洲门户的国家，基督
教徒和穆斯林之间一直相安无事。公元7世纪，穆罕默德的信徒征服了叙利亚，
并占据了基督教的圣地。不过，他们把基督也当成同样伟大的先知（尽管没有穆
罕默德那么伟大）。他们并不阻挠前来朝圣的基督教徒，也不限制他们到君士
坦丁的母亲——圣海伦娜——在圣墓原址上修建的大教堂里祷告。但到了公元11
世纪早期，一支来自亚细亚荒原、被称作塞尔柱人或土耳其人的鞑靼部落，征服
了西亚的伊斯兰国家，成为新主人。于是，基督教和穆斯林之间的和平时代结束
了。土耳其人把整个小亚细亚地区从东罗马帝国皇帝那儿夺了过来，东西方之间
的贸易也由此告终。

东罗马皇帝亚力克西斯很少关注西方的基督教邻居，这时却不得不向他们求
助。他指出，如果君士坦丁堡被土耳其人占领的话，整个欧洲都会陷入危机。

第一次十字军东征

那些在小亚细亚和巴勒斯坦沿岸建立起殖民地的意大利城邦担心会失去自己的财产，便散布了一些关于土耳其人的故事，描述他们是何等残暴，基督教徒又遭受了哪些迫害。听到这些，整个欧洲都按捺不住了。

来自法兰西雷姆斯的教皇乌尔班二世，曾在著名的克吕尼修道院接受过教育，格里高利七世也曾在那里受过训练。他认为，该是采取行动的时候了。当时欧洲的整体情况非常糟糕。从罗马时代起，欧洲人就一直采用原始的农耕方法，食物供给经常不足。人们没有工作，还要忍受饥饿，这必然会导致不满和暴乱。但自古以来，西亚就草肥水美，养育了成千上万的百姓。对于移民来说，西亚是个再理想不过的地方了。

于是，在公元1095年的法兰西克莱蒙特会议上，教皇乌尔班二世突然起身，对异教徒亵渎圣地的种种行为大加谴责，又用热情洋溢的话语描述了这片自摩西时代起就遍地流满牛奶和蜂蜜的土地。他鼓动法兰西的骑士和欧洲的老百姓抛妻弃子，把巴勒斯坦从土耳其人手中解放出来。

于是，一股宗教狂潮瞬间在欧洲大陆蔓延开来。人们丧失了理智，纷纷扔下铁锤和锯子，走出商铺，踏上通往东方最近的道路，前去刺杀土耳其人。就连小孩子都要离开家乡，"前往巴勒斯坦"，用他们的一腔热血和基督教徒的虔诚让土耳其人俯首称臣。但在这些狂热的信徒中，有90%从来没有见过圣地一眼。有时，他们不得不靠乞讨和偷窃来维持生计。如此一来，他们就给道路的安全造成了威胁，愤怒的村民不得不杀了他们。

十字军的世界

第一支十字军其实是由虔诚的基督教徒、欠债的破产者、潦倒的贵族和逃避法律制裁的罪犯组成的乌合之众。他们在半疯半癫的隐士彼得和"穷光蛋"瓦特的带领下，开始了远征。他们把沿路遇见的犹太人全都杀死了，但在到达匈牙利时，他们全军覆没了。

　　这次经历给教会上了惨痛的一课：单靠热情不能恢复圣地的自由。除了强烈的愿望和过人的勇气，良好的组织也至关重要。于是，教会用一年的时间训练了20万士兵，并给每个人配备了武器。这次他们在诸多战争经验丰富的贵族（包括布隆的歌戈弗雷、诺曼底公爵罗伯特和弗兰德斯伯爵罗伯特）的带领下，开始了第二次远征。

　　公元1096年，第二支东征的十字军踏上了漫长的征程。在君士坦丁堡，他们向东罗马皇帝宣誓，将誓死效忠于他（正如我之前说过的，传统不会轻易消亡，不管东罗马皇帝多么穷困潦倒，多么无权无势，但瘦死的骆驼比马大，他们仍备受尊崇）。随后，他们来到亚洲，把落在他们手上的穆斯林全都杀死。接着，他们涌进耶路撒冷，屠杀了城里所有的穆斯林。最后，他们流着虔诚与感恩的泪水来到圣墓，向上帝表达赞美和感激之情。但没过多久，土耳其人的援军就赶到了。他们重新夺回了耶路撒冷，作为报复，他们杀光了所有十字军的追随者。

　　在接下来的两个世纪里，欧洲人又发动了7次十字军东征。慢慢地，十字军战士们学会了前往亚细亚的技巧。陆路艰苦又危险，于是他们选择先翻过阿尔卑斯山，到达意大利的威尼斯或者热那亚，再乘船去东方。热那亚人和威尼斯人为这些横渡地中海的旅客提供了便捷的服务，还从中捞了一大笔钱。他们收取极高的费用，当十字军战士（大多数人都很穷）支付不起旅费时，这些意大利"奸商"便展现出"善良的"一面，让他们在渡海的过程中用工作来偿还。为了支付从威尼斯到阿克的旅费，十字军战士承诺会为他的船主打几场硬仗。通过这种方法，威尼斯人获取了亚得里亚海沿岸、希腊半岛、塞浦路斯、克里特岛及罗德岛的大片土地，甚至连雅典都变成了威尼斯的殖民地。

　　然而，对于圣地问题来说，这一切都于事无补。当最初的宗教热情退却之后，一段短暂的十字军之旅成为每一位

十字军夺取耶路撒冷

十字军的坟墓

有教养的欧洲青年所研修的课程。而巴勒斯坦也因此从未缺乏服役的应征者。一开始，十字军战士非常仇恨穆斯林，但他们很喜欢东罗马帝国及亚美尼亚的基督教徒。可如今，他们的内心发生了180°的转变。他们开始讨厌拜占庭的希腊人，因为后者总是欺骗他们，还总是背弃基督教的教义。他们还憎恨亚美尼亚人和所有地中海东部地区的民族。他们反而开始欣赏敌人穆斯林的种种美德，因为事实证明，他们慷慨又公正。

当然，这些话不能在公共场合说。但当十字军战士回到家乡时，他们便下意识地开始模仿从异教徒敌人那里学来的优雅举止。和他们相比，欧洲骑士简直就是一群土包子。十字军战士还带回一些新奇的食物，如桃子和菠菜。他们把种子种在菜园里，不仅留给一家人食用，还能卖些零花钱。他们舍弃了穿戴沉重盔甲的野蛮习俗，开始模仿伊斯兰教徒和土耳其人的样子，换上丝质或棉质的长袍，看上去潇洒飘逸。事实上，十字军东征原本是为了惩罚异教徒，最后却成了百万欧洲青年的一次文明启蒙教育。

从军事和战争的观点来看，十字军的东征是失败的。他们丢掉了耶路撒冷和其他许多城市。在叙利亚、巴勒斯坦和小亚细亚地区，十几个新建的小王国都被土耳其再次征服。公元1244年，耶路撒冷已经完全变成一个土耳其城市。圣地的情况和公元1095年相比并无差别。

欧洲大陆却发生了翻天覆地的变化。这几次东征让西方人民看到了东方文明的璀璨与优美。他们不愿再待在枯燥的城堡中，想要追求更丰富多彩的生活。但不论是教会还是国家，都没办法让他们过上这种生活。

他们在城市里找到了这种生活。

第35章　中世纪的城市

为什么中世纪的人民会说"城市中的空气是自由的空气"。

中世纪上半叶其实是一个拓荒与定居的时代。一个原本居住在保护着罗马帝国东北部边境的森林、高山和沼泽之外的新民族，强行闯入欧洲西部平原，并占领了大部分土地。他们不愿安分守己，和有史以来的拓荒者一样，他们喜欢"在路上"的感觉。他们砍倒树木，又用同样的精力来相互厮杀。他们当中很少有人愿意居住在城市里。他们坚信"自由"，在赶着羊群穿过吹着劲风的草坡时，喜欢让山林间的新鲜空气灌进他们的胸膛。当他们失去对旧家的热爱时，便会拔起木桩，去寻找新的牧场。

弱者相继死去，只有顽强的斗士和跟随他们进入荒野的勇敢的女人存活了下来。就这样，他们逐渐发展成为一个强大的民族。他们总是很忙，无暇顾及那些风花雪月的事，也不愿把时间浪费在无谓的争吵上。教士是整个村庄里唯一略有学问的人（在公元13世纪中期以前，一个能读会写的男人通常会被当成"柔弱"的人），人们希望他能解决那些没有实际意义的问题。与此同时，那些日耳曼酋长、法兰克男爵或诺曼底大公们（或者有其他头衔和称号的贵族），占领了原本属于伟大罗马帝国的领土，并在过去繁荣的废墟上建立起属于他们自认为完美的新世界。

他们尽自己最大的努力来处理好城堡及周边乡村的事务。他们和所有软弱的百姓一样，谨遵教会的指令。对于他们的国王或皇帝，他们也异常忠实，如此便能和这些距离遥远但又非常危险的君主们保持良好的关系。简言之，他们会尽量正确、公正地处理事务，这样既维护了邻居的利益，又保证自己的权益不受损害。

他们也发现了自己所处的这个世界并不理想，大部分人都是农奴或"长期雇工"。他们同牛羊住在一起，本身也像牛羊一样，是他们赖以生存的土地的一部分。他们的命运不算好，但也谈不上悲惨。可他们又能怎么样呢？毫无疑问，主宰着中世纪生活的伟大上帝，已经尽力将每个人的命运安排到了最好。如果他决定要让骑士和农奴存在于这个世界上，那么作为教会虔诚的信徒，他们就不该对这种安排提出疑问。因此，农奴们并不抱怨，但如果他们的活儿太多，他们就会像喂养不当的牲畜一样死去。然后，主人会马上做点儿什么，好让农奴们的生活条件有所改善。但如果世界进步的责任落在这些农奴和他们的封建领主身上，我们很可能还会像12世纪的人们一样生活，牙疼了便念一遍"阿巴拉卡，达巴拉啊"，如果刚好有一位牙医想要靠"科学"来帮助我们，那他只会招来我们的厌恶。因为我们会觉得，所谓的"科学"是来自穆罕默德信徒与异教徒的花招，它既恶毒又没多大用处。

等你们长大后便会发现，其实很多人并不相信"进步"，他们还会列出我们现实生活中一大堆的例子，向你证明"世界并没有变化"。但我希望对于这种言论，你们左耳进右耳出就可以了。你们看，我们的祖先几乎花了100万年的时间才学会了用下肢直立行走。又过了许多个世纪，他们才把动物般的咕咕声发展成为可以理解的语言。书写是一门为后代留存思想的艺术，没有书写，人类就不可能进步，而它的发明也不过发生在短短的4000年前。仅仅是在你们的祖父那个年代，人们才有了将自然界的力量用来为人类服务的想法。因此我认为，人类其实是以一个前所未有的速度进步着。也许我们对生活上的舒适关注得多了一些，但当一段时间过去之后，这种趋势就会发生改变。到那时，我们就会忙于解决那些与身体健康、薪资、下水管道和机器无关的问题。

但是请不要对"过去的美好时光"感到伤感。很多人只看到了中世纪留给我们的辉煌的教堂和伟大的艺术作品，总是把当代社会丑恶的文明和与之俱来的吵闹、喧嚣以及散发着恶臭的汽车尾气，同1000年前的城市相比。但即使是在这些雄伟壮观的中世纪教堂四周，也布满了悲惨的贫民窟。与之相比，当代一所普通的公寓都能称为豪华的宫殿。的确，当年轻纯洁的英雄，如高贵的兰斯洛特和帕西法尔上路去寻找圣杯时，他们不需要忍受汽油的臭味。但当时还有很多其他东西散发出恶臭味，例如谷仓牛舍，大街上随处可见的腐烂垃圾，主教家的猪圈，还有那些穿戴着祖辈传下来的衣帽，一辈子都没用过香皂、也很少洗澡的人。我不想描绘这样一幅让人恶心的画面。但是当你翻阅古代史，看到法兰西国王在华丽高贵的皇宫内眺望窗外，却被巴黎街头用鼻子拱食的猪群熏得昏倒时，当你看到古代手稿记载的关于天花和鼠疫泛滥的惨状时，你才会明白，"进步"一词绝不是现代广告中的时髦用语。

但是如果没有城市的存在，过去600年的进步都是不可能的。因此，我会在这一章中多用些笔墨。这一章太重要了，不可能像描述那些单纯的政治事件一样，只用三四页纸。

古埃及、古巴比伦、古亚述都是以城市为核心的国家。古希腊曾是一个由各个城邦组成的国家。腓尼基的历史也就是西顿和提尔这两个城市的历史。伟大的罗马帝国也不过是罗马这个城市的"腹地"。书写、艺术、科学、天文学、建筑学、文学、戏剧等，都是城市的产物。

在接近4000年的时间里，那些被我们称为"城镇"的木质结构的蜂房，都充当着世界工厂的角色。随后就到了日耳曼人大迁徙的时代，罗马帝国被摧毁了。城市被烧为灰烬，欧洲再次变成一片由草原和小村庄构成的土地。在中世纪的黑暗时代，文明的土地就这样荒芜了。

十字军东征为文明的重新播种做好了准备。收获的季节到了，果实却被自由城市中的自由民摘走了。

我曾经给你们讲过关于城堡和修道院的故事，在它们高大沉重的石墙后面就是骑士和僧侣的家。前者负责保护百姓的人身安全，后者负责看护人们的灵魂。后来，一些手工匠人（屠夫、面包师傅、蜡烛制作者）住到了城堡附近，这样更便于他们为主人提供服务，当危险发生时他们也能得到保护。有时，主人会允许他们用栅栏把自己的房子围起来。但他们的生活还需要依赖城堡主人的善心。当主人外出时，他们便跪在他面前，亲吻他的手背以示感恩。

随后，十字军东征便开始了，很多事物都发生了改变。大迁徙让人们从欧洲东北部来到西部，而十字军东征则把人们从西部带到文明高度发达的东南部地区。他们发现，世界并不仅仅限于他们的四壁围起来的小小天地。人们开始追捧来自神秘东方更精美的服饰、更舒适的住房、新的菜肴和商品。当他们回到自己的家乡之后，还是一心想享用这些东西。于是，背着背包的小商贩——黑暗时期仅存的商人，把这些商品添加在他的销售清单里。他们还买了火车，雇了几名前十字军战士，保护他们不受这次世界大战的侵袭。就这样，他们继续操持着自己的生意，只不过方式更为现代，规模也愈加庞大。但是，小贩这一行并不是那么好混的。每当来到另一个领主的领地时，他们都得缴纳过路费和商品税。不过生意一直很好，小贩们也就一直做着这样的买卖。

不久，一些精明的商人发现，那些他们从远方进口来的商品，在当地也可以生产。于是，他们把自己家的部分地方改造成作坊。如此一来，他们就不再是商贩，而是变成了制造商。他们不仅把商品卖给城堡中的领主和修道院院长，还把它们贩卖到附近的城镇。领主和院长会用自己农场上的产品来换取这些商品，例如鸡蛋和葡萄酒，还有在当时被用作糖的蜂蜜。但是对于偏远城镇的居民来说，他们只能支付现金。长此以往，制造商和商人们手里就累积了一定数量的金币，这彻底改变了他们在中世纪早期的社会地位。

你们可能很难想象一个没有钱币的世界。在一个现代城市中，没有钱，人们很难活下去。一整天，你都得带着一个装满小金属圆片的钱包，来购买所需要的东西。你需要用1枚镍币来坐公交车、1美元来吃饭、3美分来买一份报纸。但在中世纪早期，很多人穷其一生都没有见过铸造的钱币。希腊和罗马的金银都还深深埋在城市的废墟下面。继罗马帝国之后，大迁徙的世界完全是一个农业社会。每个农民都有足够的谷物和牛羊，自给自足。

中世纪的骑士还是地主，极少情况下他们才会用现金来购买商品。他们的庄园可以生产供其日常所需的一切商品。修筑房屋所需的砖石是从最近的河边运来的，大厅里的椽子所需的木材是从他们的森林中砍伐来的。少数需要从国外进口的东西也是他们用蜂蜜、鸡蛋和柴火等物品换来的。

但十字军东征打乱了古老农业社会的陈规。我们来假设以下情景：希尔德斯海姆公爵要去圣地。他要走几千英里，一路上还得支付交通费和住宿费。要是在家的话，他可以用自己庄园的产品来交换。但他总不能带上100打鸡蛋和整车火腿去满足某个威尼斯船主或布伦纳山口旅店店主的贪欲呀！这些绅士坚持要收现金，于是公爵不得不带上少量的金子上路。但他到哪去找金子呢？他可以向老伦巴德人的后裔伦巴德人借。他们早就变成职业的放债人，坐在兑换柜台（也就是如今的银行）后面，让公爵把自己的庄园抵押给他们，以换取几百金币。如此一来，万一公爵死在土耳其人手中，他们的庄园还能用来偿还债务。

但对于借钱的人来说，这个交易风险很高。最终，伦巴德人总是会得到庄园，而骑士们都破产了，只好去做一名战士，受雇于某个更有能力、更为细心的邻居。

公爵还可以到城镇中犹太人聚集的地方。在那儿，他可以以50%~60%的利息借钱，这笔买卖也不好做。但他们还有别的出路吗？据说，一些居住在城堡周围小镇里的居民十分富有。他们从小就认识年轻的公爵，他们的父辈跟老公爵曾是非常要好的朋友。这些人不会提无理要求的。于是，公爵的文书——一位懂书写和记账的教士，给当地最有名的商人写了张便条，想要一小笔贷款。这件事可引起了不小的轰动，城里的居民都聚集到给附近教堂制作圣餐杯的珠宝商家里讨论此事。他们没法拒绝公爵的要求，收取"利息"的话又没什么意义。第一，

城堡和城市

收取利息违背大多数人的宗教信仰；第二，除了农产品，利息是不会用现金来偿还的，可他们自己的农产品已经足够了。

　　但终日安静地坐在桌前，看上去像哲学家一样的裁缝提出了建议："如果我们借钱给公爵，可以让公爵做一件事来作为偿还啊。我们都喜欢钓鱼，公爵不允许我们在他的小河里钓鱼。如果我们借给他100金币，而作为偿还，他签订字据允许我们在他的小河里钓鱼，如此一来，他就能得到他所需要的100金币，我们也可以去钓鱼，两全其美。"

　　公爵在接受这项提议时（看起来得到100金币易如反掌），其实也签署了自身权利的死亡判决书。他的文书拟定了协议，公爵大人盖上自己的印章（他不会写字），就动身前往东方了。两年后，他回到家里，变得身无分文。而镇上的人正在他城堡的池塘里钓鱼。看到这些悠闲的垂钓者，公爵火冒三丈。他叫来管家，让他赶走这些人。他们离开了池塘，但当晚，商人的代表团就拜访了城堡。他们非常客气，恭喜公爵大人平安归来。钓鱼的人惹恼了公爵大人，他们感到很抱歉。但如果公爵大人还记得的话，是他自己允许这样做的。裁缝还拿出公爵亲自盖章的字据，从公爵出发去圣地的那天，这份字据就被保管在珠宝商人的保险柜中。

　　如此一来，公爵更为恼火了。但是，他还急需一笔钱。在意大利时，他在几份文件上签了自己的名字，而现在它们都落在著名银行家萨尔瓦斯特罗·德·梅蒂奇手里。这些文件都是"银行期票"，还有两个月就要到期，其总数达到了340镑佛兰芒金币。在这种情况下，公爵早已满腔怒火，但他竭力克制，不让自己发泄出来。他提出要再借一笔钱，商人们离开了城堡，回去商议此事。

　　3天后，他们再次来到城堡，答应了公爵的要求。公爵大人落难时，他们能够帮上忙，这让他们感到非常高兴。但作为345镑金币的交换条件，他们要求公爵签署另一张书面保证（另一份特许证），以允许他们建立一个由城内商人和自由民选举出的议会，并由该议会掌管城内的事务而不受城堡的干涉。

　　这次，公爵大人彻底火了。但事实永远是残酷的，他需要那笔钱。于是他不得

钟楼

不说答应，并签署了特许证。一周以后，他就后悔不已。他召集士兵，来到珠宝商人的家里，要他交出那张特许证。按照公爵自己的说法，这张特许证是狡猾的商人在他落魄时逼他签下的。公爵拿走了特许证，并烧毁了它。市民们只是静静地站在一边，什么都没说。但当公爵需要钱来为女儿筹备嫁妆的时候，他连一分钱都没借到。自从珠宝商那件事发生之后，公爵就名誉扫地了。他不得不服软，同意作出补偿。在公爵拿到合同数目的第一笔借款之前，市民们把以前几张特许证重新拿回来，还让公爵签了一张新的，允许他们建造一座"市政厅"和坚固的塔楼——用来保存所有的文件和特许证以防失火和被盗，但它的真正用意是为了抵制公爵和他的军队。

　　这种情况在十字军东征后的几个世纪里非常普遍。权力从城堡转移到城市是一个非常缓慢的过程。在这个过程中也发生过几次斗争。有几名裁缝和珠宝商人被杀，有几座城堡被大火烧成灰烬，但这种情况并不多见。几乎是在不知不觉间，城镇变得越来越富有，封建主却越来越贫穷。为了维持自己的生计，封建主们不得不签下一张张给予市民自由的特许证，来换取现金。就这样，城市逐渐发展起来，还为逃跑的农奴提供避难所。在城市里生活一段时间之后，这些农奴就获得了自由。城市还成为周围农村地区精力旺盛的村民的新家。他们为自己获得的重要地位感到无比自豪。他们在几个世纪以前以鸡蛋、羊、蜂蜜和盐进行物物交换的市场周围建立起教堂和公共建筑，并在这些地方公开使用自己的权利。他们希望自己的子女在生活中能够获得更好的机会，于是便雇用僧侣来到城市的学校当老师。当他们听说某人能在木板上作画时，就向他提出资助，让他给他们的教堂和自己大厅的墙壁上画满《圣经》里的图画。

火药

　　而此时，公爵正坐在自己潮湿阴冷的城堡里，看着眼前的一切，心里早已悔恨不已。他后悔当初签署了那份让自己丢掉所有权利的特许证，但他无能为力。那些保险箱里塞满特许证的市民，只是对他打了个响指。他们是自由民，已经做好了充分的准备来享受自己得到的权利。这些权利可是他们用辛勤的汗水和十几代人的顽强斗争才争取到的。

第36章　中世纪的自治

> 百姓在国家的皇室议会中行使话语权，让皇室听见自己的声音。

当人类还是四处迁徙的游牧民族时，人人都是平等的，每个人都对整个社群的福利和安全负有同样的责任。

但是在他们定居下来之后，一些人变得十分富有，另一些人则越来越穷，于是，政权便落入了富人之手。富人不用为了生计而劳作，能够致力于政治。

我曾经跟你们讲过这种情况在古埃及、古美索不达米亚、古希腊和古罗马是如何发生的。当西欧秩序再次恢复时，这种情况便在日耳曼部落中出现了。西欧世界一开始是由一位皇帝统治的，皇帝会从日耳曼民族大罗马帝国中的7~8名最重要的国王中产生。皇帝理应享有许多权力，但大多是虚设的，并无实权。西欧的真正统治者是那些大大小小的国王，但他们的王位一直坐不牢。日常事务则由千百个封建诸侯来处理。他们的属民就是那些农民或农奴。当时的城市只有寥寥几个，也几乎没有中产阶级。但在公元13世纪（历经约10个世纪的缺席之后），中产阶级——也就是商人阶级，再次登上了历史舞台。正如我们在上一章中提到的，中产阶级势力的崛起，意味着封建主的影响会逐渐减少。

到目前为止，国王在统治自己的领地时，还只是把注意力集中在贵族和主教们的需求上。但随着十字军东征，商贸世界不断发展壮大，迫使国王不得不承认中产阶级的存在，否则他国库里的财富就会日益减少。其实，国王们（如果按照他们当初隐藏在内心的愿望执行

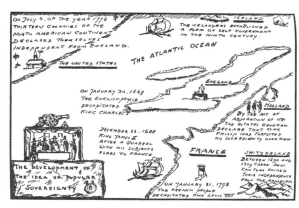

主权观念的传播

的话）情愿向牲畜咨询，也不愿向城里的自由民求教，但他们不得不这么做。他们只好吞下这颗镀金的苦果，尽管他们也曾试过反抗。

让我们把目光转向英格兰。狮心王查理离任期间（他率军前往圣地，在东征之旅中，他大部分时间都被囚禁在奥地利的监狱里），国家的治理权落入查理的兄弟约翰手中。在军事方面，约翰比查理逊色得多；但在国家治理方面，两人倒是不相上下，一样拙劣。约翰摄政后不久，便丢掉了诺曼底和法兰西属地的大部分地区。接着，他又卷入与教皇英诺森三世的争执。英诺森是霍亨施陶芬家族众所周知的敌人，他二话没说就开除了约翰的教籍（正如200年前，格里高利七世把国王亨利四世开除出教会一样）。公元1213年，为了和平，约翰不得不作出让步，正如亨利四世在1077年被迫妥协一样，这其实是件非常丢脸的事。

尽管屡战屡败，约翰却丝毫没有受到影响，继续滥用职权，直到怨气深重的大臣们对他忍无可忍。他们把他囚禁起来，要他发誓，会好好治理国家，并不再干涉属民们自古以来的权利。这一系列事件发生在泰晤士河上离伦尼米德村不远的一座小岛上，时间是公元1215年6月15日。约翰署名的那份文件被称为《大宪章》，并没有什么新的内容，只是言简意赅地重申了国王古老的职责，并列举了大臣应当享有的权利。对于占人口大多数的农民的权利（如果有的话），《大宪章》并没怎么提及；但对于新兴的商人阶级，它倒是提供了一些保障。《大宪章》的作用极为关键，因为它进一步明确了国王的权力，这在此前是从来没有过的。但它仍然只是一份单纯的中世纪的文件，并没有涉及百姓的权益，除非他们刚好是大臣的附属品，必须保护他们免受皇室的暴政之害。就像男爵的森林和牛一样，为了防止皇家林业员的觊觎，一定要对它们严加看管。

几年之后，在国王的议会上，我们开始听到截然不同的声音。

无论从天性还是从倾向上来说，约翰都是个彻头彻尾的浑蛋。他刚刚还庄严宣誓要遵守《大宪章》，随后就破坏了其中的每一项条款。但值得庆幸的是，约翰不久就去世了，继位的亨利三世不得不重新承认《大宪章》。与此同时，他的大伯——十字军战士查理，已经耗费国家大量的财力。国王亨利不得不寻求一小笔新的贷款，来偿还犹太放贷者。作为国王顾问的大地主和大主教，却不能为他提供所需的金银。亨利只好把几座城市的代表召集起来，参加大议会的例会。公元1265年，这些代表首次出现在例会上。但他们只是以财政专家的身份来参加议会，并没有权利参与国家事务的讨论，只能就税收问题进行讨论。

但是逐渐地，很多问题都要向这些"平民"代表咨询。最终，这个由贵族、主教和平民代表组成的会议发展成为固定的国会，即"人民讲话的地方"，重大的国家事务都要在国会讨论后方能最终决定。

　　但是，这样一个拥有一定执行权的咨询组织，并不像大众所认为的是由英国人发明的，这种"国王和他的议会"共同治理国家的政治体制，也绝不仅仅适用于不列颠群岛。在欧洲，这种体制随处可见。在一些国家，例如法兰西，中世纪以后王权的壮大将"国会"的影响降低到零。公元1302年，城市代表已经被允许出席法兰西议会。但足足过了5个世纪，"国会"才强大到可以维护中产阶级的利益，也就是所谓的"第三等级"，并削弱了国王的权力。随后，他们拼尽全力来弥补时间上的损失。在法国大革命期间，他们废除了国王、教士和贵族的特权，使普通百姓的代表成为国家的真正统治者。在西班牙，"cortes"（国王的议会）早在公元12世纪的前半段就已经向平民开放。在德意志帝国，一些重要城市成为"皇室城市"，帝国议会必须听取其代表的心声。在瑞典，早在1359年召开的第一届全国议会上，民众代表就已经出席。在丹麦，古老的全国大会在公元1314年重启，尽管贵族阶级不惜牺牲国王和人民的利益来换取国家的统治权，但城市代表的权利从未被完全剥夺。

　　在斯堪的纳维亚半岛上的国家，关于代议制政府的故事尤为有趣。在冰岛，掌管全岛事务的自有土地拥有者所组成的大会，从公元9世纪就开始定期举行，这种情形一直延续了1000多年。

瑞士自由的家园

　　在瑞士，来自不同城市的自由民竭力捍卫他们的议会，以防止邻近地区的封建主剥夺他们的权利，最终他们大获全胜。

最后，在一些低地国家，例如荷兰，早在13世纪，各公国和州郡的议会就有第三等级的代表列席了。

菲利普二世放弃王权

公元16世纪，一些小省份联合起来对抗国王。在"市民大会"的一次神圣会议上，他们正式废除了国王的特权，并把神职人员赶出议会，彻底打破了贵族的垄断。7个省份联合组成了新的荷兰共和国，享有完全的行政权。在长达2个世纪的时间里，城市议会一直统治着国家，没有国王、主教和贵族的干涉。城市变得至高无上，善良的自由民也成为这片土地的统治者。

第37章　中世纪的世界

中世纪的人们是如何看待他们生存的这个世界的？

日期是一个非常实用的发明。我们不能没有日期，但除非我们非常小心，否则常常会被日期玩弄。它们能让历史变得非常精确。举例来说，当我谈到中世纪人们的观点时，我并不是说在公元476年12月31日那一天，所有的欧洲人突然齐声说："啊！罗马帝国已经走向灭亡，我们已经生活在中世纪了。太有趣了！"

你可能已经发现，查理曼大帝宫廷中的人有着罗马人的生活习惯、言谈举止和人生观。但另一方面，当你长大后，你会发现，这个世界上的一些人还始终过着穴居人的生活。所有时间和时代都是重叠的，一代人的思想和另一代人的思想也密切相连。但要研究中世纪许多真正代表人物的思想还是有可能的，这能让你们了解到当时的人们对待人生及生活中许多复杂问题的态度。

首先，你要明确一点，中世纪的人们从来没把自己当成生而自由的公民，可以随心所欲地来来往往，或是凭借自己的才能、精力或运气来改变命运。恰恰相反，所有人都把自己当成某个整体的一部分，这个整体包括皇帝和农奴、教皇和异教徒、英雄和流氓、穷人和富人以及乞丐和窃贼。他们觉得这一切都是神明安排的，便顺理成章地接受，从来不问为什么。在这一点上，他们和现代人截然不同。现代人从不逆来顺受，总是想方设法来改变自己的经济和政治条件。

对于生活在13世纪的男男女女来说，幸福绝妙的天堂和艰苦阴森的地狱不仅仅是空话或是模糊的说辞，它们是客观存在的事实。中世纪的自由民和骑士把一生中的大部分时间花在为来世做准备上。而对于现代人，在圆满地过完一生之后，会以古希腊人和古罗马人特有的异常镇定的态度来迎接崇高的死亡。经过60年的辛劳和努力之后，我们会带着一切都会好转的心情与世长辞。

但在中世纪，露着白牙咧嘴大笑、骨头咔咔作响的死神与人类不离不弃。他用刺耳的琴声把人们从睡梦中吵醒；他和人们一起坐在餐桌旁，共进晚餐；当人们带女伴出去散步时，他就在灌木丛后，露出瘆人的笑容。如果你在童年时期听的不是安徒生和格林的童话，而是一些关于墓地、棺材或者恶疾等让人毛骨悚然的故事，那么你终生都会活在对世界末日和最终审判的恐惧中。而这些，都切切实实地发生在中世纪的儿童身上。他们生活在一个满是妖魔鬼怪的世界，偶尔会有一两个天使来到他们的生活中。有时候，对未来的恐惧让他们的灵魂充满了谦卑和虔诚。但通常情况下，恐惧会让他们变得残酷又敏感。当占领一座城市之后，他们首先会把城中的妇女和儿童杀掉，然后前往圣地，举着沾满无辜受害者鲜血的双手，祈求仁慈的上帝宽恕他们所犯的罪行。没错，他们不但会祈祷，还会流出苦涩的泪水，承认自己就是最邪恶的人。但第二天，他们又会把一营的撒拉逊敌人统统杀掉，心中没有一丝怜悯闪过。

当然，十字军都是骑士，他们所遵守的行为准则和普通百姓略有不同。但在这些方面，普通人和他们的主人完全一样。他们也像一匹容易受惊的马，一个影子或是一张纸片就能把他们吓个半死。他们对主人无比忠诚，任劳任怨，可一旦从幻想中看到什么妖魔鬼怪，他们就会立即逃跑，或者造成可怕的破坏。

但你在对这些良民作出评判时，一定要记得，他们的生活条件是非常艰苦的。他们其实都是野蛮人，只是装成有文化的人。查理曼大帝和奥托皇帝虽然名义上被称为"罗马皇帝"，但和真正的罗马皇帝（如奥古斯都或马塞思·奥瑞留斯）还相差甚远。正如刚果皇帝旺巴·旺巴和受过良好教育的瑞典或丹麦统治者无法相提并论一样。他们是生活在罗马帝国辉煌遗迹上的野蛮人，古罗马时期的文明已经被他们的父辈和祖辈摧毁，所以他们没有继承任何文明。他们什么都不懂。如今一个12岁的孩子所知道的事情他们都不明白。他们只能从一本书上寻找他们所需要的信息，那就是《圣经》。而《圣经》中能够引导人类进步的，是《新约》中那些教导我们博爱、仁慈和宽恕的篇章。但要作为天文学、动物学、植物学、几何学和其他所有学科的学习手册，《圣经》则是靠不住的。到了12世纪，中世纪的图书馆中又增加了第二本书，即生活在公元前4世纪的希腊哲学家亚里士多德编写的《实用知识百科大全》。为何基督教会一直谴责其他所有希腊哲学家为异端邪说，却把这一无上的荣誉授予亚历山大大帝的这位老师呢？其实我也不知道，真的不知道。不过除《圣经》外，亚里士多德被视为唯一值得信赖的导师，他的著作可以放心地交给基督教徒。

亚里士多德的著作传到欧洲的过程，经历了一番波折。它们从希腊传到亚历山大城，然后又被公元7世纪征服埃及的伊斯兰教徒从希腊语翻译成阿拉伯文。穆斯林军队又把它们带到西班牙。这位伟大的斯塔基拉人（亚里士多德的家乡在马其顿的斯塔基拉地区）的哲学思想，在科尔多瓦的摩尔人的大学中得到广泛传播。随后，那些越过比利牛斯山前来接受自由教育的基督教学生，又把阿拉伯文本的著作翻译成拉丁文。最后，这本游历多国的哲学名著进入北欧不同学校的课堂。其实迄今为止，这个过程我们都不是很清楚，却非常有趣。

在《圣经》和亚里士多德的帮助下，中世纪最有学问的人开始解释天地之间的万物生息，以及它们是如何体现上帝意愿的。这些所谓的学者或教师确实才智超群，但他们的知识仅仅来源于书本，从没进行过实际观察。如果他们想在课堂上讲授鲟鱼或毛虫，就会去翻阅《旧约》、《新约》和亚里士多德的百科全书，然后把这三本书中记载的有关鲟鱼和毛虫的一切信息传达给学生。他们并不会离开学校，走到最近的河边捕一条鲟鱼上来。他们也不会离开图书馆，来到后院捉几条毛毛虫，观察这些小动物，研究它们如何在自己的巢穴中生存。即便是像艾伯塔斯·马格纳斯或托马斯·阿奎那这样的知名学者，也不会去追问巴勒斯坦的鲟鱼和马其顿的毛虫与生活在欧洲的鲟鱼和毛虫到底有哪些不同。

偶尔会有像罗杰·培根这种特别好奇的人物出现在学者们的研讨会上。他戴着奇怪的眼镜，拿着滑稽的显微镜，真的把鲟鱼和毛虫带到课堂上，向学者们证明，眼前的鲟鱼和毛虫与《圣经》或亚里士多德所描述的动物是有所区别的，不过那些学者还是会摇摇高贵的头颅。培根走得太远了。如果他敢说一个小时的实际观察比亚里士多德10年的研究更有价值，还说这位伟大的希腊导师的著作还是别翻译为好，那么学者们会立刻找到警察，说："此人会对国家安全造成极大的威胁。他让我们学习希腊语，好让我们读亚里士多德的原著。为什么他对我们的拉丁—阿拉伯译本不满意？几百年来，我们虔诚的信徒读的都是这些译本。他为什么对鱼和昆虫的内部构造那么好奇？他很有可能是一个懂巫术的巫师，想用他的黑魔法来扰乱万物的秩序。"他们说得有条有理，那些维持和平的警察非常害怕，便下令禁止培根在10年之内做任何书写。正因如此，当培根再次开始研究时，便吸取了教训。他开始用一种奇怪的密码进行写书，他的同行们都看不懂他的书，这种把戏后来变得十分普遍。特别是在教会当中，为防止人们提出一些可能导致怀疑和动摇的问题，走投无路的教会不得不采用此法。

不过，这种愚民的做法并非恶意。异端思想搜寻者的心里其实充斥着一种非常善良的感情。他们坚信，现世生活只是我们在另一个世界真正生存的准备阶段。他们还坚信，过多的知识会让人们感到不适，让大脑充满危险的想法，会让人们产生怀疑，并最终走向毁灭。当一个中世纪的经院哲学家看见自己的学生偏离了《圣经》和亚里士多德的正统思想，想独立研究一些东西时，会感到非常不安，就像一位慈母看见年幼的孩子正走向火炉一样。她知道，如果她让孩子去触碰火炉，孩子一定会烫伤自己的手指，所以她会试着把他拉回来，如果有必要的话，她还会动用武力。但她非常爱自己的孩子，如果他能乖乖听话，她会尽可能地对他好。同样地，中世纪的灵魂捍卫者们一方面在有关信仰的所有事务上要求十分严格，另一方面会夜以继日地劳作，尽自己最大的可能为教友提供服务。无论何时，只要他们有能力，都会伸出援助之手。在当时的社会，成千上万的善男信女都会尽己所能，让每个人的生活都能好过一些。

　　但农奴永远是农奴，他们的地位是永远不会改变的。中世纪的上帝虽然没能改变农奴的奴隶地位，却将不朽的灵魂赐给了这些卑微的生命。因此，他们的权利必须得到保护，让他们从生到死，都能像虔诚的基督教徒一样。当他们上了年纪，体力衰竭，无法再劳作时，他们为之工作的封建领主便要承担起照顾他们的责任。因此，尽管中世纪的农奴生活乏味单调，但他们从不需要担心明天。他们知道自己是"安全的"——不会突然丢掉工作。他们的头上总是有一片屋顶（尽管有点漏雨，但总归是个屋顶），他们也总是有食物来填饱肚子。

中世纪

　　在中世纪的各个社会阶层里，这种"稳定"和"安全"之感都普遍存在。城市里，商人和工匠成立行会，保证每名成员都有稳定的收入。但行会并不鼓励有野心的人比他们的同行做得更好。通常情况下，行会会保护那些"做一天和尚撞一天钟"的"懒汉"。不过，行会也给劳动阶层一种有所保障的满足感，而在我们这个竞争普遍存在的社会，这种感觉早就消失了。中世纪的人深知现代人称之为"垄断"的危险。例如，某个有钱人会把所有能买到的谷物、肥皂和腌鲱鱼都买到手，然后迫使人们以高价格从他手中购买这些商品。因此，政府限制批发或进行大宗贸易，限定价格，商人只能按照这个价格来出售商品。

中世纪的人不喜欢竞争。竞争只能让世界充满骚乱和敌对，还会产生一些野心勃勃的人。末日审判到来的时候，尘世的一切财富都将化为乌有，善良的农奴会步入幸福的天堂，邪恶的骑士则会被打入地狱，那么竞争又有什么意义呢？

简言之，中世纪的人们会被迫放弃部分思想和行动自由，这样就能获得更多安全感，从而使身体和灵魂都能得到满足。

除了少数例外，大多数人并不反对这种安排。他们坚信，自己只不过是这个星球上的过客——他们在这里只是为一种更伟大、更重要的生活做准备。他们对这个充满苦难、邪恶和不公的世界置之不理。他们拉下百叶窗，这样耀眼的阳光就不会干扰他们阅读《启示录》。《启示录》告诉他们，天堂之光会照亮他们永恒的幸福。他们生活在这个世上，却闭起眼睛，不去看那些尘世的欢乐，因为在不远的将来，他们可以尽情去享受。他们把生命看成必须承受的罪恶，非常欢迎死亡的到来，因为那是辉煌之日的开始。

古希腊人和古罗马人从来都不为未来烦心，但他们试图在现世铸造起天堂。他们成功地把生活变成一件非常享受的事，当然，只有那些没有变为奴隶的自由人才能享受这些欢乐。到了中世纪，人们又走向另一个极端。他们把天堂建立在高不可及的云端，把现世变成痛苦的深渊，不分高低贵贱，贫富美丑。现在，钟摆该摆向另一个方向了。详细情形，下一章我再告诉你们。

第38章　中世纪的贸易

十字军东征让地中海地区再次成为繁华的贸易中心，意大利半岛也成为欧亚和欧非之间贸易的集散地。

中世纪末期，意大利的许多城邦都取得了重要地位，原因主要有三个。其一，很久以前，意大利半岛就被罗马占据。和欧洲其他地区相比，这里有更多的公路、城镇和学校。

野蛮人在入侵意大利时，也像对待欧洲其他国家一样，大肆烧杀抢掠。但意大利的名胜古迹太多了，野蛮人根本来不及一一摧毁，所以很多名胜古迹得以留存。其二，教皇住在意大利，作为一个庞大政治机器的首领，他拥有诸多土地、农奴、城堡、森林和河流，还掌管着监督法律实施的法庭，有着巨大的财富。正如威尼斯和热那亚的船主和商人那样，人们要向教皇敬献金银以示敬意。在给遥远的罗马城付账之前，必须把欧洲北部和西部的奶牛、鸡蛋、马匹和其他农产品兑换成现金。这就使得意大利成为欧洲大陆相对富裕的国家。最后，在十字军东征期间，意大利成为十字军战士前往东方的必经之地，它从中谋取了让人难以置信的暴利。

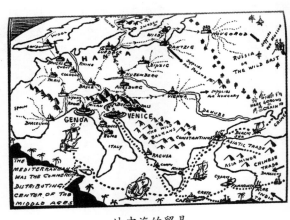

地中海的贸易

十字军在东方作战时已经十分依赖东方商品。东征结束后，这些意大利城市就成为那些东方商品的集散中心。

在这些城市中，很少有像威尼斯那么出名的。威尼斯是一个建立在海滨沿岸的共和城市。公元4世纪，野蛮人入侵，大陆上的百姓为躲避迫害逃到了这里。威尼斯四面环海，人们便在这里做起制盐的生意。在中世纪，盐是非常稀有的商品，价格十分昂贵。几百年来，威尼斯都垄断着这种餐桌上必不可少的调味品（我说食盐必不可少，是因为如果食物中的含盐量不够，人就会生病）。人们利用这种垄断地位，大大提升了威尼斯的实力。有时，他们甚至敢向教皇发起挑战。威尼斯变得越来越富有，人们开始建造船只，到东方去从事贸易。在十字军东征期间，这些船被用来搭载前往圣地的十字军战士，当乘客不能用现金来支付他们的船票时，就不得不帮助威尼斯人在爱琴海、小亚细亚和埃及不断扩张殖民地。

到了公元14世纪末，威尼斯的人口增长到20万，这使得威尼斯成为中世纪最大的城市。但百姓对政府并没有影响力，城邦事务只是少数富商家族的私事。他们组建了一个参议院，还选出一名公爵，但威尼斯真正的统治者仍是著名的10人议会，一个组织严密的秘密机构的工作人员和职业杀手会协助他们处理事务。这些职业杀手监视着市民的一举一动，那些对专横、滥用职权的公共安全委员会造成威胁的人，会被他们悄无声息地处理掉。

在佛罗伦萨，则存在着另一种极端的管理，即充满动荡的民主制。佛罗伦萨控制着北欧通向罗马的道路，依靠这一优势，佛罗伦萨人把赚来的金钱投入到制造业中。他们想效仿雅典人，让所有贵族、教士和行会会员都参与到城邦事务的讨论中，却导致了巨大的骚乱。人们分属不同的政治流派，这些政党之间不断爆发激烈的斗争，一旦在议会中取得胜利，他们就会把自己的敌人流放，并把他们的财产据为己有。佛罗伦萨就这样在有组织的暴民统治中度过了几个世纪，随后不可避免的事发生了。一个实力超群的家族成为佛罗伦萨的主人，并效仿古雅典的"专制暴君"，统治着这座城市及周边的村落。这个家族被称为美第奇。最早的美第奇族人是外科医生（在拉丁语中，美第奇就是医生的意思，该家族也因此得名），后来他们又变成银行家。在所有重要的商贸中心，都可以找到他们的银行和当铺。甚至在今日，我们在美国当铺的招牌上看到的三个金球，就是强大的美第奇家族族徽上的图案。他们成为佛罗伦萨的统治者，还把女儿嫁给法兰西国王。他们死后的陵墓，足以和恺撒大帝的皇陵相媲美。

此外，还有威尼斯的有力竞争者热那亚。那里的商人专门和非洲的突尼斯以及黑海沿岸的几个谷仓做生意。意大利还有200多个城市，它们的规模大小不一，但每一座城市都是从事贸易的理想之地。它们之间互相争斗，彼此都怀着无限的恨意，因为对手强大就意味着自身的利润会被剥夺。

东方和非洲的商品被运到这些集散中心之后，就要被送往欧洲西部和北部。

热那亚会通过水路把商品运往马赛，在那重新装船，运往罗纳河沿岸城市。这些城市又自然成为法国北部和西部的市场。

伟大的诺夫哥罗德

威尼斯则通过陆路把商品运往北欧。这条经过布伦纳山口的古老的道路，野蛮人入侵意大利时曾走过。经过因斯布鲁克，商品被送往巴塞尔，再沿着莱茵河顺流而下，到达北海和英格兰，或者被送往奥格斯堡。在那儿，福格尔家族（该家族既是银行家又是制造商，靠削减工人的工资而大发横财）负责把商品继续运往纽伦堡、莱比锡、波罗的海沿岸城市及哥得兰岛上的维斯比。维斯比负责与波罗的海北部各城市的贸易，并直接和诺夫哥罗德共和国进行交易。诺夫哥罗德是俄罗斯古老的商业中心，公元16世纪时被伊凡雷帝摧毁。

欧洲西北部的小城也有着自己的奇闻趣事。在中世纪，人们很喜欢吃鱼。人们在斋戒日不能吃肉。对于那些远离海洋和河流而居的人来说，他们只能吃鸡蛋，不然就什么都不能吃。但在13世纪早期，一位荷兰渔民发明了一种烹饪鲱鱼的方法，用这种方法加工后的鲱鱼能运往较远的地方。因此，北海的鲱鱼捕捞变得尤为重要。但在13世纪的某个时期，这种极具价值的小鱼（由于它们自身的原因）从北海迁徙到波罗的海，于是这片内海沿岸的各个城市开始大发其财。如此一来，全世界的渔民都到波罗的海来捕捞鲱鱼。由于鲱鱼的捕捞期每年只有几个月（其余时间它们都潜在深海，大量繁殖后代），渔民如果不找到其他工作的话，在非捕捞期就会无所事事。于是，这些捕捞船就被用来将俄罗斯中部和北部出产的小麦运往欧洲南部和西部。在返航时，它们又把威尼斯和热那亚的香料、丝绸、地毯和东方挂毯，运往布鲁日、汉堡和不来梅。

在这样简单的贸易往来中，一个重要的国际贸易体系产生了。它从布鲁日和根特这样的制造业城市（这两座城市中强大的行会与法兰西和英格兰国王展开激烈的斗争，最终建立起一个让雇主和工人两败俱伤的劳工专制制度），一直延伸到俄罗斯北部的诺夫哥罗德共和国。这本是座强盛的城市，憎恶商人的伊凡沙皇占领该城之后，在不到一个月的时间里屠杀了6万居民，幸存者全都沦为乞丐。

为了免遭海盗、苛捐杂税和各种律法的骚扰，北方的商人组织了一个保护性的同盟——"汉萨"。汉萨的总部设在吕贝克，是一个有100多个城市自愿参与的组织。他们拥有自己的海军，可以随时在海上巡逻，英格兰和丹麦国王干涉他们的权利，汉萨同盟的商人们就与之交战，并最终取得了胜利。

我真希望能有更多的篇幅来告诉你们一些关于这个奇特贸易旅程的精彩故

事。在这趟旅程中，商人们跋山涉水，危险随时都会发生，因此，每一段旅行都是一次伟大的冒险。但要细说这些故事，几卷书也写不完，所以我就不再详述了。另外，我希望已经让你们了解到足够多关于中世纪的故事，能够激发你们的好奇心去阅读更多的书籍。

汉萨船

正如我试图向你们展示的那样，中世纪是一个进步非常缓慢的时期。当权者相信，"进步"像魔鬼一样，是个非常不讨人喜欢的发明，应当予以抵制。由于他们占据着掌权者的席位，很容易就可以把自己的意志强加在顺从的农奴和目不识字的骑士身上。有时，会有几个勇士闯入科学的禁区，但他们的下场往往很惨。如果他们能保住性命或者逃掉20年的牢狱之灾，就算幸运的了。

在公元12~13世纪，国际贸易的洪水席卷了整个欧洲西部，犹如流淌在古埃及河谷的尼罗河一样，洪水过后留下了肥沃的土壤，十分富饶。繁荣意味着悠闲的生活，悠闲的生活则让人们有时间去购买手稿，从而对文学、艺术和音乐产生兴趣。

再一次，世界被好奇心填满了。几万年前，就是这种好奇心促使人类把他们的远亲远远甩在身后，这些远亲至今还过着愚昧无知的生活。在上一章中，我曾讲过城市的诞生和发展。城市给那些敢于摆脱现存秩序的狭窄领域的勇者提供了安全的避风港。

他们开始着手工作。他们打开隐居的书房的窗户，阳光如洪水般洒进满是灰尘的房间，将漫长的黑暗岁月里集结在房间内的蜘蛛网彻底照亮。

他们开始打扫房间，然后又对花园做了清理。

他们走出屋子，来到旷野上，翻越过城墙，说道："这是一个美好的世界，我们生活在这里真好！"

至此，中世纪的故事就告一段落了。一个全新的世界开始了。

第39章　文艺复兴

> 人们再次敢于表达自己的喜悦之情，仅仅因为他们还活着。他们试着挽救古罗马和古希腊的古老文明，为自己取得的成就感到自豪。他们把这段时期称为文艺复兴或文明的再生。

文艺复兴并不是一场政治或宗教运动，而是一种精神状态。

文艺复兴时期的百姓仍旧是教会这位"母亲"孝顺的儿子。他们是国王、皇帝和公爵的附属品，没有任何抱怨。

但他们对待生活的态度发生了变化。他们开始穿各种各样的衣服，说不同的语言，居住风格各异的房子，生活方式也截然不同。

他们不再把全部的思想和精力都倾注在天堂的永生之上。他们试着在现世建立起自己的天堂。说实话，他们取得了非常大的成功。

我曾再三告诫你们，要小心历史日期里包含的陷阱。人们对于日期的理解总是太肤浅。他们把中世纪当成一个黑暗无知的时代。时钟"滴答"一响，文艺复兴就开始了，人们对知识的渴求便像灿烂的阳光一样，洒满城市和宫殿。

事实上，我们不可能在中世纪和文艺复兴时期之间画出一条明显的界线。13世纪的绝大部分都属于中世纪，所有的历史学家都同意这一观点。但它仅仅是一个充满黑暗、停滞不前的时代吗？当然不是！当时的人们非常积极，许多国家得以建立，大型商贸中心也得以发展。在城堡塔楼和市政厅的尖顶之上，新建的哥特式大教堂的塔尖高高耸立着。世界各地都在蓬勃发展。市政厅里那些趾高气扬的绅士刚刚意识到自己的力量（多亏了他们近期积攒的财富），为了夺取更多的权利，正在和封建领主们进行着较量。刚刚意识到"团体力量"这一重要事实的行会成员们，正在和市政厅里的绅士们进行着搏斗。国王和他精明的顾问们趁机浑水摸鱼，从中获得了不少利益，公然在那些既吃惊又失望的市政议员和行会兄弟面前大快朵颐。

漫漫长夜里，灯光昏暗的街道上，人们不再为政治和经济而争论。为了给这样的夜晚增添一丝生机，民谣歌手和游吟诗人开始讲述他们的故事，唱起有关浪漫、冒险、英雄主义和忠贞的歌谣。与此同时，不甘忍受缓慢进步的年轻人，成群结队地涌入大学，这又是另外一个故事了。

中世纪的人们具有"国际精神"。这句话可能让你很难理解，我来慢慢跟你解释。现代人具有的是"国家精神"。我们是美国人、英国人、法国人或意大利人，我们说英语、法语或意大利语，去英国、法国或意大利的大学读书。除非我们想从事某一特殊领域的研究，而该学科只有外国才有，我们才会学习另一种语言，再到慕尼黑、马德里或莫斯科求学。但生活在公元13～14世纪的人们很少会说自己是英国人、法国人或意大利人。他们会说："我是谢菲尔德人、波尔多人或热那亚人。"因为他们属于同一个教会，这让他们觉得彼此之间像兄弟一样。而当时所有受过教育的人都会说拉丁语，这门国际性的语言消除了他们语言上的障碍。然而在现代欧洲，这种语言上的障碍越来越明显，许多小国也因此处在极其不利的地位。以爱拉斯姆斯当为例吧。他是一名崇尚宽容和欢乐的传教士，在公元16世纪撰写了自己的著作。他出生在荷兰的一个小村庄，却用拉丁语书写，全世界的人都是他的读者。假如他现在还活着，那他就会用荷兰语来书写。但如此一来，只有五六百万人能够读懂他的书。为了让其他欧洲国家和美国人理解他书里的内容，出版商就必须把他的书翻译成20种不同的语言。这笔开销可不少，出版商几乎不会给自己找这样的麻烦或冒这样的险。

600年前，这种情况是绝对不会发生的。大部分人还非常愚昧无知，读不了书，也写不了字。但是那些会使用鹅毛笔这一高深技艺的人，都属于一个国际性的文学组织。这个组织的成员遍及整个欧洲大陆，没有国界，也没有语言和国籍限制。而大学正是这一国际组织的坚强后盾。有别于现代的防御体系，那时大学之间并没有界限。如果一名教师碰巧和几名学生走在了一起，他们就会建立一所大学。这是中世纪和文艺复兴时期有别于当代社会的另一方面。如今要建立一所新的大学，下面这些步骤几乎是必不可少的：首先，某个有钱人想为他所在的社区作点贡献，或是某个宗教教派希望他的教民接受良好的管理，或是某个国家需要培养医生、律师和教师。要想建立一所大学，先要有一笔存在银行里的巨款。然后，这笔钱会用来兴建教学楼、实验室和学生宿舍。最后，专业教师受雇来到学校，举行入学考试，大学就这样运转下去。

但在中世纪，事情不是这样处理的。一位智者对自己说："我发现了一条伟大的真理。我一定要把我的知识传授给其他人。"于是，无论何时何地，只要有人愿意聆听，他就会宣扬自己的智慧，就像现代社会站在肥皂箱上的演说家一样。如果他是个有趣的演讲者，人们就会围过来，驻足聆听。如果他的演讲枯燥无味，人们就会耸耸肩，继续赶路。随着时间的推移，一群年轻人会定期来聆听这位智者的真知灼见。他们还会带着笔记本、墨水和鹅毛笔，把重要的地方记录下来。碰巧有一天赶上下雨，老师和他的学生们便来到一间闲置的地下室或是"教授"的房间。这位学者坐在自己的椅子上，年轻人们则席地而坐。这便是大学的发端。在中世纪，大学本就是教授和学生组成的一个组织。"教师"意味着一切，他所执教的地点则无关紧要。

中世纪的实验室

接下来，我想给你们讲一件发生在9世纪的事。在离那不勒斯不远一座名为萨莱诺的小镇里，聚集着很多有名的外科医生。他们吸引了很多有志从医的人前来求教，于是便诞生了萨莱诺大学。到1817年为止，这所大学已经有1000年的历史了。萨莱诺大学主要教授希波克拉底流传下来的医学知识。早在公元前5世纪，这位伟大的希腊医生就在古希腊治病救人了。

还有来自布列塔尼半岛的年轻神父阿贝拉德，他早在12世纪初就开始在巴黎传授神学和逻辑学。数以千计的热血青年涌入法国，专门来听他的课。那些不同意阿贝拉德观点的神父纷纷站出来阐释他们的观点。巴黎一下子变成一个国际大都市，到处都是英国人、德国人和意大利人，还有从瑞典和匈牙利赶来的学生。于是，就在塞纳河一个小岛上的古老教堂附近，著名的巴黎大学诞生了。

在意大利的博洛尼亚，有位名叫格雷西恩的僧侣，他为那些需要了解教会法律的人编写了一本教科书。于是，许多年轻神父和信徒从欧洲各地赶来，聆听格雷西恩阐述他的观点。为了保护自己不受当地地主、小旅馆老板或房东老板娘的欺负，他们组成了一个团体（或者说大学），即后来博洛尼亚大学的起源。

随后，巴黎大学内部爆发了一场争论。我们并不知道原因是什么，但一群心怀愤懑的教师和学生漂洋过海来到英国，在泰晤士河边一座名叫牛津的热情好客的小镇找到了栖身之所。就这样，举世闻名的牛津大学诞生了。同样，在1222年，博洛尼亚大学内部也发生了分裂。那些愤愤不平的教师（同追随他们的学生一起）来到帕多瓦，从此这座意大利小城也拥有一座引以为傲的大学。从西班牙的巴利亚多里德到遥远的波兰克拉科夫，从法国的普瓦捷到德国的罗斯托克，一座又一座大学不断兴建。

对于我们这些整日接受数学和几何原理教育的人来说，早期的教授所传授的知识实在有些荒谬。但我想强调的一点是，中世纪，尤其是在13世纪，世界并不是停滞不前的。年轻一代充满活力与热情，尽管会觉得不好意思，但他们还是会提出问题。文艺复兴就是在这片躁动中诞生的。

文艺复兴

但就在中世纪最后一场戏的帷幕即将拉下之前，一个凄凉的身影从舞台上略过。对于这个人，你知道的不应该只是他的名字。这个人就是但丁。1265年，但丁出生于阿里基尔家族，他的父亲是佛罗伦萨的一名律师。但丁在祖辈们生活的城市中长大，那时，乔托正埋首在圣十字教堂的墙壁上作画，以记录阿西西的圣弗朗西斯的故事。但丁上学的时候经常会看到路上有一摊摊血，诉说着教皇的追随者奎尔福派和皇帝的支持者季柏林派之间无休无止的战争。

但丁长大后，成了奎尔福派的成员，因为他的父亲就是其中一员。就像一个美国孩子成为民主党或共和党的成员，只是因为他的父亲是民主党或共和党的一员一样。但几年后，如果没有一个统一的领导者，意大利就会因众多小城市之间的明争暗斗而毁于一旦。于是，他加入了季柏林派。

他翻越阿尔卑斯山，到另一边寻求帮助。他希望出现一位伟大的国王来统一意大利，重建秩序。但他的愿望最终落空了。1302年，季柏林派被尽数逐出佛罗伦萨。从那一天起，直到但丁1321年在拉文纳阴暗的废墟中去世，他都是个无家可归的流浪汉，只能靠富人施舍的面包果腹。这些富人的名字本来会湮没在历史的长河中，却因为这件事——对一位穷困潦倒的诗人的施舍，得以流芳百世。在漫长的流亡生涯中，但丁感到应该为当年作为家乡政治领袖的自己进行辩护。当年在阿尔诺的河堤上徘徊时，他也应当瞥一眼可爱的贝艾特里斯·波缇娜里。这位姑娘后来嫁给了另一个人，在季柏林党事件的十几年前，她就去世了。

在事业上，但丁并没能实现自己的雄韬伟略。他曾衷心地为自己所出生的地方服务，但在那个腐败的法庭上，他被控盗用公款。法庭作出判决，如果他胆敢返回佛罗伦萨，就会被活活烧死。为了自己的良心，也为了在同胞面前证明自己，但丁创造了一个虚拟的世界，用详尽的笔墨记述了他失败的原因，揭露了贪婪、欲望和仇恨是如何把自己钟爱的祖国意大利，变成一个冷酷无情、自私自利的暴君们争权夺利的战场。

他告诉我们，在1300年复活节之前的那个星期四，他在一片密林中走丢了，前路被一头豹子、一头狮子和一匹饿狼挡住。就在他快放弃的时候，一个白色的

但丁

身影出现在树林中。那是古罗马诗人兼哲学家维吉尔的身影。他受圣母玛利亚和贝艾特里斯的委托，来指引但丁走出迷途。贝艾特里斯一直在天堂密切注视着真爱的命运。随后，维吉尔带领但丁穿过炼狱和地狱。他们沿着道路一步一步向更深的地方走去，直到到达地狱最底层的深渊。魔鬼撒旦就被冰封在那里，周围都是穷凶极恶的罪人、叛徒和说谎者，还有那些用谎言和欺骗而功成名就的不耻之徒。但在两人来到这个恐怖的深渊之前，但丁还遇到了所有在他热爱城市的历史上扮演过重要角色的人。皇帝和教皇，英勇的骑士和满腹牢骚的高利贷者，所有人都聚在一起，等待接受永久的惩罚或解脱，那时他们将离开炼狱，前往天堂。

这个故事充满神奇色彩。它更像一本手册，记录了13世纪人们的所作所为、所感所愿。而贯穿故事始终的，就是那个来自佛罗伦萨的孤独的流亡者，内心的绝望像影子一样，永远跟随着他。

看呀！死亡的大门即将在这位悲伤的中世纪诗人身后关上，生命之门却向即将成为文艺复兴第一人的孩童敞开。他就是弗朗西斯科·彼特拉克，阿雷佐小镇上一位公证员的儿子。

弗朗西斯科的父亲与但丁属同一政党，也遭到了流放，因此弗朗西斯科出生在远离佛罗伦萨的地方。15岁时他被送到法国的蒙彼利埃，为了日后能成为像他父亲一样的律师。但他根本就不想当律师，他讨厌法律。他想成为一名学者和诗人。这种强烈的愿望超越了一切，正所谓有志者事竟成，他的梦想终于成真。他开始了漫长的旅行，边走边抄写手稿，从佛兰德斯到莱茵河畔的一家家修道院，再到巴黎和列日，最后他来到了罗马。随后，他在沃克吕兹山区里的一个偏僻山谷住了下来，在那里进行研究和写作。很快，他便声名远播，巴黎大学和那不勒斯国王都向他发出邀请，希望他能为学生和百姓们上课。在就职的途中，他不得不经过罗马。作为一名几乎被遗忘的古罗马作家著作的编辑，他早已家喻户晓。市民们决定授予他一份荣誉，在帝国城市古老的广场上，弗朗西斯科被授予诗人的桂冠。

从那以后，彼特拉克的一生都享尽荣誉和赞美。他所描写的事物都是人们最感兴趣的。人们早已厌倦了乏味的辩论。可怜的但丁一直游荡在地狱里，而彼特拉克却描写爱情、自然和阳光，他从不提及那些阴暗的事物，也不重复上一代的老生常谈。彼特拉克每到一座城市，全城的百姓都会出来迎接他，就像迎接凯旋的将军一样。如果他年轻的朋友、讲故事的高手薄伽丘碰巧和他一起，场面就更加热烈了。他们都是那个时代数一数二的人物，他们充满好奇，想把所有的书籍都读一遍，他们在满是灰尘、几乎被人遗忘的图书馆里奋战，期待着能找到维吉尔、奥维德、卢克莱修或其他古代拉丁诗人的另一部手稿。他们都是虔诚的基督教徒，他们当然是，每个人都是。但没必要因为有一天你终将死去，就每天拉长脸，穿着破旧的衣服晃来晃去。生活是美好的，人生来就要快乐。你想要证明这些？很好。拿起铲子，在土里挖几下。你找到了什么？精致的古代塑像，华丽的古代花瓶，还有古建筑的遗迹。所有东西都是历代最伟大的帝国人民创造出来的。他们统治这个世界整整1000年。他们强壮、富有、英俊（看一下奥古斯都大帝的半身像就知道了）。当然，他们都不是基督教徒，永远也不会进入天堂。最好的状况是，他们会在炼狱中度过死后的日子，但丁刚刚在那里拜访过他们。

但谁在乎这些呢？能够生活在像古罗马那样的世界里，对于任何一个终将死亡的生灵来说都像活在天堂。不管怎么说，我们都只能活一次。让我们为了当下的生活，做一个快快乐乐的人。

简言之，这种精神渐渐充斥在意大利小城狭窄又弯曲的街道。

你们都知道"自行车狂"和"汽车狂"意味着什么。某人发明了自行车。千百年来，人们只能靠双腿从一个地方缓慢又艰难地移动到另一个地方，如今可以轻松快速地骑过山岭，他们为此发了疯。随后，一个聪明的机械师制造出第一辆汽车。从此，人们不需要一下又一下地蹬踏板了，只需坐在那里，让汽油来为你服务。于是，所有人都想拥有一辆汽车，每个人都在谈论罗尔斯·罗伊斯、福特、化油器、里程表和油耗。探险家们来到未知国家的腹地，希望能够找到新的天然气供应源。在苏门答腊和刚果，森林可以为我们提供橡胶。橡胶和石油变得异常珍贵，人们为了占有这些资源不惜大打出手。整个世界都变成了"汽车狂"，小孩子在学会说"爸爸""妈妈"之前，就会说"汽车"了。

到了14世纪，古罗马遗迹的发现让所有意大利人都为之疯狂。很快，他们的热情就传遍了整个欧洲。一本未名手稿的发现，也可以成为举办狂欢节的理由。能撰写语法书的人，其受欢迎的程度堪比如今发明出新火花塞的发明家。人文主义者，也就是那些把时间和精力投入到研究"人类"或者"人"（而不是把时间浪费在毫无结果的神学）的学者，所获得的荣誉和崇敬要远远多于那些征服了食人岛的英雄。

在这个文化崛起的过程中，发生了一件事情，强有力地支持了学者们对古代哲学家和作家的研究。土耳其人再一次对欧洲发起了进攻。君士坦丁堡——留存着古罗马帝国原貌最后遗迹的首都陷入了重重包围。1393年，皇帝曼纽尔·帕莱奥洛古斯派遣曼纽尔·克里索罗拉斯前往西欧，告诉对方古老的拜占庭已陷入绝境，希望得到他们的支援。西欧是永远不会伸出援手的。罗马天主教世界非常愿意看到希腊天主教徒受到来自邪恶异教徒的惩罚。尽管西欧人对拜占庭的命运不甚关心，他们对古希腊人却非常感兴趣。特洛伊战争结束5个世纪后，希腊殖民者在博斯普鲁斯海峡边上建立起这座城市。他们想要学习希腊语，这样就能拜读亚里士多德、荷马和柏拉图的著作。他们迫切地想学好希腊语，但他们没有书，也不懂语法，更没有老师教他们。佛罗伦萨的官员们听说了克里索罗拉斯将要来访的事，而全城的百姓"想学希腊语都想疯了"。但是他愿不愿意教呢？他愿意，看吧！第一位希腊语教授将阿尔法、贝塔和伽马等希腊字母传授给数百名求知若渴的年轻人。他们历经千辛万苦来到阿尔诺，住在马厩或脏乱的阁楼里，只为学习动词变位，以跻身于索福克勒斯和荷马这些大文豪之列。

与此同时，在大学里老教授们正在讲授过时的神学和逻辑学，讲解《旧约》中隐藏的神秘意义，讨论希腊—阿拉伯—西班牙—拉丁版本的亚里士多德著作中那些奇怪的科学。他们先是带着惊恐的心情观望，转而便大发雷霆。年轻人居然离开大学的讲堂，跑去听某位狂热的"人文主义者"讲述自创的"文明再生"的思想。

他们跑到当局抱怨这些事情。但谁也不能强迫一匹不想喝水的马去喝水，同样，谁也不能强迫人们竖起耳朵去聆听他们不感兴趣的东西。很快，这些老教授们就失去了阵地。但偶尔，他们也能取得一场短暂的胜利。他们联合起那些从未得到幸福、也厌恶别人享受幸福的狂热宗教分子。在佛罗伦萨这个伟大文明再生的中心，旧秩序和新秩序之间展开了一场激战。一个终日愁眉苦脸、厌恶美好事物的西班牙多明我派僧侣，担任起中世纪后卫营的领袖。他发动了一场英勇的战役。每一天，他雷鸣般的怒吼都会回荡在玛利亚德非罗宽敞的大厅中，向人们传达上帝的警告。他哭喊道："忏悔吧！向你们不忠的行为忏悔吧！为你们享受不神圣的事物忏悔吧！"他开始听到各种声音，看到划过天际、冒着火焰的利剑。他向孩子们布道，希望他们别重蹈父辈们的覆辙，走上毁灭的道路。他组织了大量的童子军，虔诚地侍奉上帝，还说自己是上帝的先知。经过他的鼓吹，人们的头脑也不清楚了，百姓心生畏惧，为自己对美好、欢乐的追求忏悔。他们把书籍、雕像和绘画搬到市场上，一边唱着圣歌，一边跳着粗俗的舞蹈，庆祝这个"虚荣的狂欢节"。而萨佛纳罗拉则把火把丢向那些堆在一起的珍品，将它们付之一炬。

　　但当灰烬冷却下来时，人们开始意识到他们失去了什么。这个可怕的宗教分子居然让他们亲手毁灭了自己最为珍爱的东西。他们开始反对他，萨佛纳罗拉被投入了监狱。虽然他被残忍地折磨，但仍拒绝为自己的所作所为进行忏悔。他是个诚实的人，一直想过圣洁的生活。他很乐意消灭那些故意反对他观点的人。不管在哪里发现了邪恶的事情，他都觉得自己有责任去消灭它。对于这位教会忠诚的儿子而言，对异教书籍和美的热爱本身就是一种罪恶。但他只是孤军奋战，为了一个终将消逝的时代而战。罗马的教皇从没想过要救他，连根指头都不愿意动一下。相反地，当"忠诚的佛罗伦萨教民"将萨佛纳罗拉拖上绞刑架，并在一片欢呼中焚烧他的尸体的时候，教皇还表示了赞许。

　　这是个悲惨的结局，却又无法避免。若能活在11世纪，萨佛纳罗拉定会成为一名伟人。但在15世纪，他只能成为一场注定失败的运动的领袖。无论好坏，当教皇自己也变成人文主义者，当梵蒂冈变成收集罗马和希腊古董的最重要的博物馆时，中世纪便宣告结束了。

第40章 表现主义时代

人们内心开始产生一种需求，他们需要表达出生活中新发现的乐趣。于是，他们把自己的快乐展现在诗歌、雕塑、建筑、油画以及书籍里。

公元1471年，一位虔诚的老人去世了。在他长达91年的人生里，有72年都是在圣阿格尼斯山隐蔽的修道院里度过的。这座修道院位于伊瑟尔河上的荷兰古镇——汉萨市兹沃勒附近。人们都称他为托马斯兄弟，又因他出生在坎彭村，所以人们也叫他坎彭的托马斯。12岁那年，他被送到德文特。在那里，巴黎大学、科隆大学及布拉格大学的优秀毕业生，著名的游历传教士——格哈德·格鲁特创建了"平凡生活兄弟会"。兄弟会的成员都是些谦逊的普通人，他们从事着木匠、油漆工、石匠等职业，试图像早期基督教徒那样过简单的日子。他们建立了一所学校，让贫苦农民的孩子也能接受神父们的教导。就在这所学校里，小托马斯学会了拼写拉丁动词以及撰写文稿。随后，他立下誓言，背上一小捆书籍，来到了兹沃勒。随着一声解脱似的长叹，他关上了门，从此便两耳不闻窗外事。

约翰·胡斯

托马斯生活在一个动荡的时代，那时瘟疫流行，死亡频发。在中欧的波西米亚，约翰尼斯·胡司（英国宗教改革派约翰·威克里夫的朋友兼追随者）的虔诚信徒正在策划一场可怕的战争，要为他们敬爱的领袖报仇。根据康斯坦茨委员会的命令，如果胡司能够前往瑞士，向前来商讨教会改革事宜的教皇、皇帝、23名红衣主教、33名大主教和主教、150名修道院院长以及其他100多名王公贵族讲解他的教义，他们就会保证他的安全。然而，正是这个委员会，下令将胡司活活烧死。

在西方，法国人用了100年的时间想将英国人赶出国境。多亏圣女贞德的及时出现，局面才出现扭转。但法国刚刚摆脱了英国人的纠缠，就又陷入与勃艮第的纷争之中。为争夺西欧的霸主地位，两国展开了一场生死大战。

在南方，罗马教皇正在祈求上天诅咒法国南方阿维尼翁的另一位教皇。这位教皇也不甘示弱，以牙还牙。在远东地区，土耳其人正在努力消灭罗马帝国最后一点残余势力，俄罗斯人也踏上最后的征途，前去摧毁他们的鞑靼主人。

对于这一切，躲在密室的托马斯从未听说。他终日沉迷于那些书籍，与自己的思想为伍，怡然自得。他把对上帝的爱倾注在一本小册子里，并把这本小册子命名为《效仿基督》。它已经被译成多种语言，除《圣经》以外，没有任何一本书能与之相提并论。阅读此书的人几乎和阅读《圣经》的人一样多，它影响了数百万人的生活。在这本书里，作者把对生存的最高理想简单地表述为"安静地坐在一个小角落里，阅读一本小书"。

托马斯兄弟代表了中世纪人们最淳朴的追求。当时，四处都是文艺复兴的呼声，人文主义者也在大声宣布新时代的到来，中世纪则在为最后一搏积聚力量。人们重新设计了修道院，僧侣们也摒除了贪财和堕落的恶习。简单、直爽又诚实的人们，试图以他们的虔诚生活为榜样，把世人带回到正义之路上，谦逊地遵从上帝的意愿。然而，一切都是白费力气。新世界从这些善良人身边一闪而过。静心冥想的日子一去不复返，伟大的"表现主义时代"降临了。

请容许我在这里插上一句，非常抱歉，我不得不用些假大空的词。我恨不得用单音节词就能把这部历史从头到尾讲完，但是我做不到。就像不用"弦""三角""平行六面体"等术

大教堂

语，就无法写出一本几何教科书一样。你必须了解这些术语的含义，不然就不知道什么是数学。在历史当中（以及在整个人生中），你要学着去理解拉丁语或希腊语转化的深奥词语。为什么不从现在学起呢？

当我说文艺复兴时期是一个表现主义的时代时，我的意思是说，人们已不再甘心只当观众，去听从皇帝或教皇的指挥，他们想成为舞台上的表演者。他们坚持

要把"自己的想法"表达出来。如果有人像佛罗伦萨的历史学家尼可罗·马基雅维利那样对政治感兴趣，他一定会出本书来"表现"自己，向世人展示他对一个成功政府和高效统治者的看法。如果有人喜欢绘画，他就会通过画笔，把自己对美丽线条和动人色彩的爱表现出来。于是造就了乔托、拉斐尔、安吉利科等上千位知名画家。人们一提到这些名字，就不由自主地会感受到一种真实而长久的美感。

如果对色彩和线条的热爱，碰巧与对机械和水利的兴趣结合在一起，就产生了列奥纳多·达·芬奇。他既会绘画，又会用热气球和飞行器做实验，还排干了

手抄本和印刷本

巴德平原沼泽里的积水。他把对天地万物的兴趣和从中体会到的乐趣表现在他的散文、绘画以及奇特的发动机设计中。当像米开朗其罗那样充满无限力量的人，发现画笔和调色板太柔软，不适合自己强有力的双手时，便转向建筑和雕塑，从笨重的大理石中敲打出最精美绝伦的事物，还为圣彼得大教堂绘制了蓝图，将该教堂的辉煌表现得淋漓尽致。"表现主义"就这样发展着。

整个意大利（很快便扩散到整个欧洲）聚集了为人类积累知识、美丽与智慧而努力生活，并愿献上自己微薄之力的男男女女。在德国的美因茨，约翰·古腾堡发明了一种出版书籍的新方法。他研究了古代的木刻法，并对其加以改进，可以将单独的字母刻在软铅上，通过排列组合，可以得出不同的单词及整篇文章。但不久后他便卷入一场有关印刷书原创性的官司。为此，他倾家荡产，并最终死于贫困。但他创造发明的天赋良好地"表现"了出来，并且流芳百世。

不久之后，威尼斯的艾尔达斯、巴黎的艾提安、安特卫普的普拉丁、巴塞尔的弗洛本便发行了大量认真审校的经典著作。它们有的是用古腾堡圣经使用的哥特字母，有的是用希腊字母，有的是用希伯来字母，也有的是用意大利体。

于是，整个世界都成了热心的听众。有人要发言，他们便积极响应。特权阶级垄断知识传播的时代结束了。最后一个解释无知的借口——昂贵的书价，也随着哈勒姆的艾尔西维开始印制廉价通俗读物而从这个世界彻底消失了。亚里士多德、柏拉图、维吉尔、贺拉斯及普利尼等古代伟大的作家、科学家和哲学家，都成为人类忠实的伙伴，而你只需花上几毛钱，便能购买他们的著作。在印刷文字面前，人文主义给了所有人自由和平等。

第41章　伟大的发现

> 既然冲破了中世纪的狭窄限制，人们就需要更多的空间去
> 探索。对于他们的勃勃野心来说，欧洲世界显得太小了。航海
> 大发现的伟大时代到来了。

就旅行的文学艺术价值来说，十字军东征是非常重要的一课。但没有几个人
能沿着威尼斯到雅法这条众所周知的路线去冒险。公元13世纪，威尼斯商人波罗
兄弟曾穿过广袤的蒙古沙漠，翻过耸入云霄的高山，终于找到了通往蒙古可汗
（当时的中国皇帝）皇宫的道路。其中一个波罗兄弟的儿子马可·波罗撰写了一
本书，主要记述了他20多年的历险经历。书中对神奇的岛屿"吉潘古"（日本的
意大利文名称）上众多金塔的描写，让全世界都瞠目结舌。于是，很多人都想前
往东方去寻找这片黄金地，从而一夜暴富。但旅途太过遥远又十分艰险，所以很
多人都留在了家里。

当然，通过海路也可能达到东方。但在中世纪，出于种种原因，海路并不常
用。首先，当时的船只容量非常小。麦哲伦环球航行时所用的船在海上漂流多
年，但它们还没有现代的一只渡船大。每艘船只能搭载20～50人，船舱昏暗杂乱
（船顶太低，船员都站不起来）。厨房的设施非常简单，水手们只能吃些简陋的
食物，一旦天气稍稍变坏，连火都生不起来。中世纪的人们知道如何腌制鳕鱼和
制作鱼干。可一旦离开海岸，就再也没有新鲜蔬菜可以吃了，那时罐装食品还没
有出现。在那个时代，淡水被装在小木桶里。但很快水质就会变差，尝起来会有
一种烂木头和铁锈的味道，上面还有一层油腻腻的东西。中世纪的人们对细菌一
无所知（罗杰·培根——13世纪一位知识渊博的僧侣，曾怀疑有细菌存在，但他
很明智地保守了这个秘密），他们喝的水常常很不干净，有时整船人都会死于伤
寒发热。的确，早期航海人员的死亡率高得可怕。1519年，麦哲伦开始了著名的
环球航行，在离开塞维利亚时，船上有200名船员，等回到欧洲，整支队伍只剩
下18个人。到了17世纪，西欧和印度的海上贸易已经非常频繁，但在往返阿姆斯
特丹和巴达维亚的一次航行中，40%的死亡率也是非常正常的。绝大多数人都死
于坏血病（缺少新鲜蔬菜摄入而导致的一种疾病），它会影响患者的牙床，加重

马可·波罗

人体血液中的毒素，直到他们耗尽所有精力。

在那种情况下，你就会明白为什么欧洲的精英们对航海并不感兴趣了。那些伟大的探险者如麦哲伦、哥伦布、达·伽马等，领导的船员几乎都是刚出狱的人、潜在杀人犯和失业的小偷。

当然，这些水手的勇气值得钦佩。他们面临着极大的困难，却完成了希望渺茫的任务。对于那些过惯了舒适生活的现代人来说，那些困难是无法想象的。他们的船常常漏水，索具也很笨重。从13世纪中期开始，他们得到了一种类似罗盘的东西（从中国经阿拉伯和十字军传到欧洲），但他们的地图很不精确。他们只能靠上帝的指示和自己的猜测来选择航线。运气好的话，他们一两年或3年之后就能回到欧洲。运气不好的话，他们就只能埋尸在某个孤独的沙滩上。但他们是真正的先驱者，他们敢与命运进行赌博。对于他们来说，生命就是一场辉煌的探险。每当他们看到海岸线的模糊轮廓，或来到某片从未有过人迹的水域时，所有的痛苦、干渴、饥饿和病痛都会被忘得一干二净。

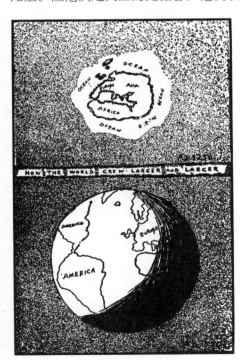

世界的扩张

我真希望能把这本书写至1000页。早期地理大发现这个主题实在是太有魅力了。历史是为了给人一个关于过去的真实概括，就应该像伦勃朗创作蚀刻画一样。历史应当用生动的语言来记录那些最重要的事迹、最伟大的人物和最有意义的时刻，其余部分都应该被留在阴影处，或简单几笔带过。因此在这一章，我只能给出一张列表，上面记录了几次重大发现。

请记住，在14~15世纪，所有航海家的目的只有一个，那就是找到一条既舒适又安全的航线，前往中国、日本和那些盛产香料的神秘土地。十字军东征开始时，欧洲人就对香料情有独钟。因为在冷藏法传入欧洲之前，鱼和肉类很容易腐烂，只有撒上胡椒或豆蔻后才能食用。

威尼斯人和热那亚人都是地中海的伟大航海家，但发现大西洋海岸的荣誉却属于葡萄牙人。在与摩尔人侵者的长年对抗中，西班牙人和葡萄牙人都培养出强烈的爱国主义精神。人一旦培养出这种热情，便很容易将其转移到其他领域。13世纪时，葡萄牙国王阿方索三世攻占了位于西班牙半岛西南角的阿尔加维王国，并将其收作葡萄牙的领地。在随后的一个世纪里，葡萄牙人渐渐扭转了与穆罕默德信徒之间战争的败局，渡过直布罗陀海峡，占领了阿拉伯城市泰里弗（在阿拉伯语中，泰里弗的意思是"清单"，而经过西班牙语的演变，则变成我们如今所了解的"关税"）对面的休达城和丹吉尔城，后者成为阿尔加维王国在非洲属地的首都。

至此，葡萄牙人已经为探险做好了准备。

公元1415年，葡萄牙国王约翰一世与冈特国王约翰（关于此人，你可以在莎士比亚的戏剧《理查二世》中有所了解）的女儿费丽巴之子亨利王子——世称"航海家亨利"一起，为探索非洲西北地区，开始了紧锣密鼓的筹备工作。在此之前，腓尼基人和古代北欧人曾拜访过那片炎热而多沙的海岸。他们记得，那里是多毛"野人"的家园。这些"野人"，其实就是我们所说的大猩猩。亨利王子和他的船长们陆续发现了许多岛屿。他们先是发现了加纳利群岛，随后又重新找到了马德拉岛。一个世纪前，一艘热那亚商船曾到过马德拉岛。他们还绘制出亚速尔群岛的地图，在此之前，葡萄牙人和西班牙人都对这片岛屿不甚了解。他们还看见了非洲西海岸的塞内加尔河河口，误以为它就是尼罗河的西入海口。最后，在15世纪中叶，他们看到了佛得角（或称绿角）和位于巴西至非洲海岸之间的佛得角群岛。

然而，亨利并没有把他的探险局限在海面上。他是基督骑士团的首领。1312年，在法国美男子国王菲利普的要求下，教皇克莱门特五世取缔了圣殿骑士团，葡萄牙人则保留了自己的十字军骑士团。菲利普把圣殿骑士全部烧死在火刑柱上，并夺取了他们的财产。亨利王子利用自己骑士团所属领地的收入，装备了几支远征队。他们探索了撒哈拉沙漠的腹地和几内亚海岸的内陆地区。

但亨利终究是中世纪的人，他花费了大量的时间和金钱去寻找神秘的"普勒斯特·约翰"。据说，这位神秘人物当上了"东方某个帝国"的皇帝。早在12世纪中期，欧洲大陆就开始流传关于这个传奇人物的故事。300年来，人们一直在寻找"普勒斯特·约翰"和他的后人。亨利也加入了搜寻者的队伍，但直到他死后30年，这个谜团才被解开。

公元1486年，巴瑟洛缪·迪亚兹试图通过海路去寻找普勒斯特·约翰的帝国，却来到了非洲最南端。一开始，他把这个地方命名为"风暴角"，因为该地的强风阻碍了他向东航行的脚步。但他手下的里斯本船员意识到这里对于寻找通往印度海域的航线至关重要，因此把名字改为"好望角"。

哥伦布的世界

一年后，佩德罗·德·可维汉姆带着美第奇家族的委托书，从陆路出发，去寻找普勒斯特·约翰的帝国。他横穿地中海，离开埃及之后便一路向南。他来到亚丁湾，从那里登船，横渡波斯湾。从1800年前的亚历山大大帝时期算起，只有少数几个白人见过这片水域。可维汉姆拜访了印度沿岸的果阿和卡利卡特，在当地他听到了许多关于非洲与印度之间的月亮岛（马达加斯加）的故事。随后可维汉姆便踏上返回欧洲的旅程，期间还偷偷拜访了麦加和麦地那，并再次横渡红海，终于在1490年发现了普勒斯特·约翰的帝国。而那里其实就是黑人国王尼格斯统治的阿比尼西亚，他们的祖先在公元4世纪时就开始信奉基督教，比传教士抵达斯堪的纳维亚早了整整700年。

多次航行让葡萄牙的地理学家和地图绘制者相信，从东部走海路可以抵达印度，但绝非易事。这引起了一场很大的争论。一些人希望继续探索好望角以东的区域，另一些人则说："不对，我们应该向西穿越大西洋，这样就能到达中国了。"

这里我要阐明的一点是，那时大多数智者都坚信，地球并不是像煎饼一样呈扁平形而是球形的。公元2世纪，伟大的埃及地理学家克劳丢斯·托勒密提出并正确描述了关于宇宙构成的托勒密体系理论。这个理论满足了中世纪人们的简单要求，却遭到文艺复兴时期科学家们的鄙视。他们已经接受了波兰数学家尼古拉·哥白尼的学说。他的一系列研究让他深信，地球是围绕太阳运转的诸多球形行星中的一颗。但因害怕宗教法庭的迫害，他把这个秘密一直保守了36年（直到1548年他去世那年，该发现才得以印刷出版）。宗教法庭始建于13世纪，当时法国阿尔比教派和意大利华尔德教派的异端们（他们温顺而虔诚，不追求财富，宁愿过像基督那样清贫的生活），曾一度威胁到罗马教皇的绝对权威。但正如我所言，那时的航海家们大多相信地球是圆的，他们争论的只是东向航线和西向航线的利弊。

在主张向西航行的人中，有一个名叫克里斯托弗·哥伦布的热那亚水手。他的父亲是一名羊毛商人。哥伦布好像就读过帕维亚大学，其专业是数学和几何学。后来，他接手了父亲的羊毛生意。没过多久，他便在东地中海的希厄斯岛上做起了生意。之后他又踏上前往英格兰的旅途，但我们不知道他到底是去北方购买羊毛还是去当船长了。公元1477年2月，哥伦布拜访了冰岛（如果我们相信他说的是真的话），但他很有可能只是到达了法罗群岛。2月的法罗群岛异常寒冷，很容易被误认为是冰岛。在那里，哥伦布遇见了早在10世纪就定居在格陵兰岛的勇敢的北欧人后裔。11世纪时，立夫船长的船被狂风吹到了葡萄藤岛，或者说拉布拉多海岸。借此，北欧人来到了美洲。

没有人知道那些西部偏远殖民地发生了什么。公元1003年，立夫兄弟托尔斯坦因的遗孀的新任丈夫——托尔芬·卡尔斯夫内建立了以自己名字命名的美洲殖民地。由于爱斯基摩人的反对，他只统治了这片殖民地3年。而1440年之后，格陵兰岛就再也没有传出任何消息，当地居民很有可能都死于黑死病。挪威一半民众都被黑死病夺去了生命。但不管事实如何，法罗群岛和冰岛的居民仍然在传颂着"远西地区有一大片土地"的古老传说。哥伦布一定听说过这个传说。他从北苏格兰群岛的渔民那里获得了更详细的消息，随后来到了葡萄牙。在那里，他娶了一位船长的女儿，该船长曾效力于亨利王子。

从那时起（1478年），哥伦布便致力于寻找通往印度的西向航线。他把自己的航海计划分别递交给葡萄牙和西班牙的皇室。葡萄牙人觉得自己已经垄断了东航线，所以根本不愿采纳哥伦布的计划。1469年，阿拉贡的斐迪南大公和卡斯蒂尔的伊莎贝拉结为夫妇，这让西班牙成为一个统一的王国。而当时，他们正忙于攻打摩尔人在西班牙的最后一个堡垒——格拉纳达。他们没有足够的资金来支持哥伦布的冒险计划。他们要把每一个比塞塔（西班牙货币单位）都花在士兵身上。

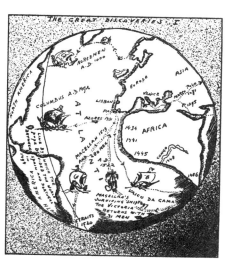

伟大的发现：西半球

很少有人会像这位勇敢的意大利人一样，为实现自己的理想而不懈努力。相信大家对哥伦布的故事都非常清楚，我就不再赘述了。1492年1月2日，摩尔人投降，弃守格拉纳达。同年4月，哥伦布与西班牙国王及王后签订合约。于是，在8月3日，一个星期五，哥伦布率领3条小船和88名船员离开了帕罗斯。这些船员多数是囚犯，政府承诺他们如果参加远

伟大的发现：东半球

航，就可以免除他们的罪行。10月12日，又一个星期五的凌晨两点，哥伦布发现了陆地。1493年1月4日，哥伦布告别留守在拉·纳维戴德的44名船员（他们后来无一生还），返回家乡。2月中旬，他到达亚速尔群岛，当地的葡萄牙人威胁说要把他丢进监狱。1493年3月15日，哥伦布终于回到帕罗斯。他带着几个印第安人（他坚信自己发现了印度群岛的一些延伸岛屿，并把当地人称为红色印第安人）匆匆赶往巴塞罗那，想告诉他忠实的赞助人他已取得了成功，找到了通往金银之国中国和日本的路线，任凭伟大的陛下随意使用。

可惜的是，哥伦布一直都没弄明白事情的真相。当他在晚年第四次来到南美大陆时，他或许怀疑过自己的发现并不像他想象的那样。但他至死都坚信，欧亚之间没有独立的大陆，他已经找到了直接通往中国的航线。

与此同时，葡萄牙人仍致力于东方航线，他们比西班牙人幸运多了。1498年，达·伽马抵达马拉巴尔海岸，并带着一箱香料安全返回里斯本。1502年，他再次拜访马拉巴尔。但在西向航线的开发上，探索工作让人大失所望。在1497年和1498年，约翰·卡波特和塞巴斯蒂安·卡波特兄弟曾尝试寻找一条通往日本的航线。但除了纽芬兰白雪皑皑的海岸和岩石外，他们什么都没看见。早在5个世纪前，北欧人就发现了纽芬兰。西班牙的首席领航——佛罗伦萨人亚美利哥·维斯普奇（为美洲大陆命名的人）对巴西海岸进行了探索，但没有找到印度群岛的踪迹。

公元1513年，哥伦布去世7年后，欧洲的地理学家终于找出了真相。华斯哥·努涅茨·德·巴尔波沃穿过巴拿马地峡，登上著名的达利安山峰。他俯视脚下的风景时，看到了一片广阔的水域，那似乎预示着另一片大洋的存在。

终于在1519年，葡萄牙航海家费迪南德·麦哲伦率领5支由西班牙船只组成的船队向东航行，寻找香料岛（他们没有选择向东的航线，因为那条航线完全垄断在葡萄牙人手里）。麦哲伦穿过非洲与巴西之间的大西洋，继续南行。他来到位于巴塔哥尼亚（意为"长着大脚的人们的土地"）最南端与火岛（因为某天晚上，船员们看见岛上有火光，那是唯一表明岛上有土著居民存在的证据）之间的狭窄海峡。在差不多5个星期的时间里，麦哲伦船队的命运都陷在暴风雪之中，它席卷了整个海峡。恐慌在船员中蔓延开来。麦哲伦不得不用极其严厉的手段来压制慌乱，他甚至把两名船员丢在海岸上，让他们慢慢忏悔自己的罪过。终于，暴风雨停歇了，海峡也开阔起来，麦哲伦的船队驶入了一片新的大洋。那里风平浪静，麦哲伦称其为太平洋，意即平静的海洋。然后，他向西继续航行。他在海上漂泊了98天，都没有看见陆地。船员又饥又渴，徘徊在死亡的边缘。他们不得不把满仓的老鼠当作食物，老鼠被吃光后，他们便靠咀嚼船帆来充饥。

麦哲伦

1521年3月，他们终于看到了陆地。麦哲伦把这片土地叫作"盗贼之地"，因为凡是能够找到的东西，当地人都会把它们偷走。他们又继续西行，向香料岛出发。

他们又一次看见了土地，这是由一大群孤岛组成的土地。麦哲伦为纪念查理五世的儿子菲利普二世，把这片岛屿命名为菲律宾。事实上，菲利普二世的事迹却不怎么光彩。最开始，麦哲伦受到了热情款待，但当他用船上的枪炮逼迫当地居民信奉基督时，便被岛民杀害了。很多船长和水手也遭到杀害。幸存者把剩余3艘船中的一艘烧毁了，然后继续他们的航行。他们终于找到了著名的香料岛——摩鹿加。他们还看到了婆罗洲，并抵达了蒂多尔岛。由于余下两艘船中的一艘严重漏水，它便和船员一起留在了当地。"维多利亚"号在塞巴斯蒂安·德尔·卡诺船长的带领下，横渡印度洋，错失了发现澳大利亚北部海岸的机会（直到17世纪初，荷兰东印度公司的船只才发现了这片平坦又荒芜的大陆），历尽千辛万苦，终于回到了西班牙。

在所有航行中，这是最为著名的一次。它历时3年，耗费了大量的人力和物力。但它向世人证明了地球是圆的，哥伦布发现的新大陆并不是印度群岛的一部分，而是一片独立的大陆。从此以后，西班牙和葡萄牙便把所有的精力都投入到与印度和美洲之间的贸易上。为了防止这两个竞争对手之间爆发武装冲突，教皇亚历山大六世（唯一担任最高教职的天主教异教徒）不得不将世界划分为大小相同的两部分。这次划分也被称为1494年托尔德西亚划分，它以格林尼治以西的50°经线为界，葡萄牙人在其以东建立殖民地，西班牙人则在其以西建立殖民地。这也就解释了为什么除巴西以外，整个南美大陆都是西班牙的殖民地，而所有印度群岛和非洲大部分地区都归葡萄牙所有。直到17世纪和18世纪，英国和荷兰殖民者（他们不再服从教皇的指令）把它们的所有权抢走，才打破了这一格局。

当哥伦布的发现传到威尼斯的里奥尔托——中世纪的华尔街时，引发了一场巨大的恐慌。股票和债券的价格下跌了40%～50%。没过多久，当了解到哥伦布并没有找到通往中国的道路时，威尼斯的商人才松了一口气。然而，达·伽马和麦哲伦的航行向世人证明，向东航行也可以到达印度。于是，中世纪和文艺复兴时期的两大商业中心——威尼斯与热那亚的统治者们开始后悔当初拒绝听取哥伦布的计划，但为时已晚。他们所在的地中海变成了内陆海，与印度和中国的陆路贸易也变得不值一提。意大利昔日的辉煌一去不复返。大西洋成为全新的贸易中心，也自然成为文明中心。时至今日，这种情况一直存在。

看看，从人类文明诞生之日起，它经历了多么奇特的变化啊！5000年前，尼罗河的居民开始用文字记录历史，人类文明从尼罗河流域来到幼发拉底河与底格里斯河之间的美索不达米亚平原。随后，克里特文明、希腊文明和罗马文明先后登上人类历史舞台。内陆海地中海成为世界的贸易中心，其沿岸城市也发展成为艺术、科学、哲学及其他知识的发源地。到了16世纪，人类文明再次西行，大西洋沿岸的国家成为地球的主宰。

有人说，欧洲大陆的战争给全球带来的影响大大削弱了大西洋的重要性。他们期待看到文明穿越美洲大陆，在太平洋开辟新的家园。但对于这一点，我有所怀疑。

西行船只的体积正在逐步增大，航海家的知识也在不断扩展。尼罗河和幼发拉底河的平底船被腓尼基人、爱琴海人、希腊人、迦太基人和罗马人的老式帆船所取代。随后，这些老式帆船又被西班牙人发明的横帆船所取代。而英国人和荷兰人驾驶的满帆船又把横帆船驱逐出海面。

如今，文明的发展已不再取决于船只。飞机已经取代并将继续取代帆船和蒸汽船的位置。下一个文明中心要依赖于飞行器和水利的发展。海洋会重新变成鱼儿们宁静的家园，正如它们当初与人类早期祖先共同生活在深海里时一样。

第42章　佛陀与孔子

关于佛陀与孔子。

葡萄牙人与西班牙人的航海大发现，让西欧基督教徒有机会与印度人和中国人紧密接触。他们当然知道，基督教并不是世界上唯一的宗教。非洲北部有追随穆罕默德的穆斯林，他们崇拜木柱、岩石和枯树干。但在印度和中国，征服者们发现，那里有上百万的民众从未听说过、也不想去了解耶稣，因为他们觉得自己有着几千年悠久历史的宗教信仰比西方的好得多。既然这本书描述的是整个人类的故事，而不仅限于欧洲人和西半球人的历史，那么我认为你们有必要了解两个人。在当今世界，他们的教导和榜样在不断影响着许多同行者的行为和思想。

在印度，佛陀被视为伟大的宗教导师，他的生平事迹非常有趣。公元前6世纪，佛陀诞生在雄伟的喜马拉雅山。在他出生前400年，雅利安民族（印欧语系的东部分支为自己取的名字）的首位伟大领袖——查拉图斯特拉（或琐罗亚斯德）就教导他的子民，要把生命当成一场与凶、善两神互相较量的持久战。佛陀的父亲是萨吉亚斯部落的伟大领袖萨多达那，母亲马哈玛雅则是邻国的公主，她出嫁的时候非常年轻。但月亮不知在遥远的喜马拉雅山山脊上起起落落了多少次，她的丈夫还是没能得到一个继承人。终于，马哈玛雅在50岁那年怀上了孩子。她起程回到故乡，要在自己的子民身边生下她的孩子。

去往马哈玛雅幼年生活地——柯立阳的路途非常遥远。一天晚上，当马哈玛雅正在蓝毗尼一个花园的树荫下休息时，她的儿子出生了。马哈玛雅给他取名为悉达多，世人称为佛陀，也就是"开明者"的意思。

随着时间的流逝，悉达多慢慢长成一个英俊的王子。在19岁那年，他娶了自己的表妹雅苏达拉为妻。婚后的10年里，他一直都生活在远离痛苦和折磨的皇宫高墙之内。他只需等着继承父亲的王位，成为萨吉亚斯的新国王。

但在悉达多30岁那年，发生了一件事。他驾车来到宫门外，看见一位年老体衰的老人，他虚弱的四肢几乎无法支撑身体的重负。悉达多指着那位老人，问车夫查纳他为何会这样。查纳回答说，这世上有很多穷人，多一个少一个都无关紧要。年轻的王子非常难过，但他什么都没说。他返回皇宫，继续和妻子以及他的父母一起生活，并试着开心起来。但没过多久，他再次离开了皇宫。他的马车遇上了一个饱受疾病折磨的人。于是，悉达多问查纳，这个人为什么会受到这种折磨？车夫回答道，世上有很多病人，这些都是在所难免的，不必太在意。听到这些，年轻的王子非常伤心，但他又一次回到了家人身边。

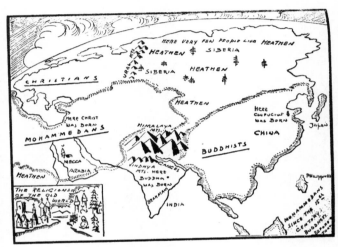

三大宗教

几个星期过去了。一天傍晚，悉达多叫了马车，要去河边洗澡。突然，他的马看到路边沟渠旁躺着腐烂的尸体，惊恐万分。年轻的王子也吓坏了，他从没见过这种情景。但查纳告诉他，不用介意这些微不足道的小事，这世上到处都是死人。这就是生命的法则，天地万物终有走到尽头的一天。我们都会走进坟墓，没人能逃离。

那天傍晚，悉达多回到家中，迎接他的是悦耳的音乐。在他外出期间，妻子为他诞下了一个儿子。人们非常开心，因为他们知道王位有了继承人。他们敲锣打鼓来庆祝继承人的诞生。悉达多却无法分享他们的喜悦。生命的幕布已经被揭开，他懂得了人类所面临的种种恐惧。死亡与折磨像噩梦一样缠绕着他，驱之不散。

在一个月光如水的夜晚，悉达多醒了过来，开始思考诸多问题。他再也无法快乐起来，除非他能为生存的谜团找到答案。他决定远离自己深爱的人，去寻找答案。他悄悄走进妻子雅苏达拉和儿子休息的房间和他们告别，随后叫醒忠实的车夫查纳，让他跟自己一起走。

就这样，两个男人一起走进了漆黑的夜幕中。一个是为了寻求灵魂的安宁，另一个则是为了效忠自己挚爱的主人。

悉达多在印度流浪了多年，期间当地发生了剧烈的社会变革。他们的祖先——印度土著人被好战的雅利安人征服，从那以后，雅利安人就成为成千上万温顺矮小的棕色人种的统治者和主人。为了坐稳统治者的宝座，他们将人口划分成不同的等级，并将一套严厉而刻板的"种姓"制度逐渐强加到当地人身上。印欧征服者的后裔属于最高"种姓"，即武士和贵族阶层；其次是祭司阶层；再往下是农民和商人阶层。而原先的土著居民则被划分为贱民——一个不受重视、命运悲惨的奴隶阶层。一旦被划为贱民，就永无翻身之日。

雅利安人甚至将人们的宗教信仰也进行了划分。在古印欧人几千年的流浪生涯中，他们经历过许多奇特的冒险。这些故事都被收录在一本叫作《吠陀经》的书里。这本书由梵文写成，梵文与欧洲大陆的希腊语、拉丁语、俄语、德语及其他几十种语言都有着紧密联系。但只有三个高等种姓的人才能阅读这本书，最低种姓的贱民则无权了解它的内容。如果哪个贵族或僧侣教授贱民学习圣书，他就会受到严厉的惩罚！

因此，大部分印度人都生活在悲惨之中。既然他们在现世获得的快乐少得可怜，就必须通过其他途径来摆脱痛苦。他们想通过对来世的幻想来获得些许慰藉。

婆罗吸摩是印度神话里万物的缔造者，被印度人民视为掌管生死的至高统治者。印度人民对他无比崇拜，视他为完美的化身。许多人都想像婆罗吸摩一样，将摒除对财富和权力的杂念视为生存的崇高目标。在他们看来，圣洁的思想比圣洁的举止更为重要。因此，许多人走入荒漠，靠树叶为食，饱受肉体上的饥饿，却把婆罗吸摩的光辉、智慧、善良和仁慈当作他们的精神食粮。

通过观察那些孤独的流浪者，悉达多发现他们都会到远离城市与乡村的地方去寻找真理，他也决定和他们一样。于是他剪短了头发，摘下身上的珠宝，还写了一封诀别信，让忠诚的查纳送回家。在没有任何随从的陪同下，这位年轻的王子向着荒漠进发了。

很快，他圣洁的言行就在山区中传播开来。5名青年前去拜访他，希望能够聆听他睿智的训导。他答应如果年轻人能够跟随他，他就会收他们为徒。他们同意了，悉达多便将他们带进了山区。在温迪亚山脉孤独的山峰间，他花了6年时间把所有他知道的东西都传授给徒弟们。然而，在这段研习经历的最后阶段，他发现自己还远远没有达到完美的境界。他虽远离尘世，却仍然受到外界的干扰。于是，悉达多让学生离开他，他坐在一棵老树的树根上，整整禁食了49个昼夜。终于，他的付出得到了回报。在第50天的黄昏降临时，婆罗吸摩向他忠实的仆人显露了自己的真身。从那一刻起，世人便把悉达多称为佛陀，意即"开明者"，相信他会把人们从注定死亡的不幸中解救出来。

在恒河河谷里，佛陀度过了他生命中最后的45年。他始终教导人们要以谦恭温顺的态度对待他人。公元前488年，在度过完满的一生后，佛陀去世了。而那时，他受到百万人民的爱戴。他并没有在某个单一阶层中传播教义，甚至是最低等的贱民也能称自己是佛陀的信徒。

但这惹恼了那些贵族、祭司和商人。佛陀的信条倡导众生平等，还让人们对来世（投胎转世）的幸福生活满怀希望，于是他们想尽一切办法要毁掉这个宗教。他们一找到机会，就鼓励印度人民重拾婆罗门教的古老教义，要禁食，还要折磨自己的戴罪之身。但佛教并没有被毁。"开明者"的信徒们翻过喜马拉雅峡谷，来到了中国。他们还渡过黄海，把佛陀的至理名言传播给日本的百姓。他们伟大的导师禁止他们使用暴力，他们便谨遵其意。如今，越来越多的人把佛陀当成导师，其数量已经超过基督教徒和穆斯林的总和。

中国智者孔子的故事则很简单。孔子出生于公元前550年，他度过了宁静、恬淡又极具尊严的一生。但那时的中国并没有一个强有力的中央政府，人们全凭土匪和强盗的怜悯而生活。那些豪强盗匪从一个城市流窜到另一个城市，烧杀抢掠，无恶不作。他们把富饶的中国北部平原和中部地区变成了饿殍遍野的荒原。

孔子深爱着他的同胞，想把他们解救出来。他并不相信暴力可以解决问题，他是个生性平和的人。他不认为可以用法律来统治人民。在他看来，唯一能够拯救百姓的方法就是改变他们的内心。于是他投身这项事业，尽管希望渺茫，他仍希望能够改变东亚平原上数百万同胞的品性。就我们对宗教的理解来看，中国人历来对宗教都不怎么感兴趣。他们和原始人一样，相信鬼怪神灵。但他们没有先知，也不承认"天启真理"。在世界上所有伟大的道德领袖中，孔子大概是唯一一位既没有见过"幻想"，也不自称是神的使者，更不会说自己是能够听见天外之音的圣人。

其实，他只是一个通情达理、慈悲仁爱的普通人。他情愿独自一人流浪，用忠实的笛子吹出悲伤的曲调。他并不要求人们去追随他或崇拜他。他让我们想起古希腊的智者，尤其是那些斯多葛学派的哲学家们。他们作风正派，思想积极，却并不奢求回报。他们追求的仅仅是安宁的灵魂。

孔子是个非常宽容的人。他曾亲自拜访过另一位伟大的道德领袖——老子。老子是"道教"这个哲学系统的创始人，他主张的教义就像中国版的早期基督教"金律"。

孔子从不讨厌任何人。他把泰然自若的精神传播给每个人。根据孔子的教诲，人的真正价值体现在不因任何事情而动怒，并能忍受命运带给他的任何磨难。圣人们都明白，无论万事万物以何种形态出现，终归是为了让人们得到最好的结果。

起初，孔子的学生寥寥无几。慢慢地，学生的数量多了起来。公元前478年，就在他去世前，中国的许多诸侯都承认孔子是他们的老师。当基督在伯利恒的马槽降生时，孔子的哲学已经成为大多数中国人思想的一部分。直到今天，孔子的思想还在影响着中国人的生活，但并非最初的纯粹形式了。大部分宗教都会随着时间的变迁而发生变化。最初，基督教导人们要谦卑、温顺，摒弃一切世俗的野心和欲望。然而，自他被钉死在十字架上15个世纪后，基督教会的头目便斥巨资修建豪华宫殿。与伯利恒那个凄凉的马槽相比，简直看不到二者之间的联系。

老子向世人传授"金律"，可过了不到3个世纪，无知的人们就把他变成一位真实而残酷的上帝。老子的智慧结晶被掩埋在迷信的垃圾之下，大多数中国人都生活在接连不断的忧虑、害怕与恐惧之中。

孔子告诫学生要孝敬父母。人们很快就把过度的思念留给死去的父母，甚至超过对儿孙幸福的关注。他们其实是在刻意无视未来，把目光投向过去无尽的黑暗中。他们对先祖的崇拜成为一套宗教系统。他们把祖先埋葬在阳光充足、土壤肥沃的山坡阳面。为了不打扰祖先的在天之灵，他们把小麦和水稻种在土壤贫瘠的山坡背面。在那里，几乎没有作物能够生长。他们情愿忍饥挨饿，也不敢亵渎祖先的坟墓。

与此同时，越来越多的东亚人开始阅读孔子的至理名言。儒家及其深刻的格言和精明的观察，给每个中国人的灵魂都添加了一抹哲学色彩，影响着他们的一生。无论是在雾气弥漫的地下室工作的洗衣工，还是居住在深宫内院的统治者，都深受儒家思想的影响。

伟大的道德领袖

16世纪，西方世界狂热却粗鲁的基督教徒接触到了古老的东方教义。面对平和的佛陀塑像及德高望重的孔子画像，早期的西班牙人和葡萄牙人对这些先知一无所知，只是付之一笑。他们得出一个简单的结论，即这些奇怪的神祇都是普通的魔鬼，代表着旁门左道，根本不值得真正的基督徒教去崇拜。当佛陀或孔子的思想干扰到他们的香料与丝绸贸易时，欧洲人就开始对这股"邪恶势力"进行暴力压制。这套体系已经出现了严重的弊端。它让后代对佛陀和孔子的思想产生了偏见，这并不利于我们未来的发展。

第43章　宗教改革

人类的进程就像一个不停摆动的大钟，这个比喻再恰当不过了。文艺复兴时期，人们热衷于艺术和文学，并不重视宗教。而到了宗教改革时期，这种情况就截然相反了。

当然，你们肯定听说过宗教改革。你可能会想到一小群清教徒漂洋过海，只为寻找"宗教信仰自由"。随着时间的流逝（特别是在信奉新教的国家里），宗教改革逐渐演变成"思想自由"的代表。马丁·路德就是这场进步运动的领袖。但历史并不只是对伟大祖先们的吹捧，用德国历史学家朗科的话来说，我们应该努力找出"究竟发生了什么"，然后我们就会发现，过去我们认为理所当然的事情，如今却发生了翻天覆地的变化。

人类的生活中，没有什么绝对的好与坏之分，黑白之分也没那么明显。作为一名诚实的编年史家，他的任务就是翔实地记录历史事件的积极与消极影响。但每个人的好恶不同，所以这件事做起来非常困难。但我们应尽量做到公平公正，不让个人的偏见对历史造成太大的影响。

以我自身为例。我是在一个新教国家的新教中心长大的。直到12岁，我才第一次见到天主教徒，那时我觉得很不自在，还有点害怕。我听说过那个故事，当时的阿尔巴大公为惩罚信奉路德教派和加尔文教派的荷兰异教徒，便下令西班牙宗教法庭将上千名新教徒烧死、绞死或五马分尸。这些对我来说都太过真实，就好像昨天刚发生过一样。也许会是另一个惨剧：在一个圣巴托罗缪之夜，瘦小而可怜的我在睡梦中被杀害了，尸体还被扔出窗外，就像发生在高尚的科里尼将军身上那样。

多年后，我到天主教国家生活了几年。我发现那里的人民更温和、更宽容，也和我家乡的人民一样聪慧。让我更为吃惊的是，天主教内部也在进行宗教改革，其力度和新教不相上下。

但那些生活在16～17世纪宗教改革时期的良民并不这样认为。他们觉得自己永远是对的，敌人永远是错的。要么绞死敌人，要么被敌人绞死，双方都更愿意去绞死对方。但这不过是人的本性罢了，没有必要去责怪他们。

当我们把历史翻到公元1500年这一页的时候（这个年份很好记），我们会看到，查理五世在这一年降生了。在几位高度中央集权王国的联合统治下，中世纪逐渐摆脱了混乱无序的状态。尽管当时的查理大帝还只是个襁褓中的婴儿，但他是最有权势的一位。他是斐迪南与伊莎贝拉的外孙，也是哈布斯堡王朝最后一位中世纪骑士马克西米利安和"勇敢者"查理的女儿——玛丽——的孙子。"勇敢者"查理就是野心勃勃的勃艮第大公，他成功打败了法国，却被独立的瑞士农民所杀。因此，幼时的查理继承了世界上最大的一块版图。这片广袤的土地包括查理在德国、奥地利、荷兰、比利时、意大利及西班牙的祖父母、父母、外祖父母、叔叔、堂兄及姑妈们的封地，还有他们在亚洲、非洲和美洲所拥有的殖民地。命运总是有些讽刺，查理出生在根特的弗兰德斯城堡，而德国人在不久前占领比利时之后，曾把这座城堡当作监狱。查理虽身为德意志和西班牙的皇帝，接受的却是佛兰芒人（即荷裔比利时人）的教育。

查理的父亲过世后（有人说他是被毒死的，但这一点无从考证），母亲发了疯（她带着装有丈夫尸首的棺材，在自己的领地内四处游荡），于是小查理便在姑妈玛格丽特的严厉管教下逐步成长。查理慢慢长成一个地道的佛兰芒人，是天主教的忠实信徒。他要统治德国人、意大利人、西班牙人以及其他100多个大大小小的民族，但各族宗教之间的互不容忍却让他很恼火。不管是在童年时期还是在成人后，查理都是个非常懒惰的人。但命运偏偏要捉弄他，让他统治一个处在宗教狂热期的世界。他总是四处奔波，从马德里赶往因斯布鲁克，再从布鲁日奔赴维也纳。他热爱和平与宁静，却总是身处战火之中。人类的相互仇视和愚昧让查理感到极度厌恶。终于，在55岁那年，他抛弃了人类。3年后，他与世长辞，筋疲力尽、失望透顶。

查理大帝的故事就先说到这里。那么，教会作为当时第二大实力集团又发生了什么呢？自中世纪早期起，教会就发生了巨大的变化。他们开始致力于征服异教徒，向他们展示虔诚与正直生活的好处。首先，教会变得非常富有。教皇不再是一个卑微的基督教徒的牧羊人。他住进了宽大的宫殿，身边围绕着一群艺术家、音乐家和知名文学家。他的教堂里挂满了崭新的圣象，看上去更像希腊的神祇，但这完全没有必要。教皇既管理国家又欣赏艺术，但二者所占的时间比例相差很大。处理国家事务大概只占用他10%的时间，而其余90%的时间，他都在欣赏古罗马雕塑或新出土的古希腊花瓶，设计新的避暑乐园，或出席某出新剧的首演。大主教和红衣主教们竞相效仿教皇，主教则竭力模仿大主教。只有远在乡村的教士仍然尽忠职守，他们远离世俗的邪恶以及异教徒们对美和舒适的追求。很多僧侣似乎忘记了谨守淳朴与贫穷的古老誓言，只要不招惹民愤，他们就尽其所能地享乐，修道院也因此而腐败堕落。但对于这些，乡村的传教士都敬而远之。

最后，让我们看看老百姓都在干些什么。他们过得比以前好得多。他们更加富有，住进了更宽敞的房子，孩子们也能到更好的学校读书，城市也更加漂亮。他们手中的火枪让他们能与老对手——强盗一样的诸侯相对抗，强盗们再也不能轻易对老百姓的贸易征收税款了。关于宗教改革的主角，我们就说到这里。

现在让我们看看文艺复兴对欧洲造成了哪些影响，这样你就能理解为什么新一轮的宗教热会随着学术与文艺的复兴而兴起了。文艺复兴最早发源于意大利，随后传到了法国。在西班牙却并不成功，因为与摩尔人之间500年的战争让百姓变得目光短浅，对宗教异常追捧。文艺复兴不断向外传播，当它传到阿尔卑斯山的另一侧之后，其本质发生了变化。

北欧的气候与南方截然不同，当地人的生活态度也与南方人有着天壤之别。意大利人住在阳光灿烂的户外，每日纵情欢笑，放声高歌，不亦乐乎。而德国人、荷兰人、英国人和瑞典人大部分时间都待在屋里，静静聆听雨水拍打窗户的声音。他们不苟言笑，对待所有事情都严肃认真。他们非常在意灵魂的永生，也不喜欢拿神圣而纯洁的东西来开玩笑。他们只对文艺复兴中"人文"的部分感兴趣，例如书籍、关于古代作者的研究、语法以及教材等。但他们害怕文明会重回古希腊和古罗马时期的样子，尽管它是文艺复兴运动在意大利的主要成就之一。

教皇和红衣主教几乎全是意大利人，他们把教会变成一个俱乐部，人们会在那里谈论艺术、音乐和戏剧，却很少提及宗教。因此南北欧之间的差异越来越大，北方人严肃认真，南方人高雅文明又易于相处。但当时似乎没有人意识到这种差异会给教会带来巨大的危险。

还有些小的历史原因能够解释为什么宗教改革发生在德国而非瑞士或英国。自古以来，德国人就对罗马教会积怨颇深。日耳曼皇帝与教皇之间无休无止的争吵，让双方都深陷痛苦之中。在欧洲的其他国家，政权牢牢掌握在强大的国王手中，统治者能够保护臣民不受教士的侵扰。但在德国，国王没什么实权，还要统治一大帮不安分的小封建主，所以善良的臣民更容易受主教和教士们的摆布。文艺复兴时期，僧侣们想尽办法聚敛钱财，为迎合教皇们的喜好而修筑宏伟的教堂。德国人觉得自己被骗了，自然对教会极为不满。

但还有个很少有人提及的原因——德国是印刷术的起源地。在北欧，图书非常便宜，《圣经》已不再是教士才能拥有并讲解的神秘手抄本。只要父亲与孩子能够读懂拉丁文，《圣经》便会成为千万家庭的大众读物。从前，普通人是不能阅读《圣经》的，这有违法律，现在所有人都可以读《圣经》。他们发现，教士曾经传授给他们的教义与《圣经》的原文有很大出入。这引起了人们的怀疑，人们开始提出问题。而问题一旦得不到解答，通常便会引起很大的麻烦。

于是，北方的人文主义者向僧侣们发出攻击。他们在内心深处还十分敬畏教皇，不敢将矛头直指这位神圣的人物。而那些每天躲在富丽修道院内懒散无知的僧侣则成为人们的攻击对象。

极为有趣的是，这场战争的领导者是基督教的忠实信徒——杰拉德·杰拉德佐，人称"渴望的"埃拉斯姆斯。他出生在荷兰鹿特丹一个穷人的家庭里，在德文特的一家拉丁学校念过书，好兄弟托马斯也曾就读过这所学校。他成为一名教士，在一家修道院居住过一段日子。随后他游历了许多地方，把所见所闻写成了一本书。当他开始从事畅销小手册的创作时（就是我们如今称为时评作家的角色），整个世界都被《一个无名小卒的来信》中诸多搞笑的匿名书信逗乐了。在这些书信中，埃拉斯姆斯把德语和拉丁语混在一起，以打油诗的形式描述了中世纪晚期愚蠢又自大的僧侣形象。埃拉斯姆斯本人是一位知识渊博又严肃认真的学者，精通拉丁语和希腊语，他先是修订了《新约·圣经》的希腊原文，又把它翻译成拉丁语。但埃拉斯姆斯和古罗马诗人贺拉斯一样，坚信没有任何事情能阻止我们"微笑着阐明真理"。

1500年，埃拉斯姆斯去英国拜访托马斯·摩尔爵士，其间他抽出几周时间撰写了一本有趣的小册子，叫作《愚人的赞美》。在书中，他大胆运用世界上最危险的武器——幽默，抨击了僧侣及其荒唐的追随者。在16世纪，这本书成为最畅销的作品，几乎被译成世界上所有的语言，这让人们把目光投向了埃拉斯姆斯创作的其他图书中。在这些书中，他呼吁禁止教会滥用职权，并号召其他人文主义者加入到复兴基督信仰的队伍中来，助他一臂之力。

但这些完美的计划只是纸上谈兵。埃拉斯姆斯太过理性和宽容，无法取悦大多数教会敌人。他们需要的是一位更具活力的领袖。

于是，这个人出现了，他就是马丁·路德。

路德本是北日耳曼的一个农民，他智勇双全。他念过大学，是埃尔福特大学的艺术大师，随后他来到多米尼加的一家修道院。再后来，他进入威腾堡神学院，成为一名大学教授，开始把《圣经》讲解给那些对此漠不关心的撒克逊同胞。他利用

路德翻译《圣经》

闲暇时间研究《圣经·旧约》和《圣经·新约》的原文。很快，他便发现基督本人的话语与教皇和主教们所传播的教义有着很大出入。

1511年，路德出差来到罗马。那时，为子女大敛财富的波吉亚家族的教皇亚历山大六世已经去世。但他的继承人——朱利叶斯二世，尽管人品无可挑剔，却花费了大量的时间去打仗和修筑宫殿。这位教皇并没有给严肃的德国神学家路德留下什么好印象。路德失望地回到了威腾堡，但更糟糕的事情还在后头。

修筑宏伟的圣彼得大教堂是教皇朱利叶斯留给继任者的任务，但它刚修到一半就需要翻修了。1513年，亚历山大六世继位，他花费了大量金钱来维修大教堂，为此几乎面临破产。于是，他不得不采用一种古老的办法来筹集资金，那就是出售"赎罪券"。"赎罪券"其实就是一张羊皮纸，能使罪犯缩短在监狱中度过的时间。依据中世纪晚期的教义，这种做法非常完美。既然教会有权赦免那些在临死之前真心忏悔的人的罪行，那么它自然有权代替人们向圣人求情，让人的灵魂在炼狱中净化的时间能够缩短。

不幸的是，人们必须用钱来支付这些赎罪券。不过，这种方法确实能让教会轻松聚敛财富。另外，那些穷得实在买不起赎罪券的人也能领到免费的赎罪券。

1517年，发生了一件事。撒克逊地区的赎罪券买卖被一位名叫约翰·特兹尔的僧侣垄断了。约翰是个擅长强买强卖的人。说实话，他有点太心急了。他的商业手段惹恼了这个公爵领地上虔诚的信徒们。而路德是个非常诚实的人，他愤怒之下做了件非常冲动的事。1517年10月31日，他来到撒克逊皇室教堂，将抨击销售赎罪券的95条观点张贴在教堂的大门上。这些宣言是用拉丁文写成的。路德并不想引起骚乱，他只是反对销售赎罪券这一做法，并希望他的神职同事们能够倾听他的心声。但这只是神职人员与专职人员之间的私事，路德并不想引起百姓对教会的偏见。

不幸的是，当时全世界都对宗教事务颇为热衷，这件事很难不引起强烈的思想波动。在不到两个月的时间内，全欧洲都热议起这个撒克逊僧人的95条观点。每个人都要表明立场，即使是默默无闻的神学人员，也得阐明自己的观点。教廷开始有了危机感，他们要这位威腾堡神职人员速速前往罗马，为自己的言行作出解释。路德很聪明，他吸取胡斯被处火刑的教训，便留在了德国。因此，作为惩罚，罗马教会开除了他的教籍。路德便在一众支持者面前，烧毁了教皇的训谕。从那一刻起，他与教皇就结下了梁子。

尽管这并不是路德的本意，他却成为对罗马教会心怀不满的基督教徒的领袖。许多像乌里奇·冯·胡顿这样的爱国主义者都前去保护路德。如果当局要把路德关进监狱，威腾堡、埃尔福特和莱比锡大学的学生们也会为他辩护。撒克逊的选帝侯为愤慨的年轻人提供了保障。只要他还待在撒克逊这片土地上，路德就不会受到任何伤害。

这些事情发生在1520年。当时，查理五世已经20岁了。作为半个世界的统治者，他必须与教皇维持良好的关系。因此，他下令在莱茵河畔的沃尔姆斯召开宗教大会，并要求路德到场，为他的反常举止作出解释。那时，路德已经成为日耳曼的民族英雄，他毅然赴会。但他拒绝收回说过或写过的任何一句话。他的良心只受上帝一人控制，是死是活，他都要对得起自己的良心。

经过深思熟虑，沃尔姆斯会议宣布：无论是在上帝还是在人类面前，路德都有罪，任何德国人都不可以收留他或为他提供吃喝，也不准人们阅读这个胆小的异端所写的书籍，一个字都不行。但这位伟大的改革者并没有因此而身陷危险。在多数北方德国人眼里，沃尔姆斯敕令非常不公正。为了更好地保护路德的安全，人们把他藏到位于威腾堡的撒克逊选帝侯的城堡里。在那里，他把《圣经·旧约》和《圣经·新约》翻译成德语，以此来向教廷作出反抗。他坚信，所有人都有权阅读并理解上帝的训示。

至此，宗教改革已不再是关于精神和宗教的问题了。那些厌恶豪华大教堂的人，企图在这个动荡的时期发起攻击，并摧毁他们由于不懂而不喜欢的东西。为了弥补过去的损失，穷困的骑士们抢占了原本属于修道院的土地。原本就大有怨言的王公贵族们便趁着皇帝不在，扩张自己的势力。而一直忍受着饥饿的农民，在疯狂煽动者的领导下，充分利用这次机会袭击领主的城堡，烧杀抢掠，就像早先狂热的十字军一样。

这场混乱在国内爆发后，便一发不可收拾。一些王公贵族改信新教（新教徒的称呼来自路德所说的"抗议者"），大肆杀害领地内的天主教徒。而继续信奉天主教的王公贵族，则把新教徒逐一绞死。1526年，斯贝雅会议召开，会议下令"所有臣民必须信奉其领主所属的教派"，以此来解决这个难题。这条法令让德国变得四分五裂。成百上千个小公国、小侯国变成彼此的敌人，这种情况严重影响了德国数百年的政治发展。

1546年2月，路德与世长辞，遗体被安放在一座教堂内。29年前，他就是在这座教堂里发出了反对销售赎罪券的呼声。在不到30年的时间内，世界发生了翻天覆地的变化。文艺复兴时期，人们对宗教不闻不问，一味追求幽默与欢笑；而到了宗教改革时期，人们则陷入狂热之中，有关宗教的讨论、争吵和谩骂此起彼伏。统治人类精神世界多年的教皇突然销声匿迹。整个西欧变成了战场，为了将自己信奉的教义发扬光大，天主教徒和新教徒们互相厮杀。对于现代人来说，这些神学教义就像伊特拉斯坎人留下的神秘碑文一样，让人无法理解。

第44章 宗教战争

宗教大辩论的时代。

16～17世纪是宗教大辩论的时代。

如果你有心观察，就会发现几乎身边的每一个人都在讨论"经济问题"、工资、工时、罢工以及跟社会生活相关的方方面面，因为这些都是现代社会的主流话题。

然而，生活在1600年或1650年的孩子更加悲惨。他们从没听说过"宗教"以外的东西。他们满脑子都是"宿命论""化体论""自由意志"以及100多个其他类似的生词、偏词，表达的是关于天主教或新教"真正信仰"的问题。根据父母的意愿，他们会成为天主教徒、路德派教徒、加尔文派教徒、茨温利派教徒或再洗礼派教徒。他们有的学习路德编写的《奥古斯堡教义问答》，有的学习加尔文撰写的《基督教教规》，还有的在不停背诵英文版《公众祈祷书》里的《信仰三十九条》。有人告诉他们，只有这三本书才是"真正信仰"的代表。

他们都听说过亨利八世盗取教会财产的故事。这位有过多次婚姻经历的英格兰君主封自己为英国教会的最高领袖，行使自古以来就属于教皇的任命权。当有人提到宗教法庭、地牢或刑具时，孩子们晚上就会做噩梦。而他们听过的同样恐怖的故事还有很多。例如，愤怒的荷兰新教徒抓住了几个手无缚鸡之力的老教士，为了满足杀死异教徒的快感，他们把老教士统统绞死。不幸的是，敌对双方势均力敌，否则冲突很快就会结束。但它整整拖延了8代人，情况变得越来越复杂。所以，我只能挑些重要的细节来讲，如果你们想了解其他方面，不妨找些关于宗教改革的历史书看，这方面的资料有很多。

新教徒的宗教改革运动爆发后，天主教会也进行了一次彻底的改革。教皇曾是业余的人文主义者，还贩卖罗马和希腊的古董。改革之后，他们的地位被取代了。新教皇们严肃认真，每天都花20小时的时间来处理神圣的任务。

僧侣们不务正业、骄奢淫逸的生活也过到了头。教士和修女们天一亮就要起床，去学习天主教教规、照顾病人和安慰死者。宗教法庭没日没夜地监视着他们的一举一动，不允许任何危险的教义得以印刷、传播。说到这里，我们通常会提起可怜的伽利略。他还是有些粗心大意，想凭借小小的望远镜来解释宇宙的奥秘，还咕哝出某些违背教会正统教义的行星规律，因此他被锁进了监牢。但说句公道话，不光是教皇、主教和宗教法庭，新教徒们也像天主教徒一样，视科学和医学为敌人。他们愚昧无知、心胸狭窄，把自主观察的人看成人类最可怕的敌人。

伟大的法国改革家加尔文，是日内瓦地区的专制统治者（不论是在政治上，还是在精神上）。当法国当局想要绞死迈克尔·塞维图斯（西班牙神学家和外科医生，因担任第一位伟大的解剖学家贝塞留斯的助手而成名）时，加尔文不仅为虎作伥，而且当塞维图斯成功越狱逃往日内瓦时，他又将这位出色的医生关进了监狱。在漫长的审讯后，加尔文完全不顾塞维图斯作为科学家的名望，对他处以火刑。

战争就这样持续着。关于这方面，我们只有一小部分可靠的数据。但总体来讲，新教徒先于天主教徒对这场游戏产生了厌倦。大多数诚实的百姓因宗教信仰不同，或被烧死、或被绞死、或被砍头，成为精力旺盛但凶猛残暴的罗马教会的牺牲品。

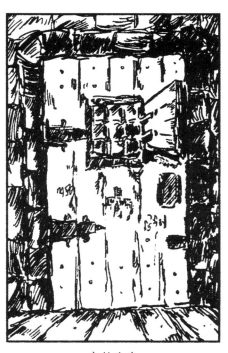

宗教法庭

近年来，人们才开始谈论起"宽容"（长大后，你一定要记得这一点），然而所谓的"现代社会"的人们，也只是对自己不太感兴趣的事情宽容。他们对一名非洲土著宽容，不在乎他会变成佛教徒还是伊斯兰教徒。因为不论是佛教还是伊斯兰教，都对他们无关紧要。但当他们听说自己的邻居是一名共和党人，他本来还支持征收高额保护性关税的他们，却加入了赞成废除关税的党派，这时他们就不再宽容，而是对这位邻居大加谴责。他们的谴责跟17世纪某个善良的天主教徒（或新教徒），在得知自己敬重的好友沦为异端邪说的牺牲品时所说的话如出一辙。

直到不久前，"异端邪说"都被视为一种疾病。如今，人们一旦发现有人不注重个人卫生，家里邋里邋遢，还让自己和孩子有感染风寒和其他可预防疾病的危险时，就会向卫生局报告。然后卫生局的官员会招来警察，把这个威胁社会安全的人带走。在16世纪和17世纪，一个公开质疑天主教或新教基本教义的异端分子，会被当成比伤寒感染者更恐怖的威胁。伤寒可能（而且非常可能）会毁掉人的肉体，但在他们看来，异端邪说会摧毁人们不朽的灵魂。因此，提醒警察留意那些会扰乱现有秩序的异端分子的出现，是每一个良好市民的责任。那些没有尽到责任的人，就像发现自己的室友感染了霍乱或天花却没有给最近的医生打电话一样。

在以后的日子里，你们会听到很多关于预防性药物的消息。简单地说，预防性药物就是帮助医生在患者生病以前就进行预防，如此循序渐进，直至治愈患者。和传统方法相反，医生们研究患者及其在身体状况良好时的生活环境，排除所有可能致病的因素，告诉患者要及时清理垃圾，什么该吃，什么不该吃，还会给他们提一些保持个人卫生的意见。在此基础上，他们还来到学校，告诉孩子们如何使用牙刷以及如何预防感冒。

但在16世纪，人们认为威胁灵魂的疾病比肉体的疾病更严重（我一直竭力向你们证明这一点）。因此，他们组织了一个预防精神疾病的体系。一旦孩子们到了能够书写的年纪，就会被灌输关于"真正信仰"（并且是唯一的真正信仰）的若干准则。这件事并非没有益处，它对欧洲人的总体进步起到了推动作用。于是，新教徒聚集的地区很快布满了学校。他们用大量的时间来解释"教理问答"，但除了神学之外，他们也传授其他方面的知识。他们鼓励阅读，同时也促进了印刷业的蓬勃发展。

天主教徒也不甘落后。他们也在教育方面投入了大量的时间和精力。在这件事上，罗马教会在新建立的耶稣会上发现了一位可贵的朋友兼同盟。这个著名组织的创立者是一名西班牙士兵，他一生都在从事着并不圣洁的冒险。许多从前犯过罪的人都被救世军指出了他们的错误所在，决定将余生致力于帮助与安慰那些不幸的人。这名西班牙士兵也一样，他改信了天主教，认为自己有义务为教会服务。

这个西班牙人名叫伊格纳修斯·德·洛约拉。他出生在哥伦布发现美洲大陆的前一年。由于曾经受过伤，洛约拉成了瘸子。他在医院时，声称自己看见了圣母和圣子，他们要他放弃从前罪恶的生活。于是他决定前往圣地，完成十字军的任务。但耶路撒冷之行让他明白，自己是不可能完成这项任务的。所以他回到了欧洲，以帮助天主教抵抗异端路德派。

1534年，洛约拉在巴黎的索邦大学就读，他和另外7名学生一起成立了一个兄弟会。这8个人对彼此承诺：他们要过圣洁的生活，绝不贪图富贵，要坚持伸张正义，为了教会献出自己的肉体和灵魂。几年后，这个小小的兄弟会发展成一个正式的组织，教皇保罗三世封其为"耶稣会"。

洛约拉曾是名军人。因此他对组织纪律和上级命令绝对服从，这也是耶稣会取得无数成功的关键因素之一。他们在教育领域非常擅长。他们会先对教师进行全面的培训，然后才让他和学生单独谈话。教师跟学生住在一起，跟学生一起做游戏。他们还给予学生无微不至的照顾。就这样，他们培养了新一代忠贞不贰的天主教徒，他们就像中世纪的教徒一样认真履行自己对教会的职责。

但精明的耶稣会人并没有把所有精力都花费在教育穷人上。他们来到宫殿，成为未来皇帝和国王的家庭教师。等我说到30年战争的时候，你就会明白耶稣会这么做的意义了。但在这场可怕的宗教狂热爆发前，还发生了许多大事。

查理五世去世后，德国和奥地利的统治权便落到他的兄弟斐迪南手中；他的其他领地——西班牙、荷兰、印度群岛和美洲则留给他的儿子菲利普。菲利普是查理五世和其表妹——葡萄牙一位公主——之子。通常情况下，近亲结婚生下的孩子会非常奇怪。菲利普的儿子——不幸的唐·卡洛斯（后来被自己的父亲所杀）就是个疯子。菲利普倒不是疯子，但他对教会有着近乎疯狂的热爱。他坚信自己是上帝指派给人类的救世主。因此，若有人固执己见、不同意他的观点，这个人就会被当成人类的敌人，必须处死。否则，就会给虔诚的邻居树立不好的形象，腐蚀他们的灵魂。

当然，那时的西班牙是个非常富有的国家。新世纪的金银源源不断地流入卡斯蒂利亚和阿拉贡的国库。但西班牙一直遭受一种奇怪经济现象的折磨。农民很勤劳，妇女甚至比男人还勤劳。上流社会却看不起任何一种劳动形式，也不在陆军、海军或政府里任职。而摩尔人——勤劳的手工艺者，很早以前就被赶出了西班牙。因此，西班牙虽然看似为世界宝库，却是个非常贫穷的国家。因为它所有的钱都花在了购买国外的小麦和生活必需品上。

而菲利普——这个16世纪最强大的统治者，其财政来源主要依赖于对荷兰这个商业聚集地所征收的税款。但这些佛兰芒人和荷兰人是路德派及加尔文派的忠实追随者。他们把教堂里所有的圣像都清理干净，还告诉教皇不会再把他当成牧羊人。从今以后，他们会听从自己的良心和他们新翻译的《圣经》。

这让国王陷入了困境。他无法容忍荷兰子民的异端行为，但他又需要他们的资金支持。如果他让他们成为新教徒，而不想办法挽救他们的灵魂，那么他就没有对上帝尽到自己的职

圣巴托罗缪之夜

责。但如果他把宗教法庭派到荷兰，将异教徒烧死在火刑柱上，那么他将失去很大一部分收入。

菲利普是个没什么主见的人，他犹豫了很长时间。他恩威并施，软硬齐下，但荷兰人还是固执地继续演唱自己的诗篇，聆听路德派和加尔文派牧师布道。绝望的菲利普使出了绝招，他派出"铁人"阿尔巴公爵，想让那些顽固的罪人改邪归正。阿尔巴到了荷兰之后，首先拿那些领袖开刀。他们不够聪明，没能在阿尔巴到来之前离开。1572年（同年，法国新教领袖全部死于恐怖的圣巴托罗缪之夜），阿尔巴袭击了多座荷兰城市，屠杀了城中的百姓，以儆效尤。第二年，他又包围了莱顿城——荷兰的制造业中心。

挖掘堤坝，拯救莱顿

与此同时，北尼德兰的7个小省份共同建立了一个防御联盟，也就是所谓的乌德勒支联盟。联盟推举奥兰治的威廉（一位德国王子）为军事领袖和海盗水手（人称"海上乞丐"）的总司令，他曾担任皇帝查理五世的私人秘书。为了挽救莱顿城，威廉下令切开堤坝，形成一片内陆浅海。在一支由敞口驳船、平底货船组成的奇怪海军的帮助下，他们连拉带拽地渡过泥滩，来到城墙下。

有史以来，万夫莫敌的西班牙军队第一次受到这种屈辱。整个世界都震惊了，就像日俄战争时，日本在沈阳击败俄国，我们这代人也大吃一惊一样。新教徒深受鼓舞，菲利普只好另辟蹊径来征服反叛的子民。他雇用一个疯疯癫癫的宗教狂热分子，让他去刺杀奥兰治的威廉。但领袖的死并没让7省的人民屈服，反而激怒了他们。1581年，"地区首领议会"（7省代表召开的会议）在海牙召开，正式宣布废黜"邪恶的国王菲利普"，从此以后他们将接下统治的重担，尽管这项权力只属于"上帝授予的国王"。

在人们争取政治自由的斗争史上，这次事件非常重要。比起英国贵族发动叛乱，迫使国王签署《大宪章》，这次事件把历史向前推进了一大步。善良的百姓说："国王和臣民的关系是建立在彼此的默契之上的，双方都应履行特定的义务，行使特定的权利。如果有一方违背了合约，另一方就有权终止合约。"1776年，英王乔治三世的美洲臣民也得出了类似的结论。但他们之间毕竟还隔着3000

英里的海洋。然而，尽管7省联盟议会对西班
牙的无敌舰队有所忌惮，西班牙的枪声还回荡
在耳边，他们还是作出了决定（这意味着他们
一旦失败，就要面临缓慢而痛苦的死亡）。

传说当新教徒女王伊丽莎白取代天主教的
"血腥玛丽"成为英国女王时，一支神秘的西
班牙舰队要去征服荷兰和英国。多年来，码头
的水手一直在谈论这个故事。到了16世纪80年
代，这个传说变为了现实。曾经去过里斯本的
水手说，西班牙和葡萄牙的所有造船厂都在造
船。在尼德兰南部（在比利时），帕尔玛公爵
正在征集一支庞大的远征队，只要西班牙舰队
一到，就会把军队从奥斯坦德送往伦敦和阿姆
斯特丹。

"沉默者"威廉遇害

1586年，西班牙的无敌舰队出发北上。但
荷兰舰队已将佛兰芒港封锁，英国舰队也守卫
着英吉利海峡。习惯了南方平静海水的西班
牙人，不知道在北方这种恶劣的气候下如何航
行。无敌舰队先后遭受敌舰和暴风雨的袭击，
在此我就不细说了。只有几条绕道爱尔兰的船
只幸存下来，其他船只全部沉入了北海海底。

战况逆转是非常公平的。英国和荷兰的
新教徒便把战火带到了敌人的领土上。16世纪

无敌舰队来了！

末，在林斯科顿（一名曾在葡萄牙服役的荷兰人）所著的一本小册子的帮助下，
霍特曼终于发现了通往印度群岛的路线。于是，荷兰东印度公司应运而生。一场
有组织的、争夺西班牙和葡萄牙在亚非殖民地的战争拉开了序幕。

在殖民扩张早期，一桩奇怪的案子出现在荷兰法庭上。17世纪初，一位名叫
范·西姆斯柯尔克的荷兰船长在马六甲海峡截获了一艘葡萄牙船只。范·西姆斯
柯尔克曾因一次远征而出名。当时，他作为远征队的首领，想找到通往印度群岛
的东北航线，结果却在新地岛冰冻的海岸上过了一个冬天。你应该还记得，为了
公平，教皇把世界一分为二，一半给了西班牙人，一半给了葡萄牙人。葡萄牙人
自然把环绕其印度群岛殖民地的水域当成他们财产的一部分。当时，他们还没有
与尼德兰7省联盟开战，因此他们认为这位荷兰私人贸易公司的船长无权进入他

们的私人领地并偷走他们的船只。为此，葡萄牙人提起了诉讼。荷兰东印度公司的经理聘请了一位年轻的律师来为他们辩护，该律师名叫德·格鲁特（或格鲁西斯），才思敏捷。他提出了一个惊人的观点，即海洋是向所有人免费开放的。在陆地上发射一枚炮弹，射程之外的海域就应该是（根据格鲁西斯本人的观点）对所有国家的所有船只都免费开放的公海。这是第一次有人公开在法庭上发表这种惊世骇俗的言论。所有航海界人士都提出了反对意见。为了反击格鲁特著名的"公海论"或"开放海洋说"，英国人约翰·塞尔登还专门写了一篇关于"领海"或"封闭海洋"的论文。他指出，一个国家对环绕其陆地的海洋具有统治权，这片海洋也是国家领土的一部分。我在此提出这个问题，是因为它一直没有得到解决，第一次世界大战还把这个问题更加复杂化了。

我们再回到西班牙人、荷兰人和英国人的战争上来。在不到20年的时间里，西班牙那些最有价值的殖民地——印度群岛、好望角、锡兰、中国沿岸城市甚至包括日本的贸易据点，都落在了新教徒手里。1621年，西印度公司成立。它征服了巴西，在北美哈德逊河口建立了新阿姆斯特丹要塞（该地是亨利·哈德逊在1609年发现的）。

这些新殖民地让英国和荷兰变得富有起来。他们甚至可以雇用外国士兵去打仗，自己则专心发展商业和贸易。对他们来说，新教徒起义意味着独立和繁荣。但对于欧洲其他国家而言，起义仅仅意味着接连不断的恐慌。相比而言，上一次战争不过是来自周日学校的男孩们进行的小小的远足。

哈德逊之死

1618年，三十年战争爆发，并随着1648年签署的著名的《威斯特代利亚条约》而结束。一个世纪以来，人们的宗教仇恨不断加深，所以这场战争在所难免。正如我所说的，这是场可怕的战争。每个人都在竭力厮杀，不到所有人都筋疲力尽、无力再战，战争就不会结束。

在不到一代人的时间里，中欧的许多地方都变成了荒野。为了争夺死马，饥饿的农民不得不与更加饥饿的狼群作战。5/6的德国城镇和村庄都被战争摧毁。在德国西部，帕拉丁奈特更是被反复劫掠了28次。德国原本有1800万人口，现在却只剩400万人。

哈布斯堡家族的斐迪南二世一当选上德意志皇帝，仇恨便蔓延开来。斐迪南是耶稣会细心培养的产物，他是教会最虔诚、最温顺的儿子。年轻时，他就发誓要铲除自己领土上的所有异端分子和异端教派。登上皇位后，他便尽己所能来实践自己的誓言。就在他当上皇帝两天前，他的主要对手帕拉丁奈特的新教徒、英王詹姆斯一世的女婿——腓特烈成为波西米亚国王。这是斐迪南非常不想看到的结果。

哈布斯堡的军队马上就攻进了波西米亚。面对如此强大的敌人，年轻的腓特烈却没有等到救援。荷兰共和国本想伸出援手，但它当时忙于和哈布斯堡的西班牙分支交战，实在是爱莫能助。英国的斯图亚特王朝则更有兴趣加强自身的实力，不愿为远在波西米亚一场无望的战争投入人力、物力。在经过几个月的挣扎后，帕拉丁奈特选帝侯被逐出波西米亚，他的领地被移交给巴伐利亚的天主教贵族。这就是三十年战争的开端。

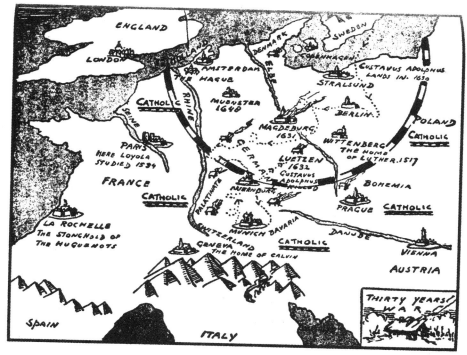

三十年战争

随后，在蒂利及沃伦斯坦的带领下，哈布斯堡的军队踏平了德国的新教徒聚集区，一路来到波罗的海。对于丹麦的新教徒国王来说，一个天主教邻居意味着巨大的威胁。于是，为了保护自己，克里斯琴四世袭击了他的敌人，以免他们发展壮大。丹麦军队来到德国，但以战败告终。沃伦斯坦乘胜追击，丹麦不得不求和。最后，波罗的海只有一座城镇——斯特拉尔松还留在新教徒手中。

1630年夏初，瑞典国王——瓦萨家族的古斯塔夫·阿道尔丰斯来到斯特拉尔松。古斯塔夫曾因带领国家击退俄国人而成名。他是一名野心勃勃的新教徒，一心想把瑞典变成大北方帝国的中心。古斯塔夫·阿道尔丰斯受到欧洲新教王公们的欢迎，被当作路德派的救世主。他击败了刚刚对马格德堡新教徒进行屠杀的蒂利。随后，他的军队穿过德国中心地带，想进攻意大利哈布斯堡王朝的领地。由于后方受到天主教的威胁，古斯塔夫突然调转方向，在吕岑战役中战胜了哈布斯堡的主力部队。不幸的是，这位瑞典国王因和军队走散而被刺杀。但哈布斯堡的实力已经被削弱了。

斐迪南是个疑心很重的人，马上就对自己的手下产生了怀疑。于是，总司令沃伦斯坦被他派人暗杀。信奉天主教的波旁王朝（法国的统治者，与哈布斯堡王朝是宿敌）听说这个消息后，便与信奉新教的瑞典结为联盟。路易十三的军队入侵了德国东部，瑞典将军巴纳和威玛以及法国将军土伦和康岱联手，大肆杀戮、掠夺并焚毁哈布斯堡的财产。这让瑞典获得了巨大的财富，却遭到丹麦人的嫉妒。于是，同样信奉新教的丹麦人向瑞典宣战。瑞典是信奉天主教的法国人的盟友，法国的红衣主教黎塞留刚刚剥夺了1598年南特敕令向胡格诺教徒（法国的新教徒）授予的权利。

战争自然而然地爆发了，却没有解决任何问题。直到1648年，《威斯特伐利

1648年的阿姆斯特丹

亚条约》的签订才结束了这场战争。天主教国家依然信奉天主教，新教国家仍然效忠于马丁·路德、加尔文和茨温利等人的教义。瑞士和荷兰的新教徒建立了独立的共和国。法国保留了梅斯、图尔、凡尔登和阿尔萨斯的一部分。神圣罗马帝国则名存实亡，既没有人又没有钱，连希望和勇气都看不见。

　　三十年战争的唯一好处就是，不论天主教徒还是新教徒，都不想再来一场这样的大战了。于是，他们决定和平共处。但这并不代表宗教狂热以及不同信仰之间的仇恨就消失了。刚好相反，虽然天主教和新教徒之间的战争刚刚结束，但新教内部不同派别之间的纷争却愈演愈烈。在荷兰，关于"宿命论"（这是个模糊的神学概念，但在你们祖辈的眼里极其重要）的不同意见引发了一场争吵，最后以奥登巴维尔特的约翰人头落地而告终。约翰是荷兰的一名政治家，在共和国独立的前20年，他作出了卓越贡献。在荷兰的印度贸易公司里，他也展现出不凡的组织能力。在英国，争执导致了一场内战。

　　这场内战的一个结果是，人们依照法律程序处死了一名欧洲君主。但在我讲述这件事之前，有必要讲一讲英国早期的历史。在这本书中，我所讲述的故事都是为了帮助你们更好地理解当今世界的格局。我并没有根据自己的喜好对某些国家进行特别的描述。我很想给你们讲讲挪威、瑞士、塞尔维亚和中国发生的事情。但对于16～17世纪的欧洲来说，这些国家对其发展并没有产生太大的影响。因此我只能把它们省略，并带着我的敬意向它们鞠上一躬。但英国就不同了。在过去500年里，这个小岛上的人民所做的一切对世界历史的发展产生了深远影响。如果你对英国的历史背景没有适当的了解，那么你就无法理解报纸上登载的文章。因此，你有必要知道当欧洲大陆的其他国家都处在君主的统治下时，英国是怎样形成议会制政府的。

第45章　英国革命

> 国王的"君权神授"与更为合理、但并非神授的"议会权利"之间的战争，以查理二世的惨败而告终。

公元前55年，欧洲西北部最早的探险者恺撒横渡英吉利海峡，占领了英格兰。在此后的4个世纪里，这个国家都只是罗马的一个行省。后来，罗马受到野蛮的日耳曼人的威胁，不得不召回驻守在英格兰的卫戍部队，以保卫本国。于是，不列颠成了无人治理的地方，也没有任何防御。

北日耳曼的撒克逊部落一听说这个消息，饥饿的他们便渡过北海，在这座富饶的小岛上建立了新家。他们建立起许多独立的盎格鲁—撒克逊王国（王国是以盎格鲁土著民、英格兰人和入侵的撒克逊人命名的）。但这些小国之间总是不断争吵，也没有一个国王有足够的实力来统领各国。于是，在长达500多年的时间里，麦西亚、诺森波利亚、威塞克斯、苏塞克斯、肯特、东盎格利亚或者其他什么名字的小国，经常会受到斯堪的纳维亚各种海盗的攻击。到了11世纪，英格兰、挪威和北日耳曼成为甘纽特大帝统治下的大丹麦帝国的一部分。英国也不再是一个独立的国家。

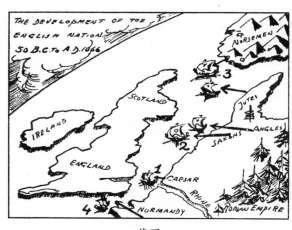

英国

时间慢慢过去，丹麦人终于被赶了出去。但英格兰刚一获得自由，便又遭到外敌占领，而且这已经是第四次了。新的敌人是挪威人的另外一支后裔，10世纪初，他们攻占了法兰西，并建立起诺曼底公国。诺曼底大公威廉早就对这个小岛虎视眈眈。终于在1066年10月，他率军渡过了英吉利海峡。10月14日，在黑斯廷战役中，他击败了威塞克斯的哈罗德国王（盎格鲁—撒克逊的最后一位国王）的军队，自封为英格兰国王。但不论是威廉，还是他的继任者安茹王朝和金雀花王朝，都没有把英格兰当成真正的家。对于他们来说，这个小岛只是他们欧洲大陆巨大遗产的一部分——或者说是殖民地。这里住着一群落后的人，他们把自己的语言和文明强加在这些蛮族身上。但慢慢地，英格兰"殖民地"的发展就超过了诺曼底"宗主国"。与此同时，法国的国王们也竭尽全力地想除掉强大的诺曼人，因为他们对法国国王并不是百分之百地忠诚。在经历了一个世纪的战争洗礼后，在圣女贞德的领导下，法国人民把"外国人"赶出了自己的土地。但在1430年的贡比涅战役中，圣女贞德却被勃艮第人抓起来，随后被卖给英国士兵，英国人把她当成女巫烧死在火刑柱上。英国人在欧洲大陆一直没能站稳脚跟，他们的国王最后只好把全部精力都投入到内部管理上。海岛上的贵族们一直争吵不断，这种争吵在中世纪可谓司空见惯，就像天花和麻疹一样常见。而在"玫瑰战争"中，大部分传统的封建领主都被杀害。这让皇室轻而易举地增加了他们的实力。到了15世纪末，英格兰已经发展成一个高度集权的国家，受都铎王朝的亨利七世统治。亨利七世时期著名的正义法院（又称"星法院"）曾让人闻风丧胆。一些留存下来的旧贵族曾试图夺回自己的权力，再次参与到政府事务中来，但正义法院对他们进行了严酷镇压。

1509年，亨利七世把皇位传给了亨利八世。从那时起，英格兰的历史发生了重大转变，它不再是一个中世纪的岛国，而是摇身一变成为一个现代化国家。

亨利对宗教不怎么感兴趣。他离过很多次婚，也会借某次离婚来表达对教皇的不满。他宣布自己脱离罗马教会，并让英格兰教会成为"英国国教"，国王本人也是其臣民的精神领袖。1534年的和平改革，不仅让都铎王朝受到英国神职人员（他们曾长时间受到路德派新教徒们的攻击）的支持，还通过没收修道院的财产，进一步扩大了皇权。与此同时，亨利也受到了商人和工人们的欢迎。海岛与欧洲大陆之间隔着一条又宽又深的海峡，岛上骄傲又富裕的居民对所有"外国的"东西都十分排斥，他们不想让一个意

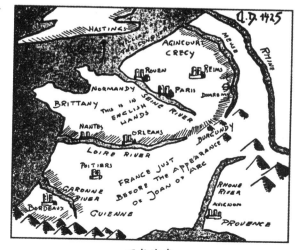

百年战争

大利主教来掌管他们圣洁的英格兰灵魂。

1547年，亨利八世去世。他把王位传给了年仅10岁的小儿子。小国王的监护者们支持路德教的教义，因而尽己所能地帮助新教徒。但小国王未满16岁便过世了，他的姐姐玛丽继承了王位。玛丽是西班牙国王菲利普二世的妻子，她把所有新"国教"的主教都处以火刑。在其他方面，她都以她的西班牙丈夫为榜样。

幸运的是，1558年玛丽去世了，王位传给了伊丽莎白。亨利八世一生共娶了6个妻子，伊丽莎白是他和第二个妻子安妮·博林所生的女儿，安妮失宠后便被亨利八世斩首了。伊丽莎白曾在监狱里待过一段时间，后来神圣罗马帝国的皇帝向玛丽当面求情，伊丽莎白才被放了出来。从那以后，伊丽莎白便视所有跟天主教以及西班牙有关的东西为仇敌。和她的父亲一样，伊丽莎白对宗教也不怎么感兴趣，她继承了父亲敏锐的判断力。在她在位的45年里，皇权进一步集中，国家财政和税收也不断增加。伊丽莎白能取得这样的成就，和贤臣们的帮助是分不开的。他们让伊丽莎白时代成为英国历史上非常重要的一段时期。你应该读一本专门叙述这段历史的书，这样就能对其中的细节更为了解。

然而，伊丽莎白并不觉得自己已经坐稳了王位。她有一个敌人，而且是一个非常危险的敌人，即苏格兰的玛丽。玛丽是斯图亚特家族的一员，她的母亲是一名法兰西公爵夫人，父亲是一名苏格兰人。她是法兰西国王弗朗西斯二世的遗孀，是美第奇家族凯瑟琳的儿媳妇（凯瑟琳曾组织了圣巴托罗缪之夜的大屠杀）。玛丽有一个儿子，后来成为英国斯图亚特王朝的第一位国王。玛丽是一个忠诚的天主教徒，愿意与伊丽莎白的所有敌人成为朋友。但她没有什么政治头脑，还经常用暴力手段来镇压信奉加尔文教的臣民。这在苏格兰境内引起了一场暴乱，玛丽被迫逃往英国，寻求避难所。她在英国一待就是18年，每一天都在想方设法除掉为她提供避难所的伊丽莎白。最后，伊丽莎白接受了忠实贤臣们的意见，"砍下了这位苏格兰女王的头"。

1587年，苏格兰女王被斩首，这件事引发了西班牙与英国的一场战争。英国与荷兰的海上联军击败了菲利普的"无敌舰队"。正如我们所知，这场飓风不但没有摧毁这两个新教国家，还把它们带上了致富的冒险之路。

经过多年的犹豫后，英国人和荷兰人终于意识到它们有权入侵印度群岛和美洲，并为惨遭西班牙人迫害的新教徒兄弟报仇雪恨。继哥伦布之后，英国人成为最早来到美洲的民族之一。1496年，在一位名叫乔万尼·卡波特的威尼斯领航员的带领下，英国船只首次发现了美洲大陆，并对其进行探索。把拉布拉多和纽芬兰作为自己的殖民地，其实没有多大意义。但纽芬兰周围的海域能给英国的渔船带来丰厚的回报。一年后，即1497年，卡波特又探索了佛罗里达海岸。

约翰和塞巴斯蒂安·卡波特看见纽芬兰海岸

当英国没有足够的钱来进行海外探索时，亨利七世和亨利八世就忙碌起来。但在伊丽莎白的统治下，国家繁荣稳定，玛丽·斯图亚特还被关进了监狱，于是水手们可以放心远航，无须担心他们之后的命运。当伊丽莎白还是个小姑娘时，威洛比就率领船只穿过了北角。他的一位名叫理查德·钱塞勒的船长为了寻找能够到达印度群岛的航线，又向东继续航行，最后来到俄国的阿尔汉格尔斯克。在这里，他和这个遥远的莫斯科帝国的神秘统治者建立了外交和商业关系。在伊丽莎白执政的第一年，很多人沿着这条航线继续向东。一些在"联合股份公司"工作的商业投机者为贸易公司的建立打下了基础，在随后的几个世纪里，许多殖民地都处于这些贸易公司的统治之下。这些人半是外交家，半是海盗，他们不惜把全部身家性命都赌在一次航行上。走私者们把所有能装上船的东西都装上了船，他们贩卖人口、走私货物，除了利润他们什么都不关心。伊丽莎白的水手将英格兰国旗和尊贵的女王陛下的威名传播到五湖四海。与此同时，莎士比亚的戏剧为女王带来了欢乐。全英格兰最有智慧的人聚集在一起，在女王的不懈努力下，共同将亨利八世留下的封建制国家转变成一个现代化国家。

1603年，伊丽莎白去世，享年70岁。她的侄子（亨利八世的孙子，也是死对头玛丽·斯图亚特的儿子）继承王位，人称詹姆斯一世。也许是受到上帝的眷顾，他成为一个免遭欧洲大陆战火波及的国家的统治者。当欧洲大陆的天主教徒和新教徒还在互相厮杀，想要摧毁竞争对手并建立自家宗教的绝对统治时，英格兰没有选择路德或洛约拉的极端做法，而是开展了一场和平的"宗教改革"。在接下来争夺海外殖民地的大战中，英格兰占尽经济上的优势。同时，它还确保英格兰在国际事务中的领导地位，并一直延续到今天。甚至后来那场为斯图亚特王朝带来毁灭性后果的冒险，也没能阻止英国的发展。

伊丽莎白时代的舞台

对于英格兰来说，继承都铎王朝王位的斯图亚特家族是"外国人"，但他们似乎并没有意识到这一点。都铎家族的成员偷了马也不算犯法，但即使在不引起非议的情况下，"外国人"斯图亚特家族连缰绳都不允许看。伊丽莎白基本上根据自己的心意来统治国家。但总体说来，她始终贯彻的一项政策就是让英国商人的口袋里有钱，无论他们是否效忠于她。因此，心存感激的百姓总是全心全意地支持她。有时，女王会废除国会的一些权力和职能，但这些都可以忽略不计，因为他们在女王强大且成功的外交政策下获利颇丰。

表面看来，詹姆斯国王继续执行着这一政策，但他缺乏伊丽莎白身上特有的热情。海外贸易仍在不断发展，天主教徒并没有得到任何自由。但当西班牙主动向英国示好，想要建立和平的外交关系时，詹姆斯欣然接受了。大部分英国人都不同意这么做，但詹姆斯是他们的国王，他们只好保持沉默。

不过没过多久，摩擦又产生了。无论是詹姆斯国王，还是1625年继任的查理一世，都坚信"君权神授"，认为自己无须征求臣民们的建议，便可以根据他们认为合适的方法来统治国家。这种想法在之前就存在。教皇是罗马帝国的继承人（或者说他们继承了罗马统一帝国的概念，这个帝国覆盖了世界上所有的领土），他们一直把自己当成"耶稣在地球上的代理人"，而公众也认可他们的说法。上帝有权按照他认为合适的方式来统治世界，众人对此深信不疑。因此，很少有人怀疑神圣的"代理人"来行使同样的权力，或者让所有人遵守他的命令。因为他是宇宙绝对统治者的直接代表，只对上帝负责。

路德派取得宗教改革的成功后，原本属于教皇们的特权便落在许多改信新教的欧洲统治者手中。作为国家统治者或国教领袖，他们坚持说自己就是本国的"耶稣代理人"。百姓并没有怀疑他们的国王，认为他们有权迈出这一步。他们欣然接受了，就像如今我们认为议会制下的政府是唯一合理且正当的政府模式一样。因此，说路德教派或加尔文教派极力反对詹姆斯国王强烈支持的"君权神授"思想是不公平的。肯定还有一些其他原因，让忠实的英格兰人对"君权神授"产生了怀疑。

　　荷兰是第一个反对"君权神授"思想的国家。1581年，北尼德兰7省联盟的国民议会决定废除他们的合法君主——西班牙的菲利普二世。他们说："国王破坏了协议，因此和其他所有不忠诚的仆人一样，他被免职了。"从那以后，国王应对其臣民负责的观念便在北海沿岸的许多国家传播开来。他们的地位非常有优势，因为他们有钱。而中欧地区的穷苦百姓就只能听从国王护卫队的摆布，他们不敢讨论这样的话题，否则就会被带到最近的城堡，关在最深的地牢里。但荷兰和英国的商人十分富有，他们手中的资本可以维持庞大的陆军和海军。他们还懂得如何操纵"银行信用"这个强大的武器。因此，他们根本无所畏惧。他们十分愿意用自己财产控制下的"神授君权"去对付哈布斯堡王朝、波旁王朝或斯图亚特王朝的"神授君权"。他们知道，自己手中的金币和先令可以击败国王唯一的武器——腐朽的封建军队。他们敢于行动，换作他人，要么默默忍受，要么甘冒上断头台的危险进行反抗。

　　斯图亚特王朝声称，他们有权利按照自己的意愿来统治国家并且无须负责，这激怒了英国百姓。中产阶级把国会当成第一道防线，以此来反对皇室滥用职权。国王不但没有屈服，还下令解散了国会。在此后长达11年的时间里，查理一世独自治理着英国。他加重了赋税，很多人认为这是不合法的；他还把英国当成自己的私人庄园来管理。他有很多才能出众的助理，我们必须承认，在坚持自己的信念这一点上，查理很有勇气。

　　不幸的是，查理不但没能得到其忠诚的苏格兰人民的支持，还卷入了一场与苏格兰长老会教派的纷争。尽管他极其不愿意，但为了筹集资金，查理最后不得不重新组建国会。1640年4月，国会重新召开，议员们对查理大肆谴责。几周以后，国会就被解散了；同年11月，国会再一次成立起来。和上一次国会相比，议员们的态度更加强硬。他们明白，"神授君权政府"还是"国民议会政府"的问题必须要解决。他们借由国王的顾问团向国王发起攻击，并将其中6人处以死刑。他们声称，未经国会议员同意，任何人不得解散国会。终于在1641年12月，他们向国王递交了一份"大抗议书"，里面详细列出了百姓对国王的种种不满。

1642年1月，查理离开伦敦，希望能在乡村地区找到支持自己政策的力量。国王和国会各自组建了一支军队，为了争夺属于自己的绝对统治权，双方为战争做好了准备。在战争期间，英格兰实力最强的宗教派别——清教徒（圣公会的信徒，曾试图最大限度地净化他们的教义）很快便冲到前面。在奥利弗·克伦威尔的统领下，这支"忠诚兵团"凭借铁一般的纪律和对神圣目标的信心，很快便成为反对派的主力。他们曾两次击退查理的军队。1645年纳斯比战役之后，查理逃到苏格兰，而苏格兰人把他出卖给了英格兰人。

随后英格兰经过了一段时期的混乱，苏格兰长老会教派慢慢崛起，成为英格兰清教徒的主要对手。1648年8月，经过三天三夜的大战之后，克伦威尔取得了普雷斯顿盆地战役的胜利，宣告第二次内战结束。他还占领了爱丁堡。与此同时，克伦威尔的士兵厌倦了无聊的宗教讨论，也不愿把时间浪费在这件事上，于是，他们决定根据自己的意愿采取行动。他们把所有不同意清教徒观点的议员都赶出国会，留下来的旧国会议员组成了"尾闾"议会，他们以叛国罪对国王进行起诉。上议院不愿担任审判员，于是清教徒们临时组建了一个特别审判团，判处国王死刑。1649年1月30日，查理一世从白厅的一扇窗户走出，平静地迈上了断头台。那一天，通过选举出的代表，人民第一次把一位没能认清自己在这个现代国家中地位的统治者推上了断头台。

查理死后的那段时期，通常被称为克伦威尔时期。一开始，克伦威尔只是英格兰名义上的独裁者。1653年，他正式被选为护国主。在他统治英格兰的5年时间里，他继续推行伊丽莎白的政策。于是，西班牙再一次成为英格兰的劲敌，而是否与西班牙人开战则变成一个全国性的严肃议题。

海外贸易和商人的利益被放在了首位，新教教义也得到严格执行。在维持英格兰的国际地位方面，克伦威尔很成功。但作为一个社会改革家，他非常失败。世界上有各种各样的人，每个人的想法都不一样。从长远来看，这似乎是个非常明智的原则。如果一个政府仅代表某一部分人的利益，受他们管理并为他们服务，那么这个政府是不可能存活下去的。在反对国王滥用职权时，清教徒发挥了重要作用。但当他们变成英格兰的绝对统治者时，很多做法都让人难以忍受。

1658年，克伦威尔去世，斯图亚特王朝复辟，其过程几乎不费吹灰之力。他们被当成"救世主"，受到了英格兰人民的欢迎。因为他们发现，善良的清教徒附在他们身上的枷锁和查理一世的独裁统治一样让人无法忍受。如果斯图亚特王朝愿意忘记他们父辈"君权神授"的思想，并承认国会的统治地位，百姓便保证他们会成为王朝忠诚的子民。

两代人都想把复辟后的王朝经营下去，但他们没能成功。显然，斯图亚特王朝并没有吸取教训，他们无法改变身上的劣根性。1660年，查理二世回到英格兰。他虽然性格温和，却没什么能耐。他生性懒惰，不求上进，说谎时连眼睛都不眨一下，不过这倒避免了他和百姓之间的冲突。1662年，他颁布了《统一法案》，要把所有不信奉国教的神职人员从他们所在的教区驱逐出去，这大大影响了清教徒的势力。1664年，他又颁布了所谓的《秘密宗教集会法令》，威胁那些不信奉国教的人，如果他们还敢参加宗教集会，就会被流放到西印度群岛。这条《法令》仿佛又把人们带回到"君权神授"的年代。百姓像从前一样失去了耐心，国会也在资助国王方面遇到了难题。

既然查理二世不能从一个不愿意资助他的国会那里拿到钱，他便偷偷地向他的邻居和表兄路易（法兰西国王）借钱。他以每年20万英镑的价格背叛了新教盟友，还嘲笑国会议员都是傻瓜。

经济独立让查理国王重拾了信心。他被流放时，曾和那些信奉天主教的亲戚度过很长一段时间，所以对天主教很有好感，也许他能让英格兰重新被罗马所接受。于是查理颁布了一项《赦罪宣言》，将那些针对天主教和不信奉国教之人的旧法律统统撤销。这件事发生的时候，据说查理的弟弟詹姆斯成为了一名天主教徒。但走在大街上的人都对此深表怀疑，他们怀疑主教正在酝酿一场阴谋。于是，不安的情绪开始在英格兰蔓延开来。大部分英格兰人都想阻止第二次内战的爆发。对他们来说，与同胞间的相互残杀比起来，他们宁可接受王室压迫和一个天主教国王，甚至是"君权神授"。有些人却没这么仁慈，即那些担惊受怕的不信奉国教的人，但在自己的宗教信仰上，他们的勇气惊人。领头的是几个大贵族，他们不想看见王权至上的旧时代复辟。

在此后将近10年的时间里，两大阵营相互敌对。一边是辉格党，代表中产阶级。之所以叫这个搞笑的名字是因为在1640年，苏格兰长老会的神职人员率领一大批辉格莫（或者说马车夫）来到了爱丁堡，向国王抗议。另一边是托利党，"托利"一词本来是指反对王室的爱尔兰人，现在却用来称呼国王的支持者。尽管双方争执不下，但都不想造成危机。他们让查理二世平静地死去，也允许信奉天主教的詹姆斯二世在1685年继承他哥哥的王位。但詹姆斯组建了一支"常备军"（任总指挥的是信奉天主教的法国人），在1688年又颁布了第二个《赦罪宣言》，还下令强迫所有国教教堂宣读此《宣言》，而这些都超出了他的权力范围。只有在极其特殊的情况下，那些受万民爱戴的统治者才能行使超出自己范围之外的权力。7名主教拒绝执行国王的命令，国王便以涉嫌"煽动性诽谤罪"将他们带上了法庭。而当法官宣布他们"无罪"时，陪审团受到了民众的支持。

在这个不幸的时刻，詹姆斯（他在第二次婚姻中娶了摩德纳—伊斯特家族的玛丽亚为妻，她是名天主教徒）当上了父亲。这意味着他要把王位传给一个信奉天主教的孩子，而不是他的新教徒公主——玛丽或安妮。街上的百姓又开始怀疑起来。摩德纳家族的玛丽亚已经过了生儿育女的年龄，这一定是个阴谋！一定是某个耶稣传教士把这个婴儿送进了皇宫，好让英格兰有一位天主教国王。一场内战似乎又要爆发。这时，辉格党和托利党的7位要员联名上书，给詹姆斯的长女玛丽的丈夫——荷兰共和国的领袖威廉三世写了一封信，要他来到英格兰，把国家从这个合法但完全不受欢迎的统治中解救出来。

1688年11月5日，威廉在图尔比登陆。因为不想看到自己的岳父成为牺牲品，他帮助詹姆斯安全逃到法国。1689年1月22日，威廉召开国会。同年2月23日，他宣布自己将和妻子玛丽成为英格兰的新一任统治者，英格兰的新教事业终于得到了挽救。

此时的国会已不仅是国王的咨询委员会，委员们会充分利用机会来为自己谋求更大的权利。他们首先提出了1628年的旧版《权利请愿书》，这份《请愿书》一直被遗落在档案室的某个角落里。于是，国会又拟定一份新的、更为苛刻的《权利法案》，要求英格兰国王必须信奉国教。此外，《法案》还声明国王无权废除法律，也无权让某些特权阶级不遵守法律。它特别强调，"未经国会批准，国王不得私自征税和组建军队"。于是在1689年，英格兰先于其他欧洲国家获得了巨大的自由。

但威廉能给人留下深刻印象，并不仅仅是因为他实施了这些开明的自由措施。在他有生之年，他第一次推行了"责任制"内阁。当然，没有一个国王能够独立统治一个国家，他需要一些可以信任的顾问。都铎王朝就有一个由贵族和神职人员组成的"大顾问团"。但这个组织太过庞大，后来便被缩减成小型的"枢密院"。久而久之，顾问们便养成一个习惯，他们会到王宫的一间内室里来觐见国王。因此，他们被称为"内阁顾问"。很快，人们就把他们简称为"内阁"。

和之前绝大部分英格兰国王一样，威廉也从不同党派中挑选出他的顾问团。但随着国会力量的不断壮大，他发现下议院的大多数成员都来自辉格党，要想得到托利党的帮助从而推行他的政策几乎是不可能的。于是，他将托利党成员全部清除出内阁，内阁完全由辉格党人组成。几年后，当辉格党失去他们的下议院权力时，为了方便起见，国王不得不把目光转向托利党的领袖们，希望得到他们的支持。直到1702年威廉去世，他都一直忙于与法国国王路易之间的战争，无暇顾及英格兰内政。实际上，所有重大事件都已经交给内阁来处理。1702年，威廉的小姨子安继承王位，这种情况并没有发生改变。1714年，安去世（不幸的是，她的17个子女都先她而去），王位传给了汉诺威家族的乔治一世，他是詹姆斯一世的外孙女——苏菲——的儿子。

乔治一世可谓粗俗不堪，他从来没学过一个英语单词，被英格兰复杂的政治体系搞得晕头转向，好像陷入迷宫一样。他把所有事务都丢给内阁，也不参加他们的会议，因为他完全听不懂他们在说什么。如此一来，内阁便养成了自行处理英格兰和苏格兰（1707年，苏格兰国会被并入英格兰国会）事务的习惯。他们不去麻烦乔治，国王也有了大把时间在欧洲大陆游玩。

在乔治一世和乔治二世统治期间，诸多伟大的辉格党人组成了国王的内阁。其中，罗伯特·沃波尔爵士更是在内阁当政长达21年。因此，他们的领袖不仅被视为内阁的正式领袖，也是国会大多数掌握实权的政党的领袖。乔治三世继位后，想插手国内事务，试图从内阁成员手中夺回政府的权力，却带来了毁灭性的后果，因此这类情况此后再也没有发生。从18世纪初开始，英格兰便迎来了代议制政府，国内的一切事务都由责任内阁全权处理。

但实际上，这个政府并没有代表社会各个阶层的利益。只有不到1/12的人有选举权。但它为现代的议会制政府奠定了基础。通过一种和平有序的方式，内阁把国王的权力移交到一个人数不断增加的民众代表团手中。虽然它并没有给英格兰带来太平盛世，却让它避免了革命的爆发。18～19世纪在欧洲大陆爆发的那些革命证明，其后果是不堪想象的。

第46章　权力均衡

> 然而在法国，"神授君权"仍在继续，且空前膨胀，制约
> 国王野心的唯一手段便是新制定的"权力均衡"原则。

　　为了和前一章进行对比，我将在本章向你们讲述当英国人民在为自由而战时，法国所发生的事情。在历史上，鲜有人能将天时、地利、人和集于一体。然而在法国，路易十四达到了这一理想境界。但是对于欧洲其他地区而言，没有他的出现，日子会快乐许多。

　　当年轻的路易十四登上王位时，法国已经是当时人口最稠密、力量最强大的国家。在马扎兰和黎塞留这两位伟大的红衣主教的治理下，古老的法兰西王国已经成为最强有力的中央集权国家。路易十四本人也是个能力超凡的人。即使我们这些生活在20世纪的现代人，也被"太阳王"时代的辉煌记忆所笼罩着。我们社交生活中的种种礼节，都是由路易十四时期的宫廷礼仪创造出来的。在国际事务和外交领域，法语也始终是国家会议的常用官方语言之一。这是因为，早在200年前，法语的修辞就已经非常优美，表达也十分简练，没有任何一种语言能与之相媲美。时至今日，路易十四时期建造的剧院还在为我们传授着各种知识，只是我们还没有领会其真谛。在路易十四统治时期，法兰西学院（由黎塞留创建）在国际学术界占有重要地位，其他国家纷纷效仿。路易十四的成就不胜枚举，我们可以无限列举下去。我们现代餐馆里的菜单上写的都是法语，这绝不仅仅是巧合。法国料理是一门极难的艺术，是人类文明的最高表现形式之一，它的出现就是为了迎合君主的喜好。路易十四在位的时期，是一个奢华壮观、优美雅致的时代，至今，它仍然在向我们传授着种种知识。

　　不幸的是，这绚丽的图片背后还隐藏着阴暗的一面。在外越是光彩夺目，在内就越是黯然失色，路易十四统治的法国也没能幸免。1643年，路易十四从他父亲手中接管了王位，并于1715年去世。这表明，在长达72年的时间里，法国都一直掌管在一个人的手中，而这一时期足足跨越了两代人。

　　我们有必要把"一手遮天"这个词的含义弄清楚。路易十四是第一个实行独

裁制度的君主，这种制度高效严谨，随后被很多国王效仿，我们称其为"开明的专制制度"。他并不像某些统治者那样，终日游山玩水，对国家大事置之不理。在昌明时代，任何一位君主都比他的臣民更加努力。他们起早贪黑，在履行"神授君权"（不用向任何臣民征求治理国家的意见）的同时，也强烈感受到这份权力覆盖下的"神圣职责"。

当然，国王不可能事事亲历亲为。因此，他必须找到几个助手和顾问来辅佐自己。在这些人当中，要有一两名将军、三五位外交家以及几个聪明的财政顾问和经济学家。不过这些高级顾问只能执行国王的命令，不能擅自做主。在普通大众眼里，他们的君主神圣不可侵犯，是国家和政府的代表。于是，国家的荣誉成为某一王朝的荣誉。这和我们美国人的理想截然相反。法兰西已经成为由波旁王朝专属、统治并为其服务的国家了。

这种制度的负面影响是显而易见的。国王代表了一切，其他所有人都可以忽略不计。慢慢地，一些有声望的旧贵族也被迫把对外省的管辖权交出去。现在，这些权力都转交到一个满手墨水的皇室小官僚手里。在一栋远离巴黎的政府建筑里，他一个人坐在泛绿的窗前，执行着100年前还属于封建主的职责。那些封建主被剥夺了工作的权利，便来到巴黎，在宫廷里尽情享受。很快，他们的庄园就遭受了一种极其危险的经济病症的侵袭，也就是我们熟知的"地主缺位所有制"。仅仅在一代人的时间里，那些繁忙的封建管理者就变成举止优雅的贵族，他们终日无所事事，游荡在凡尔赛宫周围。

《威斯特伐利亚条约》签订那年，路易十四只有10岁。作为三十年战争的结果，哈布斯堡王朝丧失了其在欧洲大陆的绝对地位。而一个有雄心壮志的青年是绝对不会错失良机，让自己的国家失去曾属于哈布斯堡王朝的成就的。于是在1660年，路易迎娶了西班牙国王的女儿——玛丽亚·泰莉莎为妻。没过多久，他的岳父菲利普四世（哈布斯堡王朝的西班牙裔国王）就过世了。路易立刻宣布将属于西班牙的荷兰地区（如今的比利时）作为妻子嫁妆的一部分，并入法国国土。这种合并必然会给欧洲和平带来灾难性的后果，对欧洲新教国家的安全也造成了极大威胁。1644年，在荷兰共和国外交部长扬·德维特的倡议下，荷兰、英国和瑞典三个国家组成了历史上第一个国家联盟。但这个联盟并没有维持多久。通过金钱和诱人的承诺，路易十四收买了英国的查理国王和瑞典议会。荷兰遭到了同盟的背叛，只好听从命运的裁定。1672年，法国军队入侵荷兰，一路直抵国家的心脏地带。荷兰的堤坝再次被攻陷，法兰西王国的太阳之光照耀在了荷兰的沼泽之上。1678年，荷、法两国签署了《尼姆韦根条约》，但这个条约并没有解决任何问题，反倒引发了另一场战事。

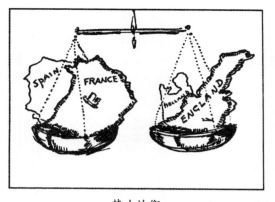
势力均衡

1689～1697年，法国对荷兰发动了第二次侵略战争，最终以《里斯维克条约》的签订而宣告结束。但它并没有帮助路易十四实现占领欧洲统治地位的梦想。尽管路易的老对手扬·德维特死在了荷兰暴民的手中，但他的继位者威廉三世（我们会在最后一章提及）让路易为成为欧洲霸主所做的所有努力都付之东流。

1701年，西班牙哈布斯堡王族的最后一位国王查理二世去世，随后便爆发了一场争夺西班牙王位的大战。直到1713年，《乌德勒支合约》的签署才结束了这场战争。但它没有解决荷、法两国之间的问题，反而给路易十四带来了严重的财政困难。在陆地上，法国军队连连获胜；但英国和荷兰强大的海军将法国赢得最终胜利的渴望毁于一旦。在这场旷日持久的国家间的较量中，诞生了一项新的国际政治基本原则，那就是：从此以后，任何一个国家都不可能单独统治整个欧洲或整个世界，无论多长时间。

这就是所谓的"权力均衡"。它其实是一条不成文的法律，但在将近3个世纪的时间里，它就像一条自然法则一样，没有任何人打破它。提出这个原则的人认为，欧洲大陆各个国家处在不断发展的过程中，只有当彼此间的利益冲突平衡时，这些国家才能继续发展下去。没有一个单一势力或是单独的王朝可以凌驾于其他王国之上。三十年战争让哈布斯堡王朝成为这一原则的牺牲品，但他们并不甘愿成为牺牲品。冲突下的实质问题总是被剧烈的宗教矛盾所掩盖，让我们无法看清战争的实质。但从那以后，我们发现，在国际事务中，丝毫不讲人情的经济利益才是决定一切的根本。我们也发现，随着时代的发展，一类新兴的政治家登上了舞台，他们对于计算器和现金出纳机有着自己的见解。扬·德维特是这个新型政治学校的先驱，威廉三世就是第一名优秀的学生。尽管路易十四享有极高的声望和无上的荣耀，但他是自我意识的第一个受害者。此后，还有很多人步了他的后尘。

第47章　俄国的崛起

神秘的莫斯科帝国在欧洲政治大舞台上突然崛起。

正如你所了解的，1492年哥伦布发现了美洲大陆。同年早期，一个名为舒纳普斯的提洛尔人以提洛尔大主教的名义，率领一支科学远征队开始了对莫斯科的探险。他曾收到几封来信，信上高度赞扬了此次探险。但当他到达传说中位于欧洲最东边的莫斯科帝国时，却被毫不留情地挡在了门外。莫斯科帝国是不允许外国人入境的，于是舒纳普斯只好去君士坦丁堡拜访土耳其人，这样当他结束探险回国的时候，也能对大主教有所交代。

61年后，理查德·钱塞勒又踏上了航程，试图寻找一条通往印度的东北航线，但他在海上遇到了飓风，船队被卷入白海，阴差阳错地来到了德威纳河河口，找到了莫斯科的一座小村庄——霍尔莫戈雷。这座小村庄距离1584年建立的阿尔汉格尔斯克城只有几个小时的行程。这一次，这些外国访客受到了莫斯科的邀请，莫斯科帝国的大公还接见了他们。他们离开莫斯科后回到英格兰，带回了第一张俄国与西方世界的贸易条约。很快，欧洲其他国家都争相效仿，人们开始对这片神奇的土地有了一些了解。

从地理角度来说，俄国是一片广袤的草原。低矮的乌拉尔山脉并没有给入侵者造成任何阻碍。这里的河流很宽，但通常很浅。对于牧民来说，这是一片非常理想的土地。

罗马帝国从建立到兴盛，再到衰落，延续了几个世纪。在这段时间，斯拉夫部落早已离开他们在中亚的故居，在德涅斯特河和第聂伯河之间的森林和草原中漫无目的地游荡。希腊人偶尔会碰见这些斯拉夫人，公元三四世纪时的一些旅行家还会提到他们。不然，他们就会跟1800年的内华达印第安人一样，不为世人所知。

不幸的是，一条便捷的商路贯穿他们的国家，打破了这些原始居民宁静的生活。这条商路沿波罗的海一直延伸到涅瓦河河口，接着它又跨过拉多加湖，沿着沃尔霍夫河一路向南；穿过伊尔门湖后，又沿着拉瓦特小河逆流而上；随后经过一小段陆路，便到了第聂伯河；再沿着第聂伯河顺流而下，最终到达黑海。

很早以前，斯堪的纳维亚人就发现了这条道路。公元9世纪，他们开始在俄国北部定居下来，就像当初北欧人为了在德国和法国建立起独立国家一样，想先打下基础。但在公元862年，3个挪威兄弟渡过波罗的海，建立了3个小国。其中一个名叫布里克的人活得最长，他占领了其他两位兄弟的领土。从北欧人第一次踏上这片土地算起，又过了20年，布里克建立起第一个斯拉夫王国，并将基辅设立为首都。

基辅到黑海的距离很短，因此没过多久，君士坦丁堡便听说了这个斯拉夫国家的存在。这意味着热切的基督教传教士有了一块新的土地去传播耶稣的福音。拜占庭的僧人们沿着第聂伯河逆流北上，不久便到达俄国的中心地区。他们发现，这里的居民崇拜一些住在树林、河里或是山洞里的奇怪神明。传教士们把耶稣的故事讲给当地人听。罗马教会的人正忙着教化野蛮的条顿人，根本无暇顾及遥远的斯拉夫部落。于是，俄国人从这些拜占庭僧人那里接受了他们的信仰、文字以及有关艺术和建筑的想法。而此时的拜占庭帝国（东罗马帝国的一个遗迹）已经充满了东方色彩，失去了很多欧洲特点，因此俄国也有着东方特点。

俄国的起源

从政治角度来讲，这些在俄罗斯大平原上建立起来的国家并不是一帆风顺。按照北欧人的习俗，财产会由家里的几个儿子平分。国王死后，一个刚建立没多久的小国就会被八九个继承者平分，他们死后，土地又会被更多的继承者瓜分。不可避免地，这些相互竞争的小国会有所争吵。在当时，混乱是唯一的秩序。于是，当东方地平线上的一道红光向人们警示着一批亚洲入侵者的到来时，人们才意识到，这些小国太分散，力量太薄弱了，面对这个强大的敌人，他们根本没有抵抗的能力。

1224年，鞑靼人发起第一次大规模的进攻，征服了中国、布哈拉、塔什干和土耳其斯坦的成吉思汗，率领骑兵，第一次出现在西方。在卡拉卡河附近，斯拉夫军队被成吉思汗打败，俄国便落入蒙古人的手中。但他们又突然消失了，就像他们突然出现一样。13年后，公元1237年，鞑靼人又杀了回来。不到5年的时间，他们就征服了俄罗斯大平原的一草一木。鞑靼人一直都是俄罗斯人民的主人，直到1380年，莫斯科大公德米特里·顿斯科夫在库里科沃平原上将鞑靼人打败。

总之，俄罗斯人民用了整整两个世纪才从这个枷锁中解放出来。这是个让人既反感又屈辱的枷锁，它把斯拉夫农民变成了不幸的奴隶。在俄罗斯南部草原的某个帐篷里，一个脏兮兮的小个子黄种人坐在那里，往奴隶身上吐着口水。为了活命，俄罗斯人只好卑躬屈膝。它剥夺了俄罗斯人民所有的荣誉感和独立感，它让饥饿、病痛、虐待和体罚成为俄罗斯人民的家常便饭。直到最后，所有的俄罗斯人民，不论农民还是贵族，都变成败家犬一样。他们经常被打，一点儿精神都没有，没有主人的允许，他们甚至不敢摇尾乞怜。

他们根本不可能逃跑。鞑靼人的骑兵速度很快，被捉住后，他们是不会留一点情面的。辽阔的草原也不可能让任何一个人逃到邻国的安全之地。因此，他们只能保持沉默，承受黄皮肤主人施加在他们身上的折磨，有时还要冒着死亡的风险。当然，欧洲可能也受到了干扰。但当时的欧洲正被自家事务缠得无可分身，教皇和皇帝之间你争我斗，彼此压制。因此，欧洲把斯拉夫人的命运交给他们自己，迫使他们去找寻生存之路。

最终拯救俄罗斯的，是一个早先由北欧人建立的众多小国中的一个。它位于俄罗斯平原的中心地带，首都是莫斯科，坐落在莫斯科河畔一座陡峭的山岩上。这个小国很聪明，需要向鞑靼人献媚的时候他们就献媚，在能保证自身安全的时候，他们又会稍作反抗。就这样到了14世纪中期，它成为众多小国中的领导。我们要记得，鞑靼人在建设政治方面没有任何能力，他们能做的只有破坏。他们不断征服新领土的主要目的，就是获得财富。要想以税收的方式来获取财富，就有必要让那些旧政治组织的残余继续工作。以此，在蒙古大汗的恩赐下，俄罗斯的许多小镇得以留存，但他们要充当税吏的角色，对邻近地区进行掠夺，从而充实鞑靼人的国库。

在不断牺牲邻国利益的基础上，莫斯科公国得以发展壮大，终于积攒够实力，可以与它的鞑靼主人进行公开较量。它取得了成功，而作为俄罗斯民族独立的领袖，它让莫斯科自然成为那些对斯拉夫民族仍抱有美好憧憬的部落的中心。公元1458年，君士坦丁堡被土耳其人占领。10年后，在伊凡三世的统治下，莫斯科正式向西方国家表明态度，对于拜占庭帝国和君士坦丁堡的罗马帝国的传统，斯拉夫民族拥有绝对的继承权，这不仅表现在物质方面，还表现在精神方面。经过一代人的努力，在伊凡雷帝的统治下，莫斯科大公已经敢于和恺撒大帝相提并论，还要求得到欧洲所有西部势力的认可。

1598年，随着费奥特尔一世的过世，北欧人布里克的后裔统治的莫斯科旧王朝也宣告结束。在此后的7年，拥有一半鞑靼血统的鲍里斯·哥特诺夫一直坐在沙皇的宝座上。在他执政期间，绝大多数俄罗斯人民的命运已经定型。这个帝国幅员辽阔，却并不富裕。这里没有贸易，也没有工厂。少数的几个城市也只是肮脏的小村庄而已。这个国家由一个高度集中的中央集权政府和目不识丁的农民组成。而这个政府又受到斯拉夫、斯堪的纳维亚、拜占庭和鞑靼的影响，所以国家的利益至高无上。为了保卫这个国家，需要组建一支军队。为了征收税赋供养士兵，公务员又是必不可少的。为了给这些官员发薪水，还需要土地。在东西部广阔的荒原上，土地资源非常充足。但是无人经管的土地和无人喂养的牲畜是没有任何价值的。于是，昔日牧民的权利被逐一剥夺。最终，在16世纪的第一年，他们正式成为自己所生活的土地的附属品。俄罗斯人民不再是自由民，成为了农奴。直到1861年，他们的命运还是如此悲惨，大量农奴相继死去。

17世纪，这个新兴国家的领土仍在不断扩张，很快便延伸到西伯利亚地区，成为欧洲其他国家不得不重视的一股势力。1618年，鲍里斯·哥特诺夫去世后，俄罗斯贵族从本族中选出一名新沙皇。这个人就是罗曼诺夫家族费奥特尔的儿子——米歇尔。此前，他一直住在克里姆林宫外的一所小房子里。

1672年，米歇尔的曾孙彼得——另一位费奥特尔的儿子出生了。在这个孩子10岁的时候，他同父异母的姐姐索菲亚继承了王位。彼得得到女王的批准，搬到首都的郊区去生活。这里是外国人的聚集地，有苏格兰的酒吧老板、荷兰的商人、瑞士的药剂师、意大利的理发师、法国的舞蹈教师，还有德国的小学老师，置身于这些人之中，年轻的王子对遥远又神秘的欧洲有了最初但非常特别的印象，那里所有事情都不一样。

在17岁的时候，彼得突然把姐姐索菲亚赶下王位，成为俄国的统治者。他不甘心只做一名带有亚洲特点的半开化民族的统治者，他要成为一个文明国家的君主。但要让俄国从一个拜占庭与鞑靼的混合体国家一夜之间变成一个欧洲帝国，并不是件小事。这需要强有力的双手和精明的头脑。1689年，彼得做了一场手术，他把现代欧洲嫁接到了古老俄国身上。

第48章　俄国与瑞典之间的战争

为争夺欧洲东北部的领导权，俄国和瑞典之间展开了多次战争。

公元1698年，沙皇彼得踏上对西欧的第一次征程。他经过柏林，来到荷兰和英格兰。小时候，彼得在他父亲的乡间别墅的池塘里划着自制的小船时，差点儿被淹死。尽管如此，他却对水情有独钟，直到生命尽头。他将这种热情转化成一种更为实际的方式，那就是为地处内陆的俄国开辟一条通向海洋的道路。

当这位不受欢迎又有点鲁莽的年轻统治者远离家乡时，一群俄国旧习俗的拥护者聚集在莫斯科，企图推翻他的改革。皇室卫队斯特莱尔茨骑兵团的突然叛变，让彼得不得不火速赶回国内。彼得任命自己为最高行政官，将斯特莱尔茨处以绞刑，将其尸体大卸八块，并把兵团的所有士兵一一处决。叛乱的元凶——彼得的姐姐索菲亚则被囚禁在一所修道院里，彼得的统治终于得到了巩固。1716年，彼得第二次踏上了前往欧洲的征程，同样的场景再次出现。这次叛乱是由彼得的一个傻儿子亚历克西

彼得大帝在荷兰的造船厂中

斯发动的。沙皇又一次马不停蹄地赶回俄国。亚历克西斯被活活打死在牢房里，其他闹事的旧拜占庭传统的支持者，则被流放到千里之外位于西伯利亚的一座铅矿，那是他们最终的目的地。从那以后，叛乱再也没有发生过。直到去世之前，彼得都可以顺顺利利地进行改革。

我们很难按照时间顺序把彼得进行的改革列在一张清单上。沙皇是个雷厉风行的人，改革也不讲求章法。他颁布了多项法令，速度之快甚至连记录都跟不上。在彼得看来，改革之前发生的所有事情似乎都是错误的。因此，必须要在最短的时间内让俄国发生转变。彼得去世后，留下了一支训练有素的部队。这支部

队由20万陆军和50只军舰组成。一夜之间，陈旧的管理体制荡然无存。杜马和贵族议会也宣告解散，取而代之的是围绕在沙皇身边的一个咨询委员会，这个委员会由国家官员组成，被称为参议院。

俄国被划分为8个行政区域，又叫行省。全国各地都在大兴土木，一座座城镇拔地而起。只要沙皇满意，任何地方都会建立起工厂，完全不考虑当地原材料的情况。运河一条条被开凿，东部山脉的煤矿也开始运行。在这片遍地文盲的土地上，成立了一所所学校，高等教育机构、大学、医院以及职业培训学校也相继成立。荷兰的造船工匠和来自世界各地的商人、艺术家都被吸引到俄国。印刷厂陆续建立，所有书籍都必须首先交给皇室官员阅读。社会各个阶层所要履行的责任和义务，都在一部新法典中得到详细的叙述。整个民法和刑法体系的法律条文也被印制成系列丛书。皇室下令取缔传统的俄国装扮，警察们手里拿着剪刀，在每一个路口观察着，所有披头散发的俄国山民都变成了干净利落的西欧人。

在宗教方面，沙皇绝不允许他的权力被分割。他绝不允许在欧洲上演的教皇与皇帝对立的场景出现在俄国。1721年，彼得封自己为俄国教会的领袖。莫斯科大主教被废除，宗教议会成为处理教会内部大小事务的最高权力机构。

彼得大帝建设他的新都

然而，很多改革未能取得成功，因为很多俄国传统势力仍残留在莫斯科。于是，彼得决定将政府迁往新的首都。新都选在靠近波罗的海的一片沼泽地。1703年，彼得下令对这片土地进行施工。4万农民历时数年，终于为这座皇室新都打下了基础。之后，瑞典人入侵俄国，企图毁掉这座新都。肆虐的疾病和悲惨的生活让成千上万的农民丢掉了性命。尽管如此，施工仍在进行。经过无数个严冬酷署，这座业已成形的城市终于发展起来。1712年，彼得正式宣布其为"皇室的居住地"。10多年之后，这座城市便拥有了7.5万居民。每年，涅瓦河都会泛滥两次，城市会被洪水淹没。但凭借其坚忍的意志，彼得最终战胜了自然的力量。他在城市周围修建起堤坝和运河，洪水再也无法对城市造成伤害。1725年彼得去世的时候，已经是欧洲北部最大城市的所有者。

诚然，一个国家的迅速崛起肯定会让它的邻居产生巨大的担忧。彼得一直都在饶有兴趣地注视着瑞典王国——这个波罗的海沿岸的劲敌的一举一动。1654年，瑞典三十年大战的英雄——古斯塔夫·阿道尔丰斯的独生女克里斯蒂娜宣布放弃王位，并前往罗马，成为一名虔诚的天主教徒。古斯塔夫一位信新教的侄子从瓦萨王朝末代女王的手中接过了王位。在查理十世和查理十一世的统治下，瑞典走向了太平盛世。但在1697年，查理十一世突然辞世，王位由年仅15岁的查理十二世继承。

北欧各国终于等到了这个千载难逢的好机会。在17世纪的一场宗教战争中，瑞典牺牲了邻国的利益，从而进一步发展壮大。而现在，在这些国王看来，复仇的大好时机来到了。很快，俄国、波兰、丹麦和撒克逊就对瑞典宣战。1700年11月，查理将经验不足的俄国军队打得落花流水。查理是当时最为杰出的军事天才，他立刻将矛头指向其他敌人。经过9年的时间，他一举攻克了波兰、撒克逊、丹麦和波罗的海沿岸各省，每到一处都大肆烧杀抢掠。与此同时，彼得则在遥远的俄国，对士兵进行紧锣密鼓的训练。

在1709年，俄军终于在波尔塔瓦战役中一举歼灭早已筋疲力尽的瑞典军队。查理始终保持着他独有的形象，一个富有浪漫色彩的英雄。但他的报复还是失败了，并最终葬送了他的国家。1718年，查理意外身亡，有可能是被刺杀（具体情况我们不得而知）而死。1721年，随着《尼斯特兹条约》的签订，欧洲再次恢复了和平，但瑞典丧失了除芬兰以外波罗的海沿岸的所有领土。由彼得一手建立的新俄罗斯帝国成为北欧的绝对领导者。但是，一个新的对手正在崛起，即日渐成形的普鲁士帝国。

第49章　普鲁士的崛起

> 在日耳曼北部的荒凉地带，一个小国迅速崛起，它就是普
> 鲁士。

普鲁士的历史就是一部疆土变迁史。公元9世纪，查理曼大帝将欧洲的文明中心从之前的地中海地区转移到欧洲东北部的蛮荒地带。他的法兰克士兵将欧洲的边境线不断向东推移。位于波罗的海与喀尔巴阡山之间的平原地带是斯拉夫人和立陶宛人的居住地，查理曼从他们手中夺取了大量土地。法兰克人对这些边远地区的管理方式就像美国建国前对其中西部地区的管理方式一样。

为了抵御那些尚未开化的撒克逊人对东部领土的侵袭，查理曼建立了一个边境省份——勃兰登堡。斯拉夫部落的一个分支文德人此前曾在此地定居，但在公元10世纪，他们被法兰克人征服。他们之前建立的名为勃兰纳博的集市成为勃兰登堡的中心，这个新省份的名字也由此而来。

在公元11~14世纪，一系列贵族家族充当着这个边界省份的管理者。直到公元15世纪，霍亨索伦家族渐渐壮大，成为勃兰登堡的统治者，把这片被人遗弃的荒凉地带变成当代世界上效率最高的国家之一。

不久前刚被欧洲各国和美国合理逐出历史舞台的霍亨索伦家族，发源于德国南部，他们非常不起眼。公元12世纪，一个名叫腓特烈的霍亨索伦家族成员借由一桩婚事，成为勃兰登堡城堡的守将。从那以后，他的后代便牢牢抓住每一次机会来为自己争取更多的权力。经过几个世纪的巧取豪夺，霍亨索伦家族终于成为选帝侯。选帝侯是专门赐给王公贵族的名号，凡是获此名号的人都有权参与旧日耳曼帝国皇帝的选举。在宗教改革时期，他们选择站在新教徒一边。到了公元17世纪，霍亨索伦家族已经成为北部日耳曼地区最具实力的家族之一。

在三十年大战期间，新教徒和天主教徒以同样的热情对普鲁士进行了洗劫。但在伟大选帝侯腓特烈·威廉的治理下，损坏迅速得到修复。通过对国内一切经济和智慧力量的合理利用，腓特烈建立起一个物尽其用、人尽其才的国家。

现代普鲁士是一个个人理想和志愿与国家整体利益相吻合的国家。这种国家

状态可以一直追溯到腓特烈大帝时期。腓特烈·威廉一世是一名任劳任怨、勤俭节约的士兵，喜欢酒吧里流传的故事和重口味的荷兰烟草，但他特别讨厌带有花边的皮草类东西（特别是法国制造的）。他的心中只有一个理念，那就是职责。他严于律己，对任何人的软弱行为都无法容忍，无论他是将军还是士兵。他和儿子腓特烈的关系一直不好。父亲是个五大三粗的人，儿子却是个温文尔雅的绅士。小腓特烈对法国的礼仪、文学、哲学和音乐情有独钟，但在他父亲看来，这些都是些女人追求的东西。终于，两人迥异的性情引发了一场激烈的冲突。小腓特烈试图逃往英国，却被捉到，还被送到法庭接受审判，不得不目睹帮助自己潜逃的好友被斩首示众。作为对他惩罚的一部分，年轻的王子被流放到外省的一个小关卡，在那里学习如何在未来做一个好国王。这次流放也算让小腓特烈捡了个便宜。当他1740年回到普鲁士继承王位时，对国家的大小事务了如指掌，无论是开据一个平民新生儿的出生证明，还是整个国家的年度预算这样复杂的事务，他都处理得游刃有余。

作为一个作家，尤其是在他题为《反马基雅维利》的书里，腓特烈对这位古佛罗伦萨历史学家的政治观点十分不屑。因为马基雅维利曾教授皇室弟子，只要是为了国家的利益，在任何有必要的时候都可以撒谎。然而在腓特烈看来，一个英明的君主首先要先成为人民的公仆。他以路易十四为榜样，要做一个开明的君主。然而在现实生活中，腓特烈虽然每天都为百姓工作20个小时，却从不允许任何人在他身旁指手画脚。他的大臣们只是级别高一些的记录员。普鲁士是他的私有财产，他可以完全按照自己的意愿来治理国家。对于任何有损国家利益的事情，他都绝不允许发生。

1740年，奥地利皇帝查理六世去世。他曾在一张羊皮纸上签下一份条约，试图以此来确保他的独生女儿玛丽亚·泰莉莎的地位。但他的遗体刚被安葬在哈布斯堡王朝的祖坟里，腓特烈的军队就抵达了奥地利边境，随后占领了西里西亚地区。依据某个颇有疑问的古老条约，普鲁士宣称，西里西亚（甚至整个中欧地区）都应归他们所有。经过多次战争，腓特烈征服了整个西里西亚地区。有好几次，他都险些被奥军击败，但最终还是成功击退奥军的所有反击，保住了自己在这片新征服领土上的地位。

整个欧洲都对这个新崛起的国家刮目相看。18世纪时，日耳曼还是个在宗教战争中几乎被毁灭、被所有人轻视的弱小民族。而如今，腓特烈像彼得大帝一样，让所有曾近轻蔑自己族人的人都感到了畏惧。普鲁士的内部事务都被处理得有条不紊，所有人都没有抱怨的理由。国库也日渐充实，不再受赤字的困扰。酷刑被废除，司法体系也得到完善。城市建起了平坦的道路、优质的学校，再加上严谨的管理，这一切都让人们感觉到，无论国家需要他们做什么，他们都觉得是值得的。

几个世纪以来，德国都是法国、奥地利、瑞典、丹麦和波兰等国交战的战场。在普鲁士的带领下，德国终于重拾信心。这一切都是那个身形瘦小、长着鹰钩鼻、整天穿着旧制服的小老头的功劳。他讲了很多关于他的邻居的好笑但并不礼貌的故事。在18世纪的外交活动中，只要能从谎言中获利，他就会把事情说得天花乱坠，完全不顾事实。尽管他创作了《反马基雅维利》这本书，事实上他并不像书中所写的那样。1786年，腓特烈的生命终于走到了尽头。朋友们都离他而去，他也没有留下一儿半女。他去世的时候，身边只有一个仆人和他养的几条狗。他对于狗的喜爱远胜于人类，因为他说过，狗对人类永远都有一颗感恩的心，对朋友也永远忠诚。

第50章 重商主义

　　欧洲的新兴国家或王朝如何变得富有起来？重商主义又意味着什么呢？

　　现在我们知道，现代国家在十六七世纪就开始展露雏形。几乎每一个国家的起源都有着自己的特点。有的是某一国王勤劳努力的结果，有的则纯粹出于偶然，还有的是凭借着有利的自然地理条件建立起来的。但是国家一旦成立，都会无一例外地加强其自身管理，在外交事务中也争取发挥最大的影响力。当然，这些都需要庞大的资金做基础。中世纪的国家缺少中央集权，因此他们无法依靠国库来提供资金。国王会从皇家领地收取税款，封建主则为国王和国家的统治阶层付钱。现代中央集权国家的情况要复杂得多。旧时的骑士已经消失，受雇的政府官员取代了他们的位置。维护陆军、海军和国家内部事务的管理要花费国家大量的资金。那么问题就出现了，这么一大笔钱要到哪去找呢？

　　在中世纪，黄金和白银都属于稀有商品。正如我之前所说的，一个普通人可能穷其一生都没有见到过一枚金币。只有那些生活在大城市的人民才会对银币有

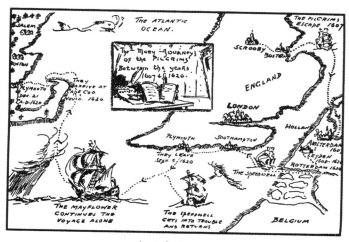

朝圣者的航行

所了解。但是美洲大陆的发现和秘鲁银矿的开采改变了这一切。贸易中心从地中海地区转移到大西洋沿岸。意大利那些旧时的"商业城市"失去了经济上的重要性。新兴的"商业国家"取代了他们的地位，黄金和白银不再是什么稀奇之物。

大量贵金属通过西班牙、葡萄牙、英国和荷兰流入欧洲。16世纪的政治经济学家针对这一时期的特点，提出一套"国富论"。他们觉得这个理论堪称完美，能为各自的国家带来最大的利益。在他们看来，只有黄金和白银才是真正的财富。由此他们坚信，国库和银行储备最多金银和现金的国家就是最富有的国家。既然用钱可以买到军队，那么最富有的国家也是实力最强大的国家，可以统领世界其他部分。

我们把这套理论称为"重商主义"。当时，所有国家都完全赞同这套理论，就像早期的天主教徒相信这个世界上会有奇迹，或者像如今的美国人对关税深信不疑一样。在实际生活中，重商主义主要体现在如下方面：一个国家要想拥有大量的贵金属，就必须在贸易上实现顺差。如果你对邻国的出口多于邻国对你的出口，那么邻国就会欠你钱，然后不得不以黄金来偿还。此消彼长，你得到的越来越多，邻国失去的就越来越多。于是，到了17世纪，几乎每个欧洲国家都施行了如下的经济策略：

1. 尽可能多地获得贵金属。

2. 优先发展国际贸易，继而推动国内贸易。

3. 大力发展把原材料加工成可出口成品的产业。

4. 鼓励生育，因为工厂急缺人手，农业社会无法提供大量的劳动力。

5. 必要时，国家可以对生产过程加以监督和干涉。

事实上，国际贸易有其自身的自然规律，如果没有人为的干预，它会一直遵从某种自然法则。但十六七世纪的人试图利用政府颁布法令及法律来制订符合自身利益的商业法则，以规范贸易行为。

16世纪，查理五世接受了重商主义（这在当时还是个全新的理念）的理念，并把它介绍给他的诸多领地。为了

欧洲征服世界

取悦他，英国的伊丽莎白女王也如法炮制。而法国波旁王朝的统治者，特别是路易十四，是这一理论的忠实拥护者。他的财政大臣科尔伯特也成为重商主义经济学的"先知"，整个欧洲都希望得到他的指点。

海上霸权

克伦威尔统治时期的对外政策，就是对重商主义的实际应用。所有政策都针对富有的对手——荷兰共和国而制定。因为作为当时欧洲所有商品的载运者，荷兰船家们有着自由贸易的倾向，因此必须不惜一切代价将他们一网打尽。

并不难理解，这种制度会给殖民地带来多大的影响。在重商主义的影响下，殖民地沦为黄金、白银和香料的产地，只是为了满足宗主国的利益需求。那些产自亚洲、美洲和非洲等热带国家的贵金属和原材料，使拥有这些殖民地的国家成为该行业的垄断者。其他国家的人绝不允许进入该国，当地人也不准和其他国家的商船进行贸易。

毋庸置疑的是，重商主义激励了某些国家某类新兴产业的发展。在此之前，这些国家从来没有出现过工厂。在重商主义的影响下，这些国家修筑公路，挖凿运河，创造更加便利的运输条件。它还要求工人们掌握更娴熟的技能，让商人们获得更高的社会地位，也大大削弱了封建地主的势力。

但另一方面，重商主义也带来了一场巨大的灾难。它使生活在殖民地的土著居民成为欧洲巧取豪夺的牺牲品，使生活在宗主国的百姓面临着比以往更悲惨的命运。它让每一寸土地都变成兵营，把世界瓜分成一个又一个小小的领地。每块领地上的人民都在为自身的直接利益而辛勤劳作，同时又无时无刻不在惦记着摧毁邻国，好把他们的财富据为己有。重商主义将财富摆在前所未有的位置，对于普通百姓而言，成为"有钱人"是他们全部的价值体现。经济制度并非一成不变，它也像外科手术和女装潮流一样随时改变。到了19世纪，重商主义逐渐淡出历史舞台，取而代之的是一个自由又开放的经济体系。至少，我了解的情况是这样。

第51章 美国革命

18世纪末，欧洲大陆听说了一件发生在北美大陆蛮荒地区的事情。那些将坚持"君权神授"的查理国王处死的人的子孙，为建立一个自治政府写下了崭新的篇章。

为自由而战

方便起见，我们要回到几个世纪前，回顾一下欧洲各国争夺殖民地的早期历史。

在30年战争以及战争刚结束的那段时间，某个民族或王朝的利益给欧洲许多新兴国家的建立奠定了坚实的基础。也就是说，那些受到商人钱财和他们贸易公司的商船资助的统治者，会继续在亚洲、非洲和美洲争夺更多的殖民地。

西班牙人和葡萄牙人对印度洋和太平洋的探索，比荷兰人和英国人早了一个多世纪。但事实证明，后来者更有优势，因为早期的艰难工作已经被前者完成了。另外，早期的航海家们在亚洲、美洲和非洲的土著居民当中非常不受欢迎，而英国人和荷兰人受到了座上宾的礼遇。但我们不能说，这两个国家的航海家们就比前人好。他们首先是商人，从不允许任何宗教因素干扰他们做生意。在第一次和弱小种族打交道时，所有欧洲国家都非常野蛮。但英国人和荷兰人知道见好就收。只要他们能够拿到胡椒、金银和税收，就愿意让当地人按照自己喜欢的方式生活。

因此，他们没费多大力气便在世界上最富有的地方站住了脚。但只要他们得到想要的，就会再一次大打出手，以争取更多的殖民地。很奇怪的是，争夺殖民地的战争从来不会发生在殖民地上。双方会出动海军，在距离殖民地3000英里之外的海面上交战。这条规律是古今战场上最有趣的规律之一（历史上少有的可靠规律之一），即"在海战中获胜的国家最终也能在陆战中获胜"。到目前为止，这条规律还一直奏效，但现代飞机的发明也许让它发生了一些变化。然而在18世

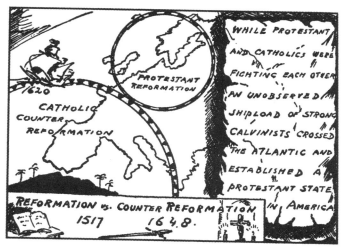

清教徒朝圣者

纪，英国海军让英格兰成为大片美洲、印度和非洲殖民地的主人。

在这里，我们先不讨论17世纪爆发在英国和荷兰之间的一系列海战。就像历史上所有实力相差悬殊的战争一样，强者最终会获胜。但英国与法国（英国的另一个劲敌）之间的战争至关重要，最终英国凭借无敌舰队战胜了法国。此前，双方曾在北美大陆上进行过多次交战。法国和英国宣布，在这片广袤大地上即将被他们发现的所有东西，都归为己有。1497年，卡波特在美洲北部登陆。27年后，乔万尼·韦拉扎诺又来到这片海岸。卡波特将英国国旗悬挂起来，韦拉扎诺站在法国国旗下微笑地看着这一切。于是，两个国家都声称自己才是整片大陆的所有者。

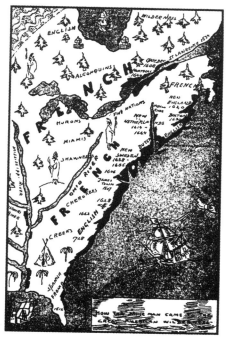

17世纪，英国在缅因州和卡罗来纳之间建立起10个规模不大的殖民地。它们通常都是那些隶属于其他教派的难民的聚集地，例如1620年抵达新英格兰的新教徒和1681年在宾夕法尼亚定居的贵格会教徒。他们形成一些边境社区，离海岸不远。人们在这里建立新家，不会受到王权的监控和干涉，开始新的幸福生活。

白人定居北美

相反，法国殖民地始终都属于皇室。国王禁止胡格诺教徒或新教徒出现在殖民地，担心他们会向印第安人传播危险的教义，这或许会干扰耶稣会教士的传教工作。因此，和老邻居兼老对手相比，英国殖民地建立在一个更加健康的基础之上。英国殖民地代表着英国中产阶级的商业实力，法国殖民地则聚集了漂洋过海来到这里的皇室奴仆。一有机会，他们就想回到巴黎。

在"五月花"的船舱里

然而从政治方面讲，英国殖民地做得很不好。16世纪，法国人发现了圣劳伦斯河口。从五大湖开始，他们一直向南开拓，最终来到密西西比地区，沿墨西哥湾建立了多个海防要塞。经过一个世纪的探索之后，法国人建立起60个要塞，彻底隔断了英国在大西洋沿岸的殖民地与北美内陆殖民地的联系。

英国的土地管理部门曾跟不同殖民地公司表明，英国拥有"从大西洋到太平洋"的所有土地。理论上来讲，这一点对各个公司非常有利，但实际上，英格兰的领地到法国防线那里就结束了。要突破这条防线不是不可能，但是需要大量的人力和物力，还引发了一系列边境之争。在印第安部落的协助下，两国人互相厮杀，对自己的白人邻居毫不留情。

法国人探索西部

斯图亚特王朝期间，英国和法国之间根本没有爆发战争的危险。因为斯图亚特王朝需要依靠波旁王朝来建立自己的君权，削弱议会的力量。但在1689年，斯图亚特王朝的最后一名成员从不列颠的土地上消失，最让路易十四头痛的敌人——荷兰的威廉成了王位的继承人。从那时起，直到1763年《巴黎和约》签署，英、法两国为争夺印度和北美一直处于战争状态。

　　正如我前面说过的，在数次交战中，英国海军一直处于优势。因为与其殖民地之间的联系被切断，法国丢掉了大部分领土。等到签订《巴黎和约》时，整个北美大陆都落入英国人手里。卡蒂埃、尚普兰、拉塞尔和马奎特等其他法国探险家的伟大成就，都拱手让给了英国。

　　但在这片广袤的土地上，只有一小部分地区有人居住。北起马萨诸塞（1620年来到这里的清教徒十分严苛，他们对英国的国教和荷兰的加尔文教都不满意），南到卡罗来纳和弗吉尼亚（该地区为谋求暴利专门用来种植烟草），这片领地就像一条狭长的带状

荒野中的堡垒

物，人烟稀少。但生活在这片天高海阔的新土地上的人们和他们祖国的兄弟完全不同。在荒野中，他们学会了自力更生。他们是勤劳勇敢、精力充沛的祖先的后代。在那时，好吃懒做的人是绝不会漂洋过海来到这里的。美洲的殖民者们崇尚自由，不愿受到限制，那种窒息的感觉让他们在祖国的生活很不开心。他们要成为自己的主人。这些都是英国的统治阶级所不能理解的。政府不满殖民者的行为，殖民者也不愿受到政府的管制，开始向政府发起挑战。

　　彼此间的不满会造成更多的矛盾。我没必要在这里重复事情发生的细节，也没必要去假设，如果当时的国王比乔治三世更聪明一些，或者能把首相诺斯勋爵的权力收回一些，也许很多事情就不会发生了。当北美的殖民者意识到和平谈判并不能解决问题时，他们决定施以武力。他们不愿再做皇家的附属品，转而奋起反抗。一旦落入受雇于乔治国王的德国士兵手中（当时条顿的王公们有个十分有趣的习俗，就是把整团士兵租给出价最高的国家），就只能等待死亡的

新英格兰的第一个冬天

宣判。

英格兰和美洲殖民地之间的战争持续了整整7年。在大部分时间里，人们都怀疑反叛者不会获得最终的胜利。很多人，特别是城市里的人，仍然忠于他们的国王。他们支持妥协，希望能够实现和平。但伟大的领袖华盛顿站了出来，要保卫殖民者的理想。

在几名勇士的协助下，华盛顿带领装备陈旧但异常顽强的军队削弱了国王的势力。一次次地，华盛顿似乎就要被打败了，但他的策略总能让战果发生变化。他的士兵常常吃不饱，到了冬天也没有棉鞋和外套，只能睡在脏乱的壕沟里。但他们百分百地相信他们的领袖，直到取得最后的胜利。

乔治·华盛顿

除了华盛顿指挥的精彩战役和本杰明的外交胜利（他前往欧洲，从法国政府和阿姆斯特丹银行家手里得到大量资金），美国革命期间还发生了一件更为有趣的事。不同殖民地的代表齐聚费城，来讨论诸多重要事宜。这次聚会发生在美国革命的第一年，当时沿海地区大部分重要城镇还控制在英国手里。英国的援兵乘船来到北美。只有那些对独立事业有着坚定信念的人，才有勇气在1776年的六七月份作出历史性的决定。

1776年6月，来自弗吉尼亚的理查德·亨利·李在大陆会议上提议："这些联合起来的殖民地有权成为自由且独立的州。它们不该接受英国王室的统治，和大不列颠帝国的所有政治联系都应被斩断。"

来自马萨诸塞的约翰·亚当斯随后对这项提议发表了意见。7月2日，这项提议被正式实施。随后在7月4日，《独立宣言》正式发表。托马斯·杰斐逊是这项宣言的起草者，他精通政治学和管理学，严谨的态度和卓越的才能让他注定成为美国最著名的总统之一。

这则新闻很快就传到了欧洲。随后，殖民地人民又取得了最终的胜利，并在1787年通过了著名的《美国大宪法》（这是第一部正式成文的宪法）。这一系列消息在欧洲引起了极大的轰动。17世纪宗教战争爆发后，欧洲建立起中央集权制度，经过不断发展，王权已达到了权力的顶峰。无论在哪里，国王的宫殿都越建越大，王室所在的城市却被越来越多的贫民窟所包围。生活在贫民窟的人们已经表明了反叛的迹象，他们非常无助。而上层阶级——贵族和政府官员也开始对社会

美国大革命

的经济和政治制度产生怀疑。北美殖民地的胜利告诉他们，前一秒还不可能发生的事情，也许下一秒就会实现。

一位诗人说过，莱克星顿的枪声已经"响彻全球"。这种说法也许有些夸张。因为中国人、日本人和俄罗斯人（更不用说澳大利亚人和夏威夷人了，库克船长刚刚发现了这两个地方，但因为他在当地引起了不小的麻烦，人们便把他杀了）从来就没听到过。但它传到大西洋彼岸，落在了那些怀有不满的欧洲人的火药桶上。在法国，这声枪响引发了一场爆炸，从彼得堡到马德里，整个欧洲都为之震动。陈腐的国家制度和外交政策都被深埋在民主的巨石之下。

第52章　法国大革命

> 伟大的法国大革命向全世界的人民证明了自由、平等和博爱。

在叙述一场革命前，我们最好先来了解一下这个词的意义。在一位伟大的俄国作家看来（俄国人对于革命有着深刻的体会），革命就是"用短短几年的时间，以迅猛的速度将几个世纪以来根深蒂固的旧制度推翻。这些旧制度看上去牢不可摧，即使是最激进的革命家也不敢轻易反抗它们。这些制度构成了一个国家社会、宗教、政治和经济生活的本质，却在很短的时间内土崩瓦解"。

18世纪，当古老的文明走向腐朽时，法国便爆发了这样一场革命。路易十四统治时期，国王一手遮天，甚至代表了国家本身。那些曾为国家效忠的贵族阶层发现自己失去了职责，沦为宫廷的装饰品。

18世纪的法国挥霍了不少钱财，这些钱主要来自税收。但不幸的是，法国国王没有那么大的能耐，可以让贵族和神职人员也分担税收。因此，这些沉重的赋税完全来自于农民。但农民们住在稻草屋里，与之前的庄园主失去了密切的联系，成为残忍无能的土地代理人的牺牲品，生活条件不断恶化。既然如此，他们为什么还要努力劳作呢？庄稼的收成越好，他们所要上交的赋税就越多。因此，他们鼓起勇气，不再去田里干活儿。

由此便产生了如下情景：国王在宽敞华丽的皇宫里四处闲逛，习惯了后面跟着一大堆想要谋得一官半职的人。他们全都靠农民的收入过活，而农民的日子连地里的牲畜都不如。这并不是一幅赏心悦目的图景，却毫不夸张。然而我们必须记住，所谓的"国家体制"还存在着另一面。

一个与王公贵族密切相关的富有的中产阶级（通常是某个富有的银行家女儿嫁给一个没落贵族的儿子），再加上一个汇集了全法兰西最有魅力的宫廷，使得法国的高雅艺术得到前所未有的发展。由于国内最聪明的智者被剥夺了政治经济领域的权力，他们便把空闲时间用来讨论抽象概念。

如同时尚潮流一样，人的思维方式和个人行为很容易走向极端，因此做作的法国人自然对他们想象出的"简单生活"充满了兴趣。于是，国王和王后——这个国家的绝对统治者和大臣们一起搬到乡村里的小房子居住，他们扮成挤奶女工和牧童，像古希腊人一样过着简单快乐的牧民生活。在他们周围，侍臣们跳起舞蹈，宫廷乐师们则奏起了小步舞曲，宫廷理发师们还设计出新颖的发式。最后他们觉得实在很无聊，又没有真正的工作，便在这个凡尔赛宫（这是路易十四特别修建的、用来躲避城市喧嚣的宫殿）的小圈子里谈论和他们毫无关联的话题，就像一个饿了的人眼中只有面包一样。

当伏尔泰——一位勇敢的哲学家、剧作家、历史学家、小说家以及所有宗教和暴君的最大敌人，开始抨击现有秩序时，整个法国都为之鼓掌。他的戏剧作品也大受欢迎，最后人们只能买站票来观看。当让·雅克·卢梭用充满感伤的色彩，为同时代的人们描绘出一幅原始居民在大自然中快乐生活的画面时（卢梭对于原始人的了解就像他对儿童的了解一样少，却被视为自然与儿童教育方面的专家），所有法国人都开始阅读他的《社会契约论》。在这个君权至高无上的国家，当人们听到卢梭发出让主权重新回到民众手中、让国王变成人民公仆的呼吁时，不禁泪流满面。

孟德斯鸠出版了他的著作《波斯人信札》。该书以两名了不起的波斯旅行者的故事为背景，揭露了法国社会黑白不分的本质，还讽刺了上至国王、下至600名糕点师傅的所有事情。这本书很快就加印了四次，也为他的另一本著作《论法的精神》赢来了成千上万名读者——该书中，一位男爵将英国先进的政体和法国落后的政体进行了比较，号召建立一个行政、立法、司法三权分立的国家来取代现行的中央集权政府。后来当巴黎的出版商布雷东宣布，狄德罗、德·朗贝尔、杜尔哥等杰出作家将编写一部百科全书，涵盖"所有新思想、新科学和新知识"时，公众的反响异常热烈。经过22年的编纂，28卷百科全书终于完成了，警察根本无法压制公众对这套书的购买热情。法国社会收到了一份极为重要但又颇具风险的礼物。

断头台

在这里，我想稍稍提醒你们一下。在看与法国大革命有关的小说、戏剧或电影时，你很容易产生这种先入为主的印象：法国大革命是一场由生活在贫民窟的暴民掀起的叛变。但事实并非如此。革命舞台上总是会出现一群乌合之众，但他们通常是受中产阶级的鼓动而发动起义。在同国王和皇室作战时，这些领导者把渴望摆脱现状的贫民当作最有效的盟友。然而最早提出革命基本思想的，是几个聪慧异常的人物。一开始，他们被旧贵族邀请到自家华丽的客厅，作为皇宫里无聊的男男女女的生活调剂品。这些粗心大意的人玩起社会批评的危险之火，几颗火星掉在了地板的裂缝里（地板已经腐烂，和这座房子的其他部分一样老旧）。不幸的是，这几颗火星刚好落在地下室里存放的陈年稻米上，火一下就着了起来。随后，人们便大喊救火。房子的主人对所有东西都感兴趣，但就是不知道如何管理自己的财产。他不知道怎么灭火，于是大火迅速蔓延，最后整栋房子都被火海吞没了。法国大革命就是这么发展起来的。

为了方便叙述，我们把法国大革命分成两段。从1789年到1791年，这一阶段的人们曾试图把君主立宪制引入法国，但他们没有成功。一部分原因是国王本身不讲信用，还昏庸至极；还有一部分原因是局势的发展已经超出了人们的控制范围。

1792年到1799年是共和国时期，法国人民第一次尝试建立一个民主制政府。因为法国国内的长期骚乱以及在改革上诸多真诚却无效的尝试，革命最终还是以暴力的形式爆发了。

当法国的债务高达40亿法郎，国库也一贫如洗，政府再也想不出征税的理由时，国王路易（他是名出色的开锁师、伟大的猎人，却是个愚蠢的政客）也隐约觉得，是时候该采取行动了。于是，他叫来杜尔哥，任命他为财政大臣。安·罗伯特·雅克·杜尔哥已经60多岁，是即将退出法国政治舞台的贵族中的杰出代表。他曾是一名成功的省长，同时还是业余的政治经济学家，能力显著。他尽可能地担任好财政大臣的角色。不幸的是，他并没能让奇迹发生。既然让那些衣衫褴褛的农民上交税款已经不可能，那么就只能从那些没掏过一分钱的贵族和神职人员那里获得资金。但这让杜尔哥成为凡尔赛宫最讨厌的人。更糟的是，他还不得不面对来自皇后玛丽·安东奈特的敌意。如果有人胆敢在她耳边提及"节俭"这个词，她就会视其为敌人。很快，杜尔哥便被冠上"不切实际的幻想家"和"理论教授"的称号，当然，他的官位也变得摇摇欲坠。1776年，他被迫递交了辞呈。

在"教授"之后，出现了一个非常务实的生意人。他是一个名叫内克尔的瑞士人。最早他靠经营粮草生意起家，后来又与搭档开办了一家国际银行，积累了不少财富。他被野心勃勃的妻子推入政界，这样她的女儿就有机会接触到上流社会。后来，她的女儿嫁给了瑞士驻巴黎大使德·斯特尔男爵——他在19世纪初的文坛颇有名望。

与杜尔哥一样，一开始内克尔对工作投入了大量的热情。1781年，他出版了一份法国财务情况的详细回顾，但国王对这方面一窍不通。国王刚派了一支军队前往美国，帮助当地的殖民者对抗他们共同的敌人——英国。这次远征的费用大大超出预计，于是国王下令让内克尔筹集资金。但内克尔不但没有筹到钱，还递交了印有更多数字的报告。他竟敢公开讨论"必要的节俭"这样的字眼，可想而知他的日子快到头了。1781年，国王以"能力不及"为由将他开除了。

继"教授"和务实的商人之后，新上任的财政大臣很懂得讨人欢心，他保证会让人们每个月都收到百分之百的回报，只要人们相信他的完美制度。他就是查理·亚历山大·德·卡罗纳，一名急于表现的官员，凭借着开办的工厂和狡诈的手段，他坐上了财政大臣的宝座。他发现国家早已深陷债务之中，但他是个聪明人，不愿得罪任何人，于是他想到了一个快速

路易十六

补救的方法。那就是借新债还旧债，这个方法之前就有人用过。但它带来了灾难性的后果。在不到3年的时间里，法国的债务又增加了8亿法郎。这位财政大臣却丝毫不担心，依然笑着在国王和王后陛下的每张开支单上签名。早年在维也纳当公主的时候，这位可爱的王后就养成了挥霍的习惯。

最后，就连巴黎议会（法国最高司法机构，但不是立法机构）也看不下去了，他们决定采取行动，但这并不表示他们对国王不再忠诚。卡罗纳本想再借8000万法郎。可那一年粮食收成不好，乡野地区民不聊生。法国政府要是再不采取有意义的行动，就要面临破产。但国王还像往常一样，没有察觉到事态的严重性。那么是不是可以向人民代表咨询呢？但自从1614年后，法国就再也没有召开过全国性的三级会议。鉴于目前近乎崩溃的状况，人们呼吁召开三级会议。但优柔寡断的路易十六并不想走那么远。

为了平息众怒，1787年，路易十六将所有社会知名人士召集在一起，共商大计。但它只是一次达官显贵们的聚会，他们讨论了什么能做、什么应该做，但前提是不损害封建地主和神职人员的免税权。显然，要让这个社会阶层为普通百姓作出政治和经济上的牺牲是不可能的。与会的127人坚决拒绝交出属于他们的任何一项权利。饱受饥饿折磨的百姓便要求内克尔重新得到任命，因为他们对他有信心。但贵族们的回答是"不"。于是，街上的百姓开始砸窗户，还有其他一些不得体的事。贵族们马上逃走了，卡罗纳被解聘。

新上任的财政大臣名叫洛梅尼·德·布里昂纳，是一名红衣主教，没什么特色。面对饥饿百姓的武力威胁，路易十六答应将"尽快"召开三级会议。这种模

糊的说法当然不能让任何一个人满意。

在将近一个世纪的时间里，法国都没有经历过这样严峻的冬天。庄稼不是被洪水冲走，就是被冻死在田地里。普罗旺斯所有的橄榄树都被冻死了。有些私人的慈善机构想要作出点贡献，但这对1800万饥民简直就是杯水车薪。于是，暴乱在各地出现。上一代，国家还可以依靠军队来镇压暴乱，但现在，新的哲学思想已经开花结果。人们开始意识到，对于饥民来说，武力不是一个有效的方法，而士兵（他们也来自百姓）也不再效忠国王。国王必须采取些行动来重获民心，但他再一次犹豫了。

在外省的很多地方，新哲学流派的人建立起一个又一个独立共和国。在忠实的中产阶级中也开始听见这样的呼声——"没有代表就没有税款"（这是25年前美国殖民者反抗时的标语）。于是，法国陷入了全国性的暴乱中。为了安抚百姓，提升王室的信誉，政府竟然出乎意料地宣布取消严苛的出版审查制度。一时间，出版物像洪水一样席卷了法国。每一个人，无论身份高低，都在批评别人或被别人批评。2000多本小册子得到出版。财政大臣洛梅尼·德·布里昂纳在一片辱骂声中摘下了官帽。内克尔被紧急召回，国王要求他尽己所能把这场全国性的暴乱压制下去。巴黎的股市立即暴涨了30%。在普遍的乐观情绪下，人们延缓了对王权的审判。1789年5月，三级会议召开，全法兰西最有智慧的人都聚集在这里，他们一定能很快想出解决办法，把法兰西王国重新建设成为一个健康、幸福的国度。

通常人们会认为，集体智慧的结晶可以解决一切难题，但事实证明这会带来灾难性的后果。在某些特殊时期，它往往会影响个人的发挥。在这个关键时刻，内克尔让事态顺势发展，并没有把政府紧紧攥在手里。于是，法国又爆发了一场激烈的争论，焦点是商讨对旧帝国改造的最佳方案。无论在哪里，警察的权力都被削弱了。在一些专业煽动家的领导下，生活在巴黎郊区的人们开始意识到自身的力量，他们开始扮演起大动荡中原本就属于他们的角色。当无法通过立法途经来实现革命时，他们就成为革命真正领导者的武装力量。

巴士底狱

作为让步，内克尔同意让农民和中产阶级在三级会议上派出双倍名额的代表。就这个问题，希尔耶神父曾撰写过一本名为《什么是第三等级》的著作。他得出一个结论，即第三等级（中产阶级的另外一种称呼）应该代表一切。过去他们没有任何地位，现在他们希望得到应有的权力。

他的书代表了当时绝大多数重视国家利益的人们的想法。

　　最终，选举开始了，混乱的场面可想而知。选举结束后，308名神职人员、285名贵族和621名第三等级代表收拾好行李，前往凡尔赛宫。但第三等级不得不加一份行李，即一份被称为"纪要"的报告，里面主要记述了选民对王室的抱怨和不满。至此，舞台已经搭建好，一场为拯救法国的压轴大戏即将上演。

　　1789年5月5日，三级会议召开。会上，国王的情绪非常不好。神职人员和贵族们也表示不会放弃任何一项属于他们的特权。于是，国王下令让3个等级的代表到不同的房间开会，分别讨论他们的诉求。第三等级的代表则拒绝遵守国王的命令。1789年6月20日，他们聚集在一个网球场里（为了这次非法集会而仓皇准备的场地），庄严宣誓。他们坚决要求3个等级——神职人员、贵族和第三等级一起开会，再把会议结果告知国王。国王不得不屈服。

　　作为一场"国家大会"，三级会议开始讨论起法兰西王国的体制问题。国王很生气，但又犹豫不决。他说他绝不会放弃自己的特权。随后，他抛下所有国家的事务，外出打猎。狩猎归来后，他又作出了让步。对于这位陛下来说，在错误的时间里用错误的方法来完成一件正确的事已经成了他的习惯。当代表们向国王提出A要求时，国王把他们训斥一番，什么都没有给他们。随后，当宫殿被一群愤怒的穷人包围之后，国王屈服了，答应臣民满足他们的需求。但这时，人们已经不满足于A了，他们还要B。这样的情景一次次上演。当国王最终同意在A和B的文件上签名时，他们又以皇室的性命相要挟，让国王在A和B的基础上，再把C加进去。就这样，整个字母表都加完后，路易十六被送上了断头台。

　　不幸的是，这位陛下总是慢半拍，但他自己从来没意识到这一点。甚至直到他把脑袋放在闸刀下时，他仍觉得自己受尽了虐待。虽然他已经尽己所能来关爱他的臣民，但他受到了世上最不公平的对待。

　　我常常告诫你们，跟历史说"如果"是没有任何意义的。我们可以随口说"如果"路易十六是一个精力充沛、果断决绝的人物，那么法国的君主专制就会留存下来。但国王并不是一个人的事。"即使"他像拿破仑一样冷酷无情，在那些艰辛的岁月里，他的事业也很有可能会被他的妻子毁掉。王后玛丽·安东奈特是奥地利皇太后玛丽亚·泰莉莎的女儿。她具备所有那个时代在中世纪王权最集中的皇宫里长大的年轻小姐应具备的美德和恶习。

　　她决定采取某些行动，于是策划了一场反革命活动。内克尔被突然解雇，忠实的军队被派遣到巴黎。百姓在听说此事后，向巴士底狱发起了猛攻。1789年7月14日，他们摧毁了这个无比熟悉却又恨之入骨的建筑。巴士底狱曾是君主专制的象征，如今却只用来关押小偷小贩。许多贵族在听说此事后便仓皇出逃。国王却像往常一样，什么都没做。就在巴士底狱被攻陷那天，国王还在外狩猎，他打到了几只鹿，心情大好。

于是，国民议会开始忙碌起来。8月4日，在巴黎民众的强烈呼吁下，他们废除了一切特权。8月27日，国民议会发表《人权宣言》，这是法国第一部宪法的前言。到目前为止，事态控制得还算良好，但王室显然没有吸取教训。很多人都怀疑国王想要再次干预这些改革，于是在10月5日，巴黎出现了第二次暴乱。之后暴乱蔓延到凡尔赛宫，直到人们把国王从凡尔赛宫带回巴黎的宫殿，暴乱才平息。他们不相信住在凡尔赛宫的路易十六。他们想要让他坐在眼皮底下，这样就可以监视他与维也纳、马德里和欧洲其他王室之间所有的联系。

与此同时，作为第三阶级领导的贵族米拉波，开始整顿国内混乱的局面。然而在他将国王的位置保留之前，他就在1791年4月2日去世了。这让国王开始担忧起自己的性命来。6月21日，路易十六试着逃出巴黎，但国民自卫队从一枚硬币的头像上认出他，把他截在瓦雷内村附近。就这样，路易十六又被送回了巴黎。

1791年9月，国民议会通过了法国第一部宪法，随后议会成员纷纷回到家乡。同年10月1日，立法会议召开，继续国民议会未完成的工作。在这些新聚集起来的代表中，有很多激进派革命党人。其中最为大胆的便是雅各宾党，因为经常在古老的雅各宾修道院召开政治会议，他们便因此而得名。这些年轻人（大多数都是专业演讲家）的演说往往带有强烈的暴力色彩。当报纸把他们的演说传到柏林和维也纳时，普鲁士国王和奥地利皇帝便决定立刻采取行动，来挽救他们的兄弟姐妹。那时，他们正忙于瓜分荷兰。在那里，不同政治派系相互厮杀，整个国家陷入一片混乱之中，只能成为案上鱼肉，任人宰割。列强们忙得不亦乐乎，但他们还是成功派出了一支军队前往法国，想将路易十六解救出来。

于是，一种极大的恐慌迅速在法国大陆蔓延开来。在饱受了多年的饥饿和折磨之后，人们的仇视情绪达到了顶峰。巴黎民众向杜伊勒里皇宫发起了猛攻。一支忠诚的瑞士护卫兵想保护他们的国王，路易十六却没能下定决心。当暴民开始撤退的时候，国王却下令停火。借着酒劲，暴民把瑞士卫兵队杀了个精光。随后，他们攻进了皇宫，在议会大厅里抓住路易十六，立刻夺去了他的王位，并把他像犯人一样关在丹普尔的古老城堡里。

另一边，奥地利和普鲁士的军队继续进攻。人们的恐慌演变为歇斯底里，善良的百姓变成了凶猛的野兽。1792年9月的第一个星期，民众冲进监狱，把所有犯人都杀死了。政府没有干预。以丹东为首的雅各宾党人非常清楚，他们面前只有两条出路，要么成功，要么失败。所以，只有最极端的方式才能拯救他们。1792年9月21日，立法议会解散，新的国民公会宣布成立，其成员几乎全是激进派革命党人。路易十六被正式指控犯有最高叛国罪，并被带到公会前。公会投票的最终结果为361∶360（路易的表兄奥尔良公爵投下了决定路易生死的关键一票），路易十六罪名成立，被处以死刑。1793年1月21日，路易平静地走上了断头台。他至死都没搞清楚到底是什么原因导致了所有冲突和暴乱。他又十分骄傲，从不向人请教。

随后，雅各宾党把矛头转向公会中一个温和的派别——吉伦特派，该派别因为他们的南方聚集地吉伦特地区而得名。公会成立了一个特别革命法庭，21名吉伦特派领袖被处以死刑，其他人则选择了自杀。他们能力超群且忠实可靠，但他们过于理性和温和，难以在恐怖时期生存下去。

法国大革命席卷荷兰

1793年10月，宪法的执行被雅各宾党叫停，"直到法国重新恢复和平"。所有权力都转移到一个小型的"公安委员会"手中，丹东和罗伯斯庇尔担任该委员会的领导。他们废除了基督教和公元旧历。"理性的时代"（托马斯·潘恩在美国革命时期曾对此大肆宣扬）到来了。在之后一年多的时间里，每天都有70～80人死在"革命恐怖"之中，无论他们是好是坏。

至此，法国的君主专制制度被彻底摧毁，取而代之的是几个人的暴政。他们极力推崇"民主"，却杀死所有反对他们的人。于是，法国变成了一个屠宰场。人们相互猜疑，毫无安全感。几名国民议会的成员知道自己逃不出走上断头台的命运，出于对革命的恐惧，他们开始反抗罗伯斯庇尔。此时，罗伯斯庇尔身边的大部分同伴都被送上了断头台。这位"唯一真正的民主战士"想要自杀，却失败了。人们匆匆把他受伤的下颚包扎起来，把他带到了断头台上。1794年7月27日（按照革命新历计算，这一天是革命第二年的热月9日），"革命恐怖"终于结束，巴黎人民纷纷走上街头，以舞蹈来表达心中的喜悦之情。

然而，法国的情势仍然十分危急，政府不得不把权力交到几个强有力的人手中。直到法国大革命的所有敌人都被驱逐出法国，这种情况才结束。正当衣衫褴褛、饥肠辘辘的法国士兵，在莱茵、意大利、比利时和埃及与敌人殊死搏斗并击败大革命的每一个敌人时，法国任命了5位长官，他们统治了法国4年之久。随后，权力转移到一个名叫拿破仑·波拿巴的常胜将军手中。1799年，他成为法国"第一执政官"。在之后的15年里，古老的欧洲大陆变成一个前所未有的政治实验室。

第53章　拿破仑

　　拿破仑出生于1769年，是卡洛·玛利亚·波拿巴的第三个儿子。老卡洛是科西嘉岛阿雅克肖市一名诚实的公务员，他的妻子莱迪西亚·拉莫丽诺是位贤妻良母。因此，拿破仑并不是法国人，而是意大利人。他出生的科西嘉岛（古希腊、迦太基和古罗马帝国在地中海的殖民地）多年来都在为重获独立而奋斗。一开始，他们想要摆脱热那亚人的束缚，到了18世纪中期以后，曾帮助他们争取自由的法国人变成他们的敌人。出于自身利益的考虑，法国人占领了这个小岛。

　　在他前20年人生中，年轻的拿破仑对科西嘉有着强烈的爱国主义情怀。他是科西嘉一个名为"辛·费纳"组织的一员，希望能把挚爱的祖国从法国统治的枷锁中解放出来。法国大革命的爆发意外地让科西嘉人得偿所愿，而在布里埃纳军事学院接受过良好训练的拿破仑，也逐步开始效忠这个收养他的国家。虽然他常常拼错法语单词，说出来的法语也带有浓重的意大利口音，但他还是成为一名法国人。随着时间的流逝，他终于成为法兰西美德的代表。时至今日，他仍被视为高卢天才的象征。

　　拿破仑的成功来得非常快，他的职业生涯甚至不足20年。然而就在这么短的时间里，他参加过许多战争，取得过许多胜利，率领军队征战各地，征服了大片土地，夺取了无数条人命，施行过多次改革，让欧洲发生了翻天覆地的变化，哪怕是亚历山大大帝和成吉思汗，也没能做到这一点。

　　拿破仑身材矮小，童年时体弱多病。他相貌平平，很难给人留下深刻印象。无论何时出席何种社交场所，他都显得极其笨拙。他出身平凡，没有高贵的血统和显赫的家世。在青年时代的大部分时间里，他都穷困潦倒。他经常饱一顿饥一顿，费了九牛二虎之力也才多挣一点儿钱而已。

　　在文学方面，拿破仑没有什么建树。里昂学院曾举办过一次有奖作文竞赛，拿破仑在16名参赛者中排到第15位，也就是倒数第二。但凭着对自身命运的坚定信念，他克服了所有困难。野心是他一生中最大的动力。他的自我主义，他对那个反复出现在他签署的信件和匆忙建立起来的宫殿里的所有装饰物上的大写字母"N"十分膜拜，他要让"拿破仑"这个名字成为仅次于上帝的重要存在，这些愿望将他推向了无人能及的顶峰。

当他还是个只能领一半工资的陆军中尉时，拿破仑就十分喜欢古罗马历史学家普鲁塔克的著作《名人传》。但他从没想过要追求那些古代英雄们树立的高尚品德。他仿佛没有那些用来区别人类和动物的细腻情感。因此很难说在他的一生中，除了他自己他还爱过谁。但他对母亲十分敬爱。莱迪西亚本就是一位高贵的女性，和所有意大利母亲一样，她懂得如何管教自己的孩子以及如何赢得他们的尊重。有那么几年，拿破仑的确对他美丽的克里奥尔妻子——约瑟芬宠爱有加。约瑟芬是马提尼克一名法国官员的女儿，是德·博阿尔纳斯子爵的遗孀。在与普鲁士的一次战役中，博阿尔纳斯因指挥失败，被罗伯斯庇尔处死。但她无法为拿破仑生儿育女，于是拿破仑皇帝休了她，娶了奥地利皇帝的女儿，因为这桩婚事看起来非常划算。

在围攻土伦的战役中，拿破仑作为一个炮兵连的指挥官一举成名。他对马基雅维利做过详细的研究。他十分赞同这位佛罗伦萨政治家的观点。只要情况对自己有利，他就可以背信弃义。在他的字典里，从来没出现过"感谢"一词。同样，他也不用别人来感谢他。他对于人间疾苦漠不关心。1798年在埃及，战俘们本来留了一命，拿破仑却处死了他们。而在叙利亚，当他发现船上不能装下所有伤员时，便用氯气毒死了他们。他要求军事法庭对昂西恩公爵判处死刑，并最终将其枪决，这么做只是为了"给波旁王朝一个警告"。那些为德国独立而战但最终被俘的德国军官，也被枪杀在离他们最近的墙边。而当蒂罗尔英雄安德烈斯·霍费尔经过顽强抵抗最终落入拿破仑手中时，拿破仑只是把他当成一个普通犯人给处死了。

简言之，当我们开始研究拿破仑的性格时，我们就能明白为什么每次英国母亲要求孩子睡觉时总会吓唬他们说："再不听话，专抢小孩儿做早餐的波拿巴就会来抓你们。"拿破仑对军队的所有部门都关怀备至，却独独不重视医疗服务；他忍受不了士兵身上的汗臭味，就不停地喷科隆香水，甚至把衣服都给毁了。拿破仑的劣迹说起来没完没了，尽管已经说了他这么多废话，但我必须承认，有些事情还要进一步推敲。

现在，我正舒服地坐在一张堆满书籍的写字台旁，一只眼看着打字机，另一只眼看着我养的猫利克里斯，它非常喜欢玩复写纸。我正在写"拿破仑是个异常卑鄙的小人"。如果我碰巧看向窗外就会发现，在第七大道上，卡车和小轿车突然停了下来，低沉的军鼓声传进耳朵，一个身材矮小、穿着一身破败军装的人正骑在白马上，迎面而来。我不确定，但我担心自己可能会抛下我的书籍、我的猫、我的家和所有东西去追随他，无论他带我去哪里。我的亲生祖父就是这么做的，但他知道自己成不了英雄。成千上万人的祖父也跟在他的脚步后面。他们没有得到任何回报，他们也不图回报。为了这个外国人，他们甚至不惜牺牲自己。他把他们带到离家乡千里之外的地方，让他们与俄国人、英国人、西班牙人、意大利人和奥地利人展开殊死搏斗。在死伤的痛苦中，他们仍能平静地凝视天空。

如果你一定要我解释，那我只能说我无法回答。我只能猜想其中的某个原因。拿破仑是最出色的演员，整个欧洲大陆都是他的舞台。无论什么时候、发生什么事情，他总能用精湛的演技将观众深深打动，或者用最感人的台词来俘获观众的心。无论是站在埃及沙漠里的狮身人面像和金字塔前讲话，还是站在宽阔美丽的意大利草原上给他的士兵演讲，他都表现得如出一辙。无论何时，他都能掌控事态的发展。即使到最后他被流放到一座岩石遍布的荒岛上，无论那个愚钝小气的英国总督如何刁难，这个病重的人都是舞台的焦点。

滑铁卢战败之后，除了几个密友，再也没有人见过这位伟大的皇帝。欧洲人知道他生活在圣赫勒拿岛上，知道有一支英国卫队在日夜监视他，还知道英国舰队正监视着看守拿破仑的那支警卫队。然而，他一直活在每个人心中，无论是朋友还是敌人。当痛苦和绝望最终将他的生命夺走时，他平静的眼神依旧萦绕着世界。时至今日，在法国人眼中，他仍是一股不可磨灭的力量，与百年前一样。当时的人们哪怕只是看一眼这个脸色不太好的小个子，都会吓得晕过去。他曾在俄罗斯最神圣的克里姆林宫喂养马匹，也曾把教皇和世界上最有权有势的人当成自己的奴仆。

哪怕只把他的一生做一个提纲，也可以写上好几卷。至于他在法国进行的政治大改革，他颁布的法律（后来被欧洲大多数国家采用），以及他在公共场合参加的活动，几千页都写不完。但我想用简单的几句话来解释一下为什么他在前半生可以如此成功，在最后的10年却一败涂地。从1789年到1804年，拿破仑是法国大革命的伟大领袖。他击败了奥地利、意大利、英国和俄国，原因就在于他和他的士兵都坚信"自由、平等和博爱"。他们是王室成员的眼中钉，却是普罗大众的朋友。

然而在1804年，拿破仑封自己为法兰西的世袭皇帝，还请教皇皮乌斯七世来为他加冕。就像公元800年，里奥三世为法兰克人的查理曼大帝加冕一样，当时的情形常常浮现在拿破仑眼前。

但拿破仑戴上王冠之后，原来的革命领袖成为哈布斯堡君主的翻版。他忘记了自己的精神源泉——雅各宾政治俱乐部。他再也不是受压迫人民的保护者，而是所有施压者的领袖。他的狙击队时刻待命，一旦有人敢违抗皇命，便会遭到枪杀。1806年，神圣的罗马帝国残骸在一片忧伤中被丢进历史的垃圾箱，当古罗马最后一支军队被一个意大利农民的孙子毁掉时，没有人为它流下一滴眼泪。但当拿破仑的军队攻入西班牙，迫使西班牙人民接受一个令他们厌恶的国王，当他对效忠西班牙的民众大肆屠杀时，公共舆论终于指向那个曾在马伦戈、奥斯特里茨和其他上百场战役中的英雄。就在那时，即拿破仑从革命英雄变为旧制度下所有暴行的邪恶化身时，英国抓住机会，把这种仇恨的情绪迅速传播到世界各地，这让所有忠诚的人都变成这位法兰西国王的敌人。

当报纸上出现法国大革命中的血腥细节时，英国人从一开始就深感厌恶。一个世纪前，他们发动过一场自己的革命（查理一世统治期间），但与法国这次大革命相比，英国的革命显得微不足道。在英国百姓看来，雅各宾党是人人得而诛之的恶魔，拿破仑则是这群恶魔的首领。1798年，英国封锁了所有港口。这打乱了拿破仑取道埃及入侵印度的打算。他在尼罗河岸取得了一系列胜利。终于在1805年，英国等来了机会。

在西班牙西南海岸附近离特拉法尔加角不远的地方，纳尔逊彻底歼灭了拿破仑的舰队，法国军队元气大伤，一蹶不振。从此，拿破仑皇帝就被困在了陆地上。如果他能审时度势，接受其他列强提出的和解条件，他还是会被当成欧洲大陆的统治者。但拿破仑已经被自己取得的荣耀蒙蔽了双眼，他绝不承认平等，也绝不容忍任何一个敌人。他把仇恨转向了俄罗斯，那个拥有取之不尽的炮灰的广阔又神秘的国家。

只要凯瑟琳女王的笨儿子保罗一世还是俄罗斯的统治者，拿破仑就知道如何应对他。保罗变得越来越不负责任，朝臣们终于忍无可忍，将他杀害了（否则他们都会被流放到西伯利亚的铅矿）。保罗的儿子——沙皇亚历山大——和他的父亲不同，他并不喜欢拿破仑，还将他视为全人类的公敌和破坏和平的始作俑者。亚历

从莫斯科撤退

山大是个虔诚的人，坚信他是由上帝选中并把世界从科西嘉的诅咒中解放出来的使者。他联合普鲁士、英格兰和奥地利，共同反击拿破仑，却被打败了。他尝试了5次，均以失败告终。1812年，他又一次挑衅拿破仑，把这位法国皇帝气得半

死，发誓一定要拿下莫斯科。于是，驻守在西班牙、德国、荷兰、意大利和葡萄牙的军队被迫赶往遥远的北方，要为尊严受到伤害的皇帝一雪前耻。

随后的故事大家就知道了。两个月之后，拿破仑来到俄罗斯的首都，并在神圣的克里姆林宫建立了自己的司令部。1812年9月15日晚，莫斯科陷入一片火海。整座城市烧了4天4夜，第5天傍晚，拿破仑不得不下令撤退。两星期后，莫斯科开始下雪。拿破仑的军队在冰天雪地里艰难跋涉，直到11月26日，他们才退到别列齐纳河。随后，俄军发起了猛烈反击。哥萨克骑兵将"皇帝的军队"重重包围，他们早已溃不成军。直到12月中旬，人们才在德国东部的城市看到了幸存者。

随后谣言四起，说将有叛乱发生。欧洲人说："时机到了，我们要挣脱法兰西的束缚！"他们拿出老式的滑膛枪，法国间谍并没有发现它们。但还没等他们弄清楚怎么回事，拿破仑就率领一支新军回来了。他抛下战败的军队，坐着轻型雪橇匆匆赶回巴黎，马不停蹄地召集起所有军队，宣布他要保卫神圣的法兰西土地不受外敌侵扰。

十六七岁的少年跟着他一起来到东部，阻挡反法联军的进攻。1813年10月16、18和19日，残酷的莱比锡战役打响了。整整3天的时间里，身着绿色军服和蓝色军服的少年相互厮杀，献血染红了整条埃尔斯特河。10月17日下午，俄国援军冲破法军的防线，拿破仑仓皇出逃。

一回到巴黎，拿破仑就把王位传给了小儿子。但反法联军坚持让已故的路易十六的弟弟路易十八继承王位。于是，这位愚笨的波旁王子在哥萨克人和普鲁士人的拥护下成功入主巴黎。

而此时的拿破仑则成为地中海上厄尔巴小岛的统治者。他把马童们组织起来，编成一个小型军队，在棋盘上模拟战争。

拿破仑一离开法国，法国人就意识到他们失去了什么。过去的20年虽然让他们付出了惨痛的代价，那段日子却光辉灿烂。那时的巴黎是世界的首都。在拿破仑流放期间，那位不学无术的波旁国王很快就遭到了人们的厌弃。

1815年3月1日，当反法联盟的代表们准备将欧洲版图重新调整时，拿破仑却突然在戛纳登陆了。在不到一个星期的时间里，法国军队就丢弃了波旁王朝，匆匆赶往南方，来为他们的"小个子皇帝"效忠。拿破仑一路直奔巴黎，终于在3月20日这天达到巴黎。这一次，他谨慎得多。他想要和解，盟军却坚持用战争解决问题。整个欧洲都站起来反对这个"不讲信用的科西嘉人"。于是，拿破仑迅速北上，想在反对势力联合起来前将他们一举歼灭。但此时的拿破仑已经力不从心了，疾病困扰着他，他很容易就会感到疲惫。他本该精神十足地指挥部队时，却不得不躺下休息。此外，那些忠诚的老将也都先他而去了。

6月初，拿破仑的军队来到比利时。16日，他击败了由布吕歇尔率领的普鲁士军队。但一名将领没能将撤退的军队全部绞杀。

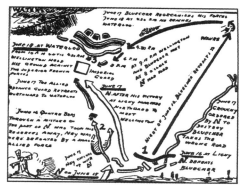

滑铁卢之战

两天后，拿破仑和惠灵顿在滑铁卢附近相遇。那天是6月18日，一个星期六。下午3点，法军看起来就要胜利了。3点的时候，东方的地平线上突然尘土飞扬。一开始，拿破仑还以为是自己的骑兵已经将英军击败而赶往这里。等到4点他才知道，原来是老布吕歇尔率领筋疲力尽的军队前来增援。他的加入打乱了法军的阵脚，拿破仑已经没有援军了。于是，他下令让士兵们尽可能地保住他的性命，然后再一次逃走了。

他再次把王位传给了小儿子。当他逃出厄尔巴岛刚满100天的时候，他再次离岸远去。他打算去美国。1803年，仅仅因为一首歌，他就把法属殖民地圣路易斯安娜（当时这块殖民地正面临着被英国占领的危险）卖给了年轻的美利坚合众国。他说："美国人会心存感激，会给我一小块土地和一座房子，让我在那里安度晚年。"但英国舰队一直在监视着法国的各个港口。拿破仑受到盟军和英国舰队的两面夹击，别无选择。普鲁士人想要枪毙他，英国人似乎更大度些。在罗什福特时，拿破仑还盼望着事情能有转机。滑铁卢战役结束一个月之后，他收到了法国新政府的驱逐令，限他在24小时之内离开法国。作为这场悲剧的主角，他写信给英国的摄政王（国王乔治三世被关进了精神病院），希望陛下能够允许他"像地米斯托克利一样任凭敌人的摆布，只盼敌人能够像朋友一样对他说一句欢迎……"

拿破仑遭流放

7月15日，他踏上"贝勒罗芬"号的甲板，把佩剑交给海军上将霍瑟姆。在普利茅斯，他被转移到 "诺森伯兰"号上，最终来到圣赫勒拿岛。他在这里度过了生命中的最后7年。他想写一本回忆录，他和看守者争吵，总是追忆过去的时光。奇怪的是，他又回到了出发的地方（至少在他想象中）。他想起自己为革命英勇战斗的日子。他想要说服自己，他一直都是"自由、平等、博爱"这些伟大精神的忠实朋友。一群衣衫褴褛的士兵把这些精神传到了世界各地。他很愿意讲述自己作为革命总司令和首席执政官时的往事，但他很少提及帝国。有时，他会想起自己的儿子赖希施塔特公爵。他住在维也纳，被哈布斯堡的表兄弟当作"穷亲戚"。之前，他们的父辈一听到拿破仑的名字就会不寒而栗。在他临终前，他幻想自己正率领军队走向胜利。他命令内伊率领卫兵进行反击，随后便与世长辞了。

如果你想继续探索他传奇的一生，如果你想知道是什么原因能够让一个人单靠意志就能统治无数人多年，那就千万不要看关于他的传记。这些书的作者要么恨他，要么爱他。你的确会了解到很多史实，但更重要的是要"用心感受历史"。如果有机会的话，先听听歌唱家演唱《两个掷弹兵》，再去读历史。这首歌的词作者是伟大的德国诗人海涅，他和拿破仑生活在同一时期。曲作者是舒曼，拿破仑前往奥地利拜见岳父时，曾亲眼看到过这个德国的死对头。因此，这首歌可谓是由两位对拿破仑恨之入骨的艺术家完成的。

去听听看吧！之后你就会有1000本历史书都无法传达的感受。

第54章　神圣同盟

拿破仑一被流放到圣赫勒拿岛，那些曾多次被这个可恶的"科西嘉人"打败的欧洲统治者们便聚在维也纳，想要清除法国大革命带来的种种变化。

上至君主、公爵、首相、大臣、大使、总督和主教，下到这些人身后的秘书、杂役和仆人，所有人的工作都曾因那个可怕的科西嘉人的回归而中断（现在他只能待在圣赫勒拿岛的炎炎烈日下），而现在他们全都回到了自己的岗位上。他们举办晚宴、花园酒会和舞会来庆祝胜利。舞会上，人们跳起新式"华尔兹"，这让人们回忆起小步舞流行的年代，引来了阵阵非议。

在过去整整一代人的时间里，这些人都深居简出。当危险过去之后，他们便津津有味地谈论起战时所经历的种种磨难。那群雅各宾党从他们手上抢走了不少钱财，他们希望得到补偿。雅各宾党竟敢将上帝亲授的国王处死，还不戴假发，把凡尔赛宫廷样式的短裤也换成了贫民的马裤。

当我提到这些细枝末节时，你或许会觉得很滑稽。但维也纳会议一直都在讨论这些荒唐的事情。比起解决撒克逊和西班牙的问题，代表们对"短裤与长裤"的话题更感兴趣，甚至花了几个月的时间来讨论它。普鲁士的国王甚至特意定制了一条宫廷式短裤，以便向公众表达他对所有革命事物的鄙视。

另一位德国君主也不甘示弱，为了表示对革命的厌恶，他颁布了一条法令，规定凡是向那个法国篡位者缴纳过税款的国民，都要向本国的合法统治者重新缴纳相同数额的税款。当他们听从那个科西嘉暴君的摆布时，他们的国王正在远方关注着他们。于是，各种各样的荒唐事出现了。终于有人忍不住质问："看在上帝的份上，人们为什么不反抗呢？"是啊，为什么不呢？因为百姓们已经彻底绝望了，他们筋疲力尽，不关心未来会发生什么，也不在乎谁会用怎样的方式在哪里统治他们，只要他们能平静地生活下去就好。他们已经厌倦了战争、革命和改革。

18世纪80年代，所有人都围着自由之树热情舞蹈。王孙贵族和他们的厨师拥抱，公爵夫人和她们的仆役跳卡马尼奥拉舞。他们坚信，平等和博爱已经来到这个满目疮痍的世界。随着新千年到来的，却是一群革命代表和跟在他们身后的十几个衣衫褴褛的士兵。他们偷走了房主家传的餐具，回到巴黎时便向政府汇报，这个"解放了的国家"非常热情，欣然接受了宪法——这是法国人民赠与友好邻邦的礼物。

后来他们听说，在巴黎爆发的最后一场革命动乱被一名叫波拿巴的年轻军官镇压下去（他用枪指着闹事的民众），这才松了一口气。牺牲一点自由、平等和博爱似乎可以取得很理想的效果。没过多久，这位名叫波拿巴的人就变成法兰西共和国的三位执政官之一，然后又变成唯一的执政官，并最终当上了皇帝。这位皇帝比此前任何一位皇帝都更有效率，因此他的臣民也受到了前所未有的压力。他对臣民毫不留情，让所有适龄男孩都加入军队，还把他们的女儿嫁给自己的将军。他抢走他们的油画和古董，以便扩充自己的私人博物馆。他还把整个欧洲变成一个大兵营，夺走了几乎一整代人的性命。

如今，他终于走了，人们（除了少数几个职业军人）只有一个愿望，那就是不被干涉。曾经他们有权自治，有权选举市长、市议员和法官。但这套体系极为失败。新当选的统治者缺乏经验且态度恶劣，绝望的大众只好把目光转向旧制度的代表们。他们说："请像以前那样统治我们吧。告诉我们应该缴纳多少税款，然后就什么都别管了。我们正忙着修复自由时代的残骸呢。"

维也纳会议的操纵者们当然会尽他们所能来满足大众对和平与安宁的渴望。会议最重要的结果——神圣联盟让警察成为国家最重要的力量。只要有人敢质疑国家政策，他们都会对他施以最严厉的惩罚。

欧洲恢复了和平，却死气沉沉。

维也纳会议上有三位重要人物，分别是俄国沙皇亚历山大、奥地利哈布斯堡家族的代表梅特涅首相以及奥顿地区的前主教塔列朗。凭着精明的头脑，老奸巨猾的塔列朗在法国政府的几次变革中都存活下来。现在他来到奥地利的首都，就是要把法国从拿破仑留下的残骸中挽救出来。就像打油诗里描写的快乐青年永远感觉不到别人的鄙夷一样，这位不速之客来到宴会上尽情享用美食，就好像他真的

吓到神圣联盟的幽灵

被邀请了一样。没过多久，他便坐上主桌，还给在场的嘉宾讲了几个有趣的故事以供消遣，凭借自身魅力赢得了许多人的好感。

在抵达维也纳的前一天，塔列朗得知盟军已经分裂成两个敌对的阵营：一面是企图占领波兰的俄国和企图占领撒克逊地区的普鲁士；另一面是想阻止这场兼并的奥地利和英国，因为无论是由普鲁士还是俄国来统领欧洲，奥、英两国的利益都会受到损害。凭借着灵活多变的外交手腕，塔列朗游走在两个阵营之间。多亏他的不懈努力，法国人民无须像其他欧洲人那样接受王室长达10年的压迫。他辩解道，法国人民也是别无他法才会受拿破仑的驱使。但拿破仑已经被流放了，路易十八坐上了王位。塔列朗恳求道："给他一次机会吧。"而联盟希望有一个合法的国王来统治革命后的国家，于是他们慷慨地作出了让步。波旁王朝抓住了这次机会并大加利用，但15年后，他们就被赶下了台。

三巨头中的第二位就是奥地利的首相梅特涅，即哈布斯堡的外长。他的全名叫文策尔·洛塔尔·梅特涅，就像名字暗示的那样，他是梅特涅—温尼堡的亲王。他不仅是一位大庄园主，还是一个英俊潇洒的绅士，举止优雅，腰缠万贯，能力超群。但他生活在离平民1000英里之隔的社会中，与在城市和农场里的劳苦大众相距甚远。年轻时，梅特涅曾在斯特拉斯堡大学读书，那时法国大革命刚刚爆发。斯特拉斯堡成为雅各宾党的活动中心，著名的《马赛曲》就是在那里诞生的。梅特涅记得，他愉快的社交生活突然被革命打断，一群无能的普通市民突然被叫去完成他们力不能及的工作。无辜的百姓被杀害，但这群乌合之众只知道庆祝即将到来的新自由。在梅特涅眼中，大众的热情并没有那么高涨，也没看到当军队经过城市赶赴前线，妇女和儿童为他们送上面包和水时眼中闪过的希望。尽管这批军队即将为法兰西献出自己宝贵的生命。

所有事情都让这位年轻的奥地利人深感厌恶。这场革命太过野蛮。就算真的要通过战争来解决问题，年轻的战士们也应该穿上统一的战服，骑上配有精良马鞍的战马。而一夜间，整个国家都变成一个恶臭的兵营，流浪汉们也被提升为将军，这种做法太荒唐了。"看看你们的好主意都带来了什么？"在数不清的奥地利公爵们举办的晚宴上，只要遇到法国的外交官，梅特涅就会说："你们想要自由、平等和博爱，却迎来了拿破仑。如果你们能对现有的制度感到满足，那万事都会不一样了。"然后，他还解释了自己那套"保持现状"的理论。他倡导恢复战前的旧制度。那时每个人都很开心，没有人谈论那些毫无意义的"人人生而平等"的思想。他的态度十分诚恳，作为一个极具影响力的人，他成为大革命思想最危险的敌人。直到1859年，梅特涅才去世，因此他亲眼目睹了1848年爆发的法国大革命是如何让自己的政策走向失败的。随后，他发现自己成为整个欧洲的敌人，不止一次地差点儿被愤怒的市民处以私刑。但直到去世，他仍然坚信自己所做的一切都是正确的。

梅特涅始终相信，与自由相比，人们更喜欢和平。于是他尽量给他们提供最需要的东西。公平地说，他努力构建的世界和平还是非常成功的。在差不多40年的时间里，欧洲列强们没有再掐着对方的脖子生活。1854年，俄国、英国、法国、意大利和土耳其之间爆发了一场争夺克里米亚的战争，和平的局面才被打破。在欧洲大陆，如此长久的和平时期都可以载入史册了。

在这次"华尔兹"会议上，第三个英雄就是沙皇亚历山大。他的祖母是著名的凯瑟琳女王，他从小在她的宫殿里长大。这位精明的妇人常常告诫他要把维护俄国的荣耀当作生命中最重要的事情。而他那个对伏尔泰和卢梭近乎膜拜的瑞士籍私人教师，也不断向他灌输博爱的思想。于是，亚历山大变成一个自私的暴君和多愁善感的革命家的混合体。在他疯狂的父亲保罗一世统治俄国的时候，亚历山大受尽屈辱。他被迫目睹战场上拿破仑对俄国士兵的大屠杀。随后，形式便发生了转变，他的军队取得了胜利。俄国成为整个欧洲的救世主。这个伟大民族的统治者被视为能够救人们于水深火热之中的半个神明。

但亚历山大并不是个聪明人。他不像塔列朗和梅特涅那样懂得俘获人心，也不明白外交游戏的规则。他爱慕虚荣（在这种情况下，又有谁不会呢？），喜欢听到大家的掌声。很快，他就成为维也纳会议的"焦点"，而梅特涅、塔列朗和卡斯尔雷（才能卓著的英国代表）则围坐在一桌，一边品尝匈牙利甜酒，一边决定接下来该做什么。他们需要俄国，所以他们对亚历山大表现得十分礼貌。但亚历山大在大会上参与的实际活动越少，他们就越高兴。他们甚至鼓励亚历山大提出神圣同盟的计划，这样就会分身乏术，他们就能安心处理手边的事务了。

亚历山大是个社交人物，喜欢参加各种聚会，结识不同的人。在这种场合下，亚历山大表现得非常轻松和愉快，和他平时判若两人。他一直都试着忘掉一些徘徊在记忆深处的东西。1801年3月23日晚，他坐在彼得堡圣米歇尔宫的一间房间里，等待着他父亲退位的

真正的维也纳议会

消息。但是保罗拒绝签署这份文件，那些喝醉的官员把他押在桌前，一气之下用一条围巾绕住老国王的脖子，把他活活勒死了。随后他们来到楼下，告诉亚历山大，现在他已经是俄罗斯帝国的新皇帝了。

沙皇是个非常敏感的人，这个可怕夜晚的记忆始终停留在他的脑海中，他曾学习过法国哲学家们的伟大思想——他们不相信上帝，而相信人的理性。但单靠理性是无法解决沙皇的困扰的。他开始产生幻听和幻觉。他试图找到一块能让自己的良心得以安放的地方。于是，他变得非常虔诚，开始对神秘主义产生兴趣，即对神秘的、未知的世界的热爱，它的历史就像底比斯和巴比伦的神庙一样悠久。

大革命时期的各种情绪以一种奇怪的方式影响着人们的性格。在长达20年的时间里，人们都生活在恐惧与焦虑之中，甚至变得有些不正常。门铃一响，他们就会吓得跳起来。因为门铃声可能代表着他们唯一的儿子在战场上"光荣牺牲"了。在备受煎熬的农民看来，"平等""自由"这样的词语和革命都只是空话。他们需要的是能够将他们带离苦海的救命稻草。因为痛苦和悲伤，他们轻信了骗子的谎言。骗子伪装成先知的样子，从《启示录》里挑出些晦涩的章节进行修改从而变成新的教义，以便到处宣扬。

亚历山大曾多次求神问卦，1814年，他听说了一名女先知的事情。据她所说，世界末日已经不远，她劝导人们趁为时不晚赶紧悔悟。这位女先知就是冯·克吕德娜男爵夫人。她的丈夫是沙皇保罗的一名外交官，她的年龄和过往诸事都不详。她把丈夫的财产挥霍一空，还因为诸多绯闻让她的丈夫颜面尽失。她终日过着纸醉金迷的生活，终于有一天，她的精神撑不住了，有段时间她经常处于失常的状态。后来，她亲眼目睹了一位朋友的突然离世，从那之后，她便舍弃了生活中所有的快乐。她向一个鞋匠忏悔，向他述说自己从前的种种罪行。这名鞋匠不仅是摩拉维亚兄弟会的虔诚拥护者，还是老宗教改革家胡斯的信徒。1415年，胡斯被康斯坦茨宗教会议当成异端处以火刑。

之后的10年里，克吕德娜在德国各地劝告王宫贵族们"皈依"宗教。她最大的野心就是能够感化亚历山大——欧洲的救世主，让他意识到自己所犯的错误。而深陷痛苦的亚历山大也希望能够结识给他带来希望的人，就这样，两个人很快就见了面。1815年6月4日傍晚，克吕德娜来到沙皇的营帐。她进来的时候，发现亚历山大正在读《圣经》。我们不知道她对亚历山大说了什么，但当她离开营地3个小时后，亚历山大热泪盈眶，发誓说"他的灵魂终于找到了安息之地"。那天以后，男爵夫人就变成沙皇忠实的伙伴和精神导师。她跟随亚历山大来到巴黎，又来到维也纳。亚历山大不出席舞会的时候，就会去参加克吕德娜夫人举办的祈祷会。

也许你会问，为什么我会把这个故事讲得如此详细？难道19世纪的社会变革还比不上一个应该被人遗忘的精神失常的女人吗？它当然重要，但已经有太多历史书对它作了详细又准确的描述。我希望你们能从历史中多了解一些事情，而不仅仅是知道一些史实。我希望你们能够认真思考每一个历史事件，不要认为所有事都是理所当然的。不要仅仅满足于知道"某时某地有何事发生"，尝试着找到每个行为背后隐藏的动机，这样你才会更好地了解你所生活的这个世界，也会有更多的机会来帮助他人。这才是唯一让人心满意足的生活方式。

我不想让你把神圣同盟当成签于1815年的一纸文书，认为它存封在国家档案馆里早已失效。也许人们已经将它遗忘，但它仍然发挥着效力。神圣同盟最直接的影响就是导致门罗主义的产生，门罗主义对美国人的生活产生了潜移默化的影响。这就是为什么我希望你们能够清楚知道这份文件签署的原因，以及不断强调基督教对于责任的奉献意义之背后所隐藏的真正动机。

一个是在心灵上遭受巨大打击、不断寻求抚慰精神创伤的男人；一个是挥霍半生、魅力尽失、唯有靠声称自己是神秘教义的未来先知来满足虚荣心和欲望的女人。在这两个人的撮合下，神圣同盟诞生了。我现在告诉你们的这些细节并不是什么秘密。卡斯尔雷、梅特涅和塔列朗的头脑十分清醒，他们知道这个多愁善感的男爵夫人有几斤几两。对于梅特涅来说，要把她送回德国简直轻而易举。只需要给帝国警察局的局长写几句话，事情就解决了。

但法国、英国和奥地利还要依靠俄国的支持，他们承受不起得罪亚历山大的后果。所以他们容忍了这个老女人所做的蠢事，因为他们不得不这么做。在他们看来，神圣同盟就是一团垃圾，根本就是在浪费书写它的纸张。但当沙皇诵读在《圣经》的基础上创作出来的《人人皆兄弟》的草稿时，他们还是耐心地听完了。神圣同盟规定，凡签署文件的国家必须同意："在处理本国事务，以及处理和别国政府的外交关系时，要将神圣宗教的教义——公正、仁慈、和平作为决策和行动的唯一指导方针。这个方针不但对个人有效，还要对各国议会产生影响。此外，该方针还要作为完善社会制度、弥补社会缺陷的唯一方法，全面指导各国政府处理以上问题。"这就是神圣同盟要达到的目的。之后，所有签署国还必须保证统一，即"各国要保持一种真诚且牢固的关系，视彼此为同胞。无论在何时何地发生何种情况，彼此都应鼎力相助。"文件中还有很多诸如此类的话语。

最后，奥地利皇帝签署了神圣同盟条约，但他对其中的内容一窍不通。法国的波旁王朝也签了字，因为它需要得到拿破仑的敌人们的友谊。普鲁士国王也签了字，他希望亚历山大能够支持他的"大普鲁士"计划。在俄罗斯的压迫下，其他欧洲小国也都签了字。英格兰一直没有签字，因为卡斯尔雷觉得这些都不切实际。教皇也没有签字，因为他不能容忍自己的事业受到一个希腊东正教徒和一个新教徒的干涉。苏丹没有签字是因为它从来没有听说过这件事。

然而没过多久，欧洲的普罗大众就不得不开始关注这份条约。在神圣同盟空洞的话语背后，梅特涅组织起一个由几大力量组成的联军。他们可不是做做样子。他们向欧洲发出警告，绝不允许有人打着自由主义的旗号来破坏欧洲的和平。这些自由主义者在现实生活中就是一群雅各宾党，他们希望回到大革命时期。1812年到1815年，战争的热情在慢慢消退。人们坚定地相信，幸福的日子即将到来。曾经在战场上冲锋陷阵的士兵成了和平的拥护者。

但他们并不想要神圣同盟和维也纳会议赐给他们的那种和平。他们大喊自己被出卖，同时他们又小心翼翼，否则就会被秘密警察听到。反动势力获得了胜利。策划这些行动的人坚信他们所做的一切都是为了人类美好的生活。他们的初衷是好的，但是他们的所作所为让人难以接受。它给人民带来了一系列不必要的苦难，大大阻碍了欧洲政治发展的进程。

第55章 强大的反动势力

他们用压制新思想的方法来维持世界和平。秘密警察成为国家权力的最高拥有者，很快，所有国家的监狱都关满了囚犯。这些囚犯宣称人民大众有权按照自己的意愿来管理国家。

要想躲避拿破仑所引发的洪水带来的灾难几乎是不可能的。古老的防线都被冲毁了。历经40个朝代的宫殿被严重损坏，甚至无法居住。在牺牲穷困邻居利益的基础上，王室的其他住所得以大肆扩建。战争的洪潮退却后，许多奇特的革命教义留存下来。除非它们对整个社会造成威胁，否则就不能消除它们。国会的优秀政治家们尽己所能，如下就是他们所取得的成就。

多年来，法国让世界陷入了混乱，以至于很多人一听到这个国家的名字，就会本能地产生恐惧。尽管波旁王朝通过塔列朗的口吻承诺，要让法国变成一个和平的国家，"百日政变"却让欧洲其他国家明白，如果拿破仑再一次逃跑，他们会面临什么。因此，荷兰共和国变成了王国，比利时也成为这个新王国的一部分（16世纪时，比利时并没有加入到荷兰争取独立的战争中，从那以后就成为哈布斯堡王朝的一部分，先由荷兰人统治，后来就被奥地利统治）。不论是新教徒聚集的北方，还是天主教徒聚集的南方，没有人需要这种联合，但也没有人产生疑问。这种联合看起来有利于欧洲和平，这就是最主要的原因。

波兰人想要的东西更多，因为他们的王子亚当·查多伊斯基是沙皇亚历山大的密友，在反拿破仑战争期间以及后来的维也纳会议上，亚当一直都是亚历山大的常务顾问。但波兰成了俄罗斯一个半独立的属国，亚历山大成为其新国王。这个结果没有人满意，还引起了更多不满的情绪和三次革命。

从战争开始到结束，丹麦一直都是拿破仑忠实的盟友，最终它受到了严厉的惩罚。7年前，一支英国舰队驶入卡特加特附近的海域，英国既没有宣战也没对丹麦发出警告，就炮轰了哥本哈根，还抢走了丹麦所有的军舰，以防为拿破仑所用。维也纳会议让丹麦遭受了另一次重创。挪威被划出了丹麦（1397年签署的《卡尔玛条约》让挪威一直与丹麦处于联合状态），转交给瑞典的查理十四，作为背叛拿破仑的奖赏。奇怪的是，在成为瑞典国王之前，查理在法国是一名将军，名叫贝尔纳多特，正是拿破仑助他登上了王位。他以拿破仑副官的身份来到瑞典。歌托普王朝的最后一位统治者霍伦斯坦去世时，并没有留下一儿半女，于是贝尔纳多特就在人民的推举下登上了王位。从1815年到1844年，他竭尽所能来治理这个收养他的国家（但他始终都没学会说瑞典语）。他是个聪明人，深受瑞典臣民和挪威臣民的爱戴，但他没法将两个自然与历史都截然不同的国家融合到一起。因此，这个联合起来的斯堪的纳维亚国家注定会失败。1905年，挪威以一种最和平、最有序的方法从瑞典独立出来，建立起一个全新的王国。瑞典人非常赞赏挪威人的"快速"，明智地让挪威走上了自己的道路。

文艺复兴之后，意大利人一直受到不同种族的入侵，因此他们对波拿巴将军给予厚望。然而，皇帝拿破仑却让他们大失所望。意大利不但没有盼来统一，反而被瓜分成若干个小公国、公爵领地、小共和国和教皇国。而教皇国（临近那不勒斯）是整个意大利半岛统治最无序、最民不聊生的地区。维也纳会议废除了几个拿破仑时期的小共和国，在它们的土地上重建了几个旧公国，这些公国都被奖给哈布斯堡家族的功臣。

可怜的西班牙人民曾发起民族起义来抵抗拿破仑，为了国王，他们不惜献出宝贵的生命。但在维也纳会议同意西班牙国王回到他的领地时，西班牙人民受到了严酷的惩罚。残暴的斐迪南七世生命中的最后4年，都是在拿破仑的监狱中度过的。为了打发时间，他不停给自己信奉的神像编织外套。回到领地后，为了庆祝，他恢复了在革命期间被废除的宗教法庭和刑房。他是个让人讨厌的人，他的臣民和他的4个妻子都讨厌他。但神圣同盟给予他强大的支持，让他稳稳地坐在王位上。西班牙人民用尽一切办法想摆脱他的统治，让西班牙成为一个立宪王国，但所有的努力都以流血和屠杀事件告终。

1807年，葡萄牙王室逃往巴西的殖民地，自那时起，这个国家就一直没有国王。1808年，半岛战争爆发，一直到1814年，惠灵顿一直把这里当成前线补给的基地。1815年后，葡萄牙一直是英国的一个行省，直到布拉甘扎王室重登王位。布拉甘扎王室留下一名成员在里约热内卢担任巴西的皇帝。这个美洲大陆唯一的皇帝在葡萄牙统治了很多年，直到1889年，巴西变成一个共和国国家。

在东欧，斯拉夫人和希腊人的悲惨处境并没有得到任何改善，仍处于苏丹的统治之下。1804年，塞尔维亚猪倌布莱克·乔治（卡拉乔戈维奇王朝的奠基人）发起一场反抗土耳其人的战争，最终他被敌人打败，并被他的朋友所杀害。此人名叫米罗歇·奥布伦诺维奇（塞尔维亚奥布伦诺维奇王朝的开创者），是塞尔维亚的另一位领袖。土耳其人仍充当着巴尔干半岛独一无二的主人。

在2000年前失去独立地位以后，希腊人曾先后受到马其顿人、罗马人、威尼斯人和土耳其人的统治。他们希望自己的同胞——科孚岛人卡波德·伊斯特里亚和波兰的查多伊斯基（沙皇亚历山大的密友）能为他们做点什么。但维也纳会议对希腊人并不感兴趣，他们只关心如何让所有"合法"的王权、基督教教徒、穆斯林等各归其位。因此，希腊人的处境也没能改变。

维也纳会议作出的最后一个决定或许也是最大的失误，就是对德国的处置。宗教改革和三十年战争不仅耗尽了德国所有的财力，还让它变成一个毫无希望的政治垃圾堆。德国被分成诸多王国、大公国、公爵领地和上百个侯爵领地、男爵领地、选帝侯领地、自由市和自由村，它们的统治者都是些昏庸之辈，就像歌舞剧里的小丑一样。直到腓特烈大帝建立起普鲁士，这一四分五裂的情况才得以改变。但他死后没多久，普鲁士便衰落了。

尽管拿破仑让大多数德意志小国实现了独立的愿望，但到了1806年，在300多个小国里，只有52个留存下来。很多年轻士兵梦想重建一个统一且强大的国家。但没有强有力的领导者，统一是不可能实现的，那么谁会担此重任呢？

日耳曼土地上一共有5个国家。其中奥地利和普鲁士的国王的权力是"上帝"恩赐的。另外3个国家巴伐利亚、萨克森和威腾堡的国王则是由拿破仑任命的。由于它们都曾是皇帝拿破仑忠实的奴仆，所以在其他日耳曼人看来，他们并不十分爱国。

维也纳会议建立了一个新的日耳曼同盟，原先受奥地利国王统治的38个主权国家，现在划到了奥地利皇帝手下。这种转变只是临时性的，没有人感到满意。于是，在法兰克福这个曾经举办过古老加冕仪式的城市召开了一场日耳曼会议，主要讨论如何解决"共同政策和重大事宜"的问题。在这次会议中，38名代表分别代表了38个国家的利益，而没有不记名投票（在前几个世纪，这项国会决议程序曾让波兰帝国走向毁灭），任何决定都做不了。这次著名的日耳曼会议很快就成为欧洲人的笑柄，而这个古老帝国的政治制度跟19世纪四五十年代时的中美洲邻居越来越像。

对于那些为了国家理想而牺牲一切的人们来说，这是个极大的耻辱。但维也纳会议并不在乎"臣民"的个人情感，因此讨论很快就结束了。

难道没有人反对吗？是的。当人们对拿破仑的仇恨情绪慢慢冷却下来，当他们发动战争的热情退却后，当人们意识到列强们打着"和平与稳定"的旗号犯下种种罪行时，他们开始抱怨起来，甚至公开造反。但他们又能做什么呢？他们的力量太弱小了。面对世界上最无情、最高效的警察系统，他们只能任人摆布。

维也纳会议的成员们坚信，"法国大革命的思想影响了拿破仑，让他犯下了谋权夺位的罪行"。他们觉得应该将那些"法国思想"的追随者全部消灭。就像菲利普二世，仅仅因为良心的召唤，就把新教徒活活烧死，把摩尔人活活吊死。16世纪初，如果有人对教皇的神圣权力（按照自己的意愿来统治臣民）产生怀疑，那么他就会被视为"异端"，所有忠实的百姓都有义务杀死他。而到了19世纪初，在欧洲大陆，如果有人对国王的神圣权力（按照自己的意愿来统治臣民）产生怀疑，那么他就会被视为"异端"，所有市民都有义务向离自己最近的警察揭发他，让他受到应有的惩罚。

但1815年的统治者从拿破仑那里深深理解到效率的含义，因此他们比1517年时的反异端活动做得要好得多。1815年到1860年，政治间谍层出不穷。到处都是间谍。无论是在宫殿还是在低级旅店，他们的身影都无处不在。内阁召开会议时，他们会通过钥匙孔窃听会议内容；人们到市政公园的长椅上休息时，他们也偷听谈话。他们保卫着边境，没有正式护照的人休想离开。他们还会检查所有行李，带有"法国思想"这样的书籍绝不允许进入王室统治的领土。他们坐在学生中间，和他们一起听课，如果有人敢对当今的社会秩序提出反对，就会立刻被逮捕。孩子们去教堂时，间谍会跟踪他们，以防他们逃学。

在很多任务中，他们都得到了教会的大力支持。在大革命期间，教会遭到重创。教会的财产都被没收，许多教士被杀。1793年10月，公安委员会正式宣布废除对上帝的礼拜仪式，深受伏尔泰、卢梭和其他法国哲学家影响的年轻人，在"理性的祭坛"前载歌载舞。教士则和王公贵族们一起，踏上了漫长的逃亡之路。现在，他们跟在盟军士兵身后重回故地，开始着手报复。

1814年，耶稣会也开始回归，重操他们教育年轻人的工作。在反抗教会敌人的斗争中，他们取得了巨大的成功。他们在世界各地建立"教区"，向当地人传授天主教的福音。但很快，耶稣会就发展成为一个贸易公司，经常插手当地事务。在葡萄牙最著名的改革家马奎斯·德·庞博尔担任首相期间，耶稣会被赶出葡萄牙的领土。但1773年，应欧洲大部分天主教势力的要求，教皇克莱门特十四世镇压了耶稣会。现在他们重新开始工作，继续向孩子们讲解什么是"服从"以及"对合法王朝的热爱"。如此一来，如果有一天玛丽·安东奈特要走向刑台，无知的孩子们就不会在台下发出阵阵窃笑声。

但在像普鲁士这样的新教国家内部，情形也并没有好转。那些1812年的伟大爱国领袖们，还有那些反对篡位者的诗人和作家们，如今却被贴上了危险的"煽动者"的标签。政府派人搜查他们的住所，阅读他们的信件，还要求他们定期向警察汇报近期的所作所为。普鲁士的教官们把满腔怒火全都撒在了年轻一代的身上。当宗教改革迎来300周年纪念日之际，一群青年学生在古老的瓦尔特堡举办热闹的庆祝仪式，而普鲁士当局却把它视为革命的前兆。后来，一名诚实但有些愚钝的神学院学生杀死了一个在德国执行任务的俄国间谍，这使得所有大学都被警察监视起来。没有经过任何形式的审讯，教授们就被送进监狱或遭到解雇。

当然，俄国的反革命行动更加荒谬。亚历山大已经不再热衷战事，渐渐变得忧郁。他很清楚地认识到自己的能力是有限的，也明白自己在维也纳会议上成了梅特涅和克吕德娜男爵夫人的牺牲品。他对西方的抵触情绪越来越浓，最后终于成为一个名副其实的俄国统治者。他把注意力全部放在了君士坦丁堡，这座古老的圣城是斯拉夫人的第一个导师。随着年龄的增长，亚历山大工作也越来越卖力，取得的成就却越来越少。当他坐在书房处理政事时，他的大臣们把俄国变成了一个大兵营。

这幅画面并不美观。也许我不该对强大的反动势力作过多描述，但你们应该对这个时期有透彻的了解。这并不是第一次有人试图让历史倒退，但结果都一样，他们注定失败。

第56章　民族独立

民族独立的热情异常高涨，几乎没有任何势力能够将其摧毁。南美洲人是最先起来反抗维也纳会议作出的反动决定的民族，希腊人、比利时人和西班牙人以及其他许多弱小的欧洲民族紧随其后。整个19世纪都被各地的独立战争占满了。

"如果维也纳会议后各国采取了这样或那样的一系列措施，19世纪的欧洲历史可能就是另一副模样。"但这么说是毫无意义的。参加维也纳会议的人刚刚经历了一场伟大的革命，在将近20年的时间里，他们都活在恐惧和接连不断的战火中。他们聚在一起是为了给欧洲带来"和平和稳定"，他们觉得这才是人民所需要和渴望的。他们就是我们称之为反动势力的人。他们始终坚信百姓没有能力管理好自己。于是他们对欧洲的版图进行了重新规划，好像这样就能在最大程度上保证欧洲的长治久安。他们失败了，但他们的初衷并非出于恶意。他们中的绝大多数人都是从老牌学校毕业的，一直没有忘记自己年轻时那种安宁快乐的生活，他们很想回到那一时期。但他们忽略了一点，那就是革命思想已经在欧洲根深蒂固，在人们心中占据着不可动摇的地位。这是一种不幸，但并不是什么罪过。法国大革命不仅给欧洲上了一课，也给美国上了一课，教会他们人民拥有"民族自决"的权利。

拿破仑从来没把任何人、任何事放在眼里，因此在对待百姓的民族感情和爱国热情时，他表现得非常残忍。但在大革命早期，一些将领向民众宣扬了一种新思想，那就是"民族无关政治界限，也不受圆颅骨或宽鼻梁的外貌限制。民族来自人们的内心和灵魂深处"。所以，当他们在教导法国儿童法兰西是如何伟大时，他们也鼓励西班牙人、荷兰人和意大利人做同样的事。很快，这些卢梭思想（他相信原始人拥有高尚的美德）的拥护者便开始挖掘历史，在封建系统的残骸下找到这些伟大民族的尸骨，他们猜测自己就是祖先弱小的后代。

19世纪上半期是考古大发现时期。各国历史学家都忙于出版中世纪纲领和中世纪早期的编年史。这么做的结果，是每个国家都为自己的祖国感到无比自豪。

这种感情的产生很多时候是因为扭曲了史实。但在现实政治生活中，事件本身真实与否并不重要，关键在于人们是否相信它是真的。在大多数国家中，国王和他的臣民都坚信他们的祖先曾取得无比辉煌的成绩，且声名远播。

维也纳会议却没那么多愁善感。为了将本国的利益最大化，会上的几名重量级人物将欧洲版图进行了分割。此外，他们还把"民族感情"和其他危险的"法国革命思想"一起列在禁书上。

但历史不会趋炎附势。因为某种原因（可能是历史发展的自然规律，因此没能吸引学者们的关注），在人类社会的有序发展中，"民族"似乎是必不可少的。凡是那些试图阻挡这股潮流的尝试，都会像梅特涅想要阻止人们思考一样，以失败告终。

奇怪的是，矛盾首先产生在一个非常偏远的地方——南美洲。在拿破仑战争期间，南美大陆的西班牙殖民地曾经历过一段相对独立的时期。当西班牙国王被拿破仑皇帝送进监狱时，他们仍然对他无比忠诚。1808年，拿破仑任命他的哥哥约瑟夫·波拿巴为西班牙的新国王，殖民地的人民拒绝承认王位的合法性。

事实上，南美大陆上唯一一块深受大革命影响的土地就是海地岛，即哥伦布第一次航行所到达的地方。1791年，法国国民议会突然宣布，海地的黑人同胞有着和白人统治者同样的权利。但很快，他们就宣布收回之前作出的承诺，这导致了黑人领袖杜桑·卢维杜尔和拿破仑的妻弟勒克莱尔将军之间多年的苦战。1801年，杜桑·卢维杜尔应邀前去拜访勒克莱尔，商讨和约的条款。出发前，他得到法国人的郑重承诺，自己绝不会受到伤害。杜桑·卢维杜尔相信了白人的承诺，被带到船上，不久便死在法国的一座监狱里。不过，黑人们仍旧取得了独立，建立起一个共和国。他们为南美洲第一位伟大的爱国主义者提供了巨大的帮助，凭借不懈努力，他把自己的祖国从西班牙统治的枷锁中解救出来。

1783年，西蒙·玻利瓦尔在委内瑞拉的加拉加斯城出生，随后到西班牙接受教育。他曾去过巴黎，亲眼目睹了革命政府是如何运作的。后来他又到美国住了一段时间，接着便回到了祖国。当时，国内对宗主国的不满情绪迅速蔓延，人们已经开始采取具体行动。1811年，委内瑞拉宣布独立，玻利瓦尔成为革命领袖之一。但不到两个月，起义就被镇压了，玻利瓦尔也逃跑了。

在之后的5年里，玻利瓦尔领导大家进行了一场注定失败的革命。他捐出自己的全部财产，但如果没有海地总统的支持，他不可能获得最后一次远征的胜利。此后，南美大陆各地相继爆发起义。显然，没有其他国家的支持，西班牙是不可能把所有起义镇压下去的。于是，它请求神圣联盟出面帮助。

这一举措让英格兰十分担忧。英国舰队已经取代荷兰成为世界上最主要的国际贸易海运代理商。他们希望从南美独立的革命浪潮中狠捞一笔，还希望美国能够出面干涉，但参议院并没有这样的打算，就连众议院中也有很多人表示美国不应该干涉西班牙内务。

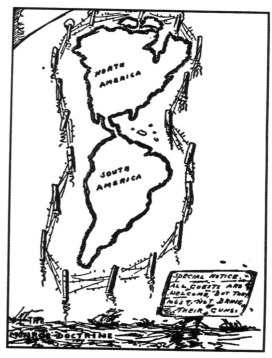

门罗主义

就在这时，英国内阁出现了巨大的变动，托利党取代了辉格党。乔治·坎宁出任新一届国务大臣。他向美国政府暗示，只要他们出面阻止神圣同盟镇压南美大陆殖民地的起义，英国就会为美国政府提供海上援助。于是在1823年12月2日，门罗总统在国会发表了一场演说："美国政府将把神圣同盟在西半球范围内进行的任何活动都视为对美国和平与安全的巨大威胁。"他还发出警告："美国政府将把神圣同盟的这种行为视为对其不友善的表现。"4周后，英国各大报纸陆续刊登了"门罗主义宣言"全文，神圣联盟的成员不得不三思而后行。

梅特涅犹豫了。就他个人来说，他并不担心会惹恼美国（因为美国从1812年英美战争中战败之后，陆军和海军就一直被人们忽略），但坎宁的态度和南美大陆的诸多琐事让他不得不小心谨慎。于是，计划中的远征一直都没能实现，而南美洲和墨西哥最终取得了独立。

此时的欧洲大陆，各种矛盾也迅速显露出来，且愈演愈烈。1820年，神圣同盟派法国军队前往西班牙，扮演和平卫队的角色。奥地利的军队则被派往意大利行使相同的权力。当时，意大利的"烧炭党"（由烧炭工人组织的秘密团体）正为意大利的统一进行大肆宣传，并最终引发了一场反抗那不勒斯统治者斐迪南的起义。

俄国也传出了坏消息。亚历山大沙皇过世，圣彼得堡爆发了一场革命。这场短暂却血腥的暴乱被称为"十二月党人起义"（因为它发生在12月）。一大群优秀的爱国青年惨遭屠杀，他们曾对亚历山大晚年的腐败统治表示不满，希望俄国能建立起一个立宪政府。

但更糟糕的还在后面。梅特涅想要继续得到欧洲皇室的支持，于是他奔走于各个会议之间，从埃克斯·拉·夏佩伊到特博洛，再到莱巴赫和维罗纳。各国代表都汇集到气候宜人的海滨地区开会，奥地利首相经常来这里避暑。他们总是承诺会尽己所能来镇压革命，但他们自己也不确定最后能不能成功。百姓的情绪开始变得不稳定，特别是在法国，国王的地位岌岌可危。

然而，真正的麻烦却来自巴尔干半岛，有史以来，这里都是入侵者进入西欧的通道。最早的起义爆发在摩尔达维亚。这个地方曾是古罗马行省达契亚的一部分，公元3世纪时从罗马独立出来。从那以后，它就变成一片孤地，有点像亚特兰蒂斯。当地人仍然说古罗马语，把自己当成罗马人，他们称自己的国家为罗马尼亚。1821年，年轻的希腊王子亚历山大·伊普西兰蒂发动了一场反土耳其的起义。他跟自己的追随者说，他们会得到俄罗斯的支持。但梅特涅很快派信使赶往圣彼得堡，奥利地首相关于维护"和平与稳定"的说辞最终得到了沙皇的认可，他拒绝为罗马尼亚人提供帮助。伊普西兰蒂不得不逃往奥地利，随后的7年他都一直被关在监狱里。

同年（1821年），希腊也陷入了麻烦。自1815年起，希腊一个秘密的爱国组织就开始策划起义。他们在摩里亚（古伯罗奔尼撒）突然举起独立的旗帜，将驻守在当地的土耳其军队驱赶出去。他们抓住君士坦丁堡的统领（希腊人和很多俄罗斯人都把他当成大主教），在1821年的复活节这天，把他和其他几位主教一起吊死。希腊人又对居住在摩里亚首都特里波利的穆斯林进行了大屠杀。土耳其人也作出回应，袭击了希俄斯岛，将岛上的2.5万名基督教徒全部杀害，还把剩下的4.5万人作为奴隶卖到亚洲和埃及。

于是，希腊人向欧洲皇室发出了求救信号，梅特涅却始终声称他们是"引火烧身"（我并没有使用双关语，只是将首相对沙皇所说的话引用了一下，他说"暴乱的火焰应当在文明的范围外自生自灭"）。于是通往希腊的边关被一一关闭，不许志愿者去营救希腊的爱国主义者。他们的起义似乎要失败了。埃及答应了土耳其的请求，派出一支军队前往摩里亚。没过多久，土耳其的国旗就又一次飘扬在古雅典要塞阿克罗波利斯的上空。随后，埃及军队仍旧按照"土耳其的方法"来管理这片土地，梅特涅也默默关注着事态的发展，等待这次"企图破坏欧洲和平的叛乱"成为过去。

英国又一次打乱了梅特涅的计划。英格兰最伟大的荣誉并不是它拥有广阔的殖民地、巨大的财富或无敌的舰队，而是普通百姓所具有的英雄气概和独立精神。英国人遵纪守法，因为他们知道尊重他人的权利是文明社会与野蛮社会的重大区别。但他们始终认为其他人无权干涉他们的思想自由。如果政府做了某些他们认为不妥的事，他们就会站起来表达自己的观点。而受到谴责的政府会尊重他们，还会全力保护他们的安全，以免受到暴徒的伤害。从苏格拉底时代开始，暴徒总是喜欢毁掉那些比他们更有勇气、更具智慧的人。只要是正义的事业，无论多么不受欢迎或多么遥远，忠实的信徒里总会出现这样一群英国人。英国民众和生活在其他国家的人民并没有什么区别。他们整天忙着手头上的事，没有时间去做不切实际的"冒险"。但每当他们奇怪的邻居抛下一切为生活在亚洲和非洲的悲惨人民而斗争时，他们便对这些人钦佩不已。如果这个邻居不幸战死沙场，他们会为他举办一场体面的葬礼，还会告诉自己的孩子要以他为榜样，学习他的勇气和骑士精神。

对于这种国民性格，就连神圣同盟的间谍也无可奈何。1824年，拜伦勋爵乘船前往南方去帮助希腊人。这位年轻的英国人写的诗歌，曾让整个欧洲都感动得潸然泪下。3个月后，这位英雄死在了希腊最后一块营地迈索隆吉翁，这个噩耗迅速传遍欧洲。他一个人的死唤醒了欧洲所有的人民。所有国家都组织起各类团体，为希腊人民提供帮助。美国革命中的英雄拉斐特奔走于法国的大街小巷。巴伐利亚的国王也派遣数百名官员前往希腊。钱财和补给源源不断地被送往迈索隆吉翁，当地人民不用再忍饥挨饿。

在英国，曾打乱神圣同盟进军南美计划的乔治·坎宁成为首相。他又发现一个可以打败梅特涅的机会。英国和俄罗斯的舰队早已在地中海做好了准备。他们被政府派到此地，已不敢再镇压希腊爱国主义者高涨的起义热情。十字军东征后，法国一直扮演着阿拉伯地区基督教的忠实拥护者，因此它也派出了舰队。1827年10月20日，三国联军的舰队在纳瓦里诺湾向土耳其舰队发起猛攻，并最终打败了它。此前，很少有一场战争胜利的消息会得到所有人的欢迎。在本国饱受剥削的西欧人和俄国人也从这场战争中得以慰藉。他们取得了胜利，赢得了自由。1829年，希腊赢得胜利，成为一个独立的国家，梅特涅企图破坏和平与稳定的政策再次遭到惨败。

要想用这一章的篇幅向你们描述各国发生的民族独立起义，是绝对不可能的。已经有很多关于这段历史的书籍出版。我之所以详述希腊人民的独立战争，是因为在维也纳会议后，列强们建立了一个"维护欧洲稳定"的反动阵营，这次起义就是对该阵营的第一次成功袭击。尽管各国仍遭受着压迫，梅特涅也还在发号施令，但离结束的日子已经不远了。

在法国，波旁王朝建立了一个几乎难以容忍的警官制度，企图推翻大革命的成就，完全无视文明战争的规则和法律。1824年，路易十八去世，在"和平"中生活了9年的人们，比10年战争期间还要悲惨。路易的兄弟查理十世继任了王位。

路易出自著名的波旁家族，他不学无术，却有仇必报。某个清早，哈姆传来了他的兄弟被处以绞刑的消息。这件事一直在警告着他：如果一个君主不能审时度势，那么等待他的下场就是死亡。相反，查理什么都不知道，什么都记不住，也什么都不愿意学，不到20岁，就欠下了高达5000万法郎的私人债款。他一继任王位，便建立起一个"受教士统治、为教士所有、供教士所用"的政府，惠灵顿公爵曾给这个新政府贴上了这样的标签，而他本身并不是一个激进的自由主义者。由此可见，查理的统治方式让那些最遵纪守法的人也忍无可忍。一些报纸开始刊登批评政府的文章，查理曾试图将其压制下去。于是，他宣布解散国会，因为后者支持媒体。但这样一来，他的王位也快坐到尽头了。

1830年7月27日晚，巴黎爆发了一场革命。同月30日，国王逃到海边，想乘船前往英国。这场"上演了15年的闹剧"终于落幕了，国王最终波旁王朝被赶下王位，因为他实在太无能了。此时法国有机会建立一个共和制政府，但梅特涅绝不会允许这种情况发生。

形势已相当危险。革命的星星之火已经越过法国边境，将另一个民族矛盾激化的火药桶点燃了。新建立的尼德兰王国注定不能取得成功。比利时人和荷兰人几乎没有任何共同点，他们的国王——奥兰治的威廉（"沉默者威廉"的堂兄弟）既是一个勤勉的工人，又是一个成功的商人，却不懂得变通，无法在两个互相敌视的民族间维持和平。此外，一大批传教士从法国来到比利时，而作为新教徒的威廉不论做什么，都会被臣民们以"为天主教争取自由"的理由进行反对。8月25日，布鲁塞尔爆发了一场动乱，人民奋起反抗荷兰统治者。两个月后，比利时宣布独立，维多利亚女王的舅舅——科堡的利奥波德被选为国王。这个办法很好地解决了难题。两个原本不该统一的国家被分开，从此以后和平相处，如同友好的邻居一样。

在当时，欧洲只有几条很短的铁路，所以消息传播得还很慢。但当法国和比利时革命胜利的消息传到波兰时，波兰人民和俄国统治者之间立即产生了一系列冲突，并最终导致了一场持续一年的战争。最后俄国人取得了胜利。他们按照著名的俄国方式，"在维斯杜拉河畔建立起新秩序"。1825年，尼古拉一世从他哥哥亚历山大手中接过王位，坚决维护本家族的"神圣权力"。许多在西欧找到栖身之地的波兰难民亲眼目睹了这样的事实：神圣联盟的准则在沙皇眼中绝不仅仅是一个神圣的词语而已。

意大利也经历了一段时期的动荡不安。拿破仑的妻子——帕尔玛女公爵玛丽·路易斯，在拿破仑滑铁卢战役失败后便离开了他。她被自己的国家驱逐出境。而在教皇国家，人们迫切地希望建立一个独立的共和国。但奥地利的军队来到罗马后，一切又回到旧时的样子。梅特涅重新回到普拉茨宫（哈布斯堡王朝的外交官府邸），警探们也重操就业，和平又一次得到维护。直到18年后，人们才再次发起一场革命。这场革命与之前相比更为成功，它把整个欧洲从维也纳会议的枷锁中解救出来。

法国——欧洲革命的领头者，又一次发出了革命的信号。路易·菲利普从查理十世手中接下了王位。他是著名的奥尔良公爵的儿子。奥尔良公爵是雅各宾党的拥护者，当初要处死他的国王表兄时，他投下了赞同票。在法国大革命初期，他曾以"平等的菲利普"的名义发挥了重要作用。但后来，罗伯斯庇尔决定肃清国内所有"叛徒"（和他意见不统一的人），奥尔良公爵被处死，他的儿子不得不从革命军中逃走。从此，年轻的路易·菲利普开始了四处流亡的生活。他曾在瑞士的一所学校教书，还花了几年时间用来探索美国未知的"远西地区"。拿破仑倒台后，他回到了巴黎。他比波旁王朝的表兄弟们聪明得多。他是个朴素的人，喜欢在胳膊下面夹一把红雨伞，到公园里去散步。和所有父亲一样，他的身后总是跟着一大群孩子。但此时的法国已经不再需要国王了，直到1848年2月24日清晨，当一群人冲进杜伊勒里宫把菲利普从王位上赶下来，并宣布法国成为共和国时，他才意识到这一点。

当消息传到维也纳时，梅特涅说这不过是1793年那场闹剧的再一次上演。神圣同盟不得不再一次出兵巴黎，以终结这场宣扬民主的闹剧。但两个星期后，奥地利首都也爆发了一场公开的革命。为了躲避激进的百姓，梅特涅从宫殿的后门逃了出去。皇帝斐迪南不得不答应他的臣民颁布一部新宪法。宪法的大部分内容都是过去33年中他的首相想要压制的。

这一次，整个欧洲都为之震动。匈牙利也宣布独立，在路易斯·科苏特的带领下，同哈布斯堡王朝展开了一场激战。这场实力悬殊的较量持续了3个月。最后，沙皇尼古拉下令军队翻越喀尔巴阡山，将起义军全部镇压下去，匈牙利的君主统治才得以保留。此后，哈布斯堡王朝建立了一个特殊的军事法庭，很多在战场上幸存下来的匈牙利爱国者都被处以绞刑。

再来看意大利。西西里岛将波旁国王赶下了王位，宣布脱离那不勒斯而独立。在教皇国，首相罗西遭到暗杀，教皇被迫逃亡国外。第二年，他带了一支法国军队回来，并一直留在罗马，负责保护国王不受臣民的伤害，直到1870年。随后，这支军队被召回祖国，以抵抗普鲁士军队，罗马成为意大利的首都。在北部，米兰和威尼斯也开始奋起反抗奥地利的统治。他们得到了撒丁国王阿尔伯特的支持。但一支强大的奥地利军队在老将德茨基的带领下，来到波河河谷，在库拉多扎和诺瓦拉附近击败了撒丁的军队。于是，阿尔伯特不得不把王位传给他的儿子维克多·伊曼纽尔。几年后，他成为统一的意大利的第一位国王。

1848年，德国国内爆发了一场全国规模的游行活动，人们要求统一国内政治，组建议会制政府。在巴伐利亚，国王把时间和金钱都浪费在一个伪装成西班牙舞者的爱尔兰女人身上（她叫做罗拉·蒙特茨，现被埋葬在纽约的波特公墓），最终被一群愤怒的大学生逐出巴伐利亚。在普鲁士，国王不得不摘下王冠，对战争中牺牲的人们进行默哀，并保证成立一个立宪制政府。

　　1849年3月，550名来自全国各地的代表齐聚法兰克福，召开国会。他们同意由普鲁士国王腓特烈·威廉出任统一德国的皇帝。

　　但局势发生了一些变化。无能的斐迪南把皇位传给了他的侄子弗朗西斯·约瑟夫。训练有素的奥地利军队仍然效忠于它的统治者。每天都有大量的人被绞死，而哈布斯堡家族凭借其骨子里的狡猾，再一次在奥地利站稳了脚跟，并迅速巩固了他们在东欧和西欧的霸主地位。他们玩起政治游戏来驾轻就熟，利用其他日耳曼国家对普鲁士的嫉妒心理，阻止普鲁士国王当选德意志皇帝。一系列的惨痛经历让他们学会了隐忍，懂得了伺机而行。一群缺乏政治经验的自由主义者四处发表演说，陶醉在他们慷慨激昂的陈词中。与此同时，奥地利人却秘密集结军队，解散了法兰克福国会，重建了旧时的日耳曼联盟，这也是维也纳议会喜闻乐见的。

　　这个国会的成员多是一些不切实际的爱国者。但在他们中间有一位名叫俾斯麦的普鲁士乡绅，他并不发表言论，只是安静地观察和聆听。他非常不喜欢那些大话、空话。他知道，光说不做是解决不了任何问题的（任何一个讲求实际的人都明白这个道理）。他要用自己的方式来表达对祖国的热爱。他曾在一所旧式的外交学院接受过教育，可以轻易将外交敌人骗得团团转，正如在散步、喝酒和骑马等方面，他也样样优于其他人一样。

　　俾斯麦坚信，如果德意志想抵抗欧洲其他列强的入侵，就必须从一个松散的国家联盟变为一个统一的强国。俾斯麦从小深受封建的忠诚思想影响，因此他决定支持自己效忠的霍亨索伦家族取代无能的哈布斯堡家族，担任国家的统治者。鉴于此，他首先要摆脱奥地利的影响。于是，他开始为这个痛苦的手术做准备。

　　与此同时，意大利已经解决了国内问题，从奥地利的统治中解放出来。意大利的统一要归功于3个人，他们分别是加富尔、马志尼和加里波第。加富尔是一位土木工程师，因为近视总是戴着一副金丝边眼镜，他小心翼翼地扮演着政治领航员的角色。马志尼是一个公众煽动者，为了躲避奥地利警察的追捕，他一生中的大部分时间都奔波于欧洲各国之间。而加里波第则和一群身穿红色衬衫的骑士一起，引起人们内心无尽的想象。

　　马志尼和加里波第都支持共和制政府，而加富尔却支持君主立宪制政府。其他两人发现在这些国家事务方面，加富尔有着非凡的能力，于是便接受了他的决定，放弃了让他们挚爱的祖国获得更大利益的雄心壮志。

就像俾斯麦为霍亨索伦家族所做的那样，加富尔也为撒丁家族做了自己能做的一切。他用无比的关心和高明的手段让撒丁国王成为整个意大利民族的领导者。欧洲其他国家动荡不安的局面却帮了他的大忙。其中，对意大利独立作出最多贡献的国家，就是它最信任的（通常是最不信任的）老邻居法国。

1852年10月，在这个动荡不安的国家里，共和政府突然倒台，但这个结果并不出人意料。拿破仑三世——前荷兰国王路易斯·波拿巴的儿子，那位伟大叔叔的小侄子，重新建立起法兰西帝国，还自封为"受上帝恩赐，谨遵人民意愿"的皇帝。

朱塞佩·马志尼

这个年轻人曾在德国接受过教育，因此他说的法语总是带着明显的条顿口音（就像第一个拿破仑一样，说法语时总是带着浓重的意大利口音）。为了自身的利益，他用尽拿破仑所用的方法。但他树敌颇多，对于能否登上那个近在眼前的王位，他也不是很确定。他获得了维多利亚女王及其部下的支持，这一点非常重要。至于欧洲其他国家的君主，并不把这位法国国王放在眼里，整日思考着如何才能想出一些新方法，向这位"善良的暴发户兄弟"表达他们深深的鄙视。

于是，拿破仑三世必须想出一个能够消除敌意的方法，要么通过和平手段，要么通过暴力手段。他深知，"荣誉"一词还深深埋在法国人的心中。既然他不得不为了自己的皇位而放手一搏，那就押上整个帝国的未来好了。他以俄国攻击土耳其为借口，发动了克里米亚战争。英、法联军支持苏丹抵抗沙皇。这场战争让法国付出了高昂的代价，却没什么收获。不论法国、英国还是俄国，都没有赢得足够的荣誉。

不过克里米亚战争还算做了一件好事。它给了撒丁国王一个自愿站在胜利一方的机会。战争结束后，加富尔也有机会向英、法两国索要回报。

加富尔利用国际局势，让撒丁王国成为欧洲主要势力的一支。1859年6月，这个聪明的意大利人在撒丁和奥地利之间挑起了一场战争。他用萨伏依地区和意大利小城尼斯作为交换条件，得到了拿破仑三世的支持。法、意联军在马詹塔和索尔费里诺将奥地利军队击败，原先属于奥地利的省份和公国，都被划入统一的意大利王国。佛罗伦萨成为新意大利的首府。1870年，法国召回驻守在罗马的军队来抵抗德国人。法国人前脚刚走，意大利人后脚便来到这里，撒丁家族住进了古老的奎里纳王宫。该王宫是一位教皇在君士坦丁大帝浴室的废墟上建立起来的。

教皇渡过台伯河，藏在梵蒂冈的高墙后。1377年，被流放阿维尼翁的教皇回到了梵蒂冈，此时这里已成为他继任者们的家园。他向占领了自己领地的窃贼大声发出抗议，还呼吁那些忠实的天主教徒，希望他们能够同情他所失去的一切。回应他的人却很少，数量还在不断减少。因为教皇一旦脱离了国际事务，就可以把时间全部用来解决人们的精神问题。远离了欧洲各国政治家们的争吵，教皇重新获得了尊重，这对教会的发展大有帮助。教会成为一股新的国际力量，推动了社会和宗教进步。和大多数新教相比，它在处理当代国际纠纷时显得更为明智。

就这样，维也纳会议想让意大利半岛成为奥地利外省的计划失败了。

但德国问题还悬而未决。事实证明，这个问题是最难解决的。1848年革命失败，大量精力充沛、渴望自由的德国人移民到其他国家。这些年轻人来到美国、巴西以及亚洲和非洲的新殖民地。他们在德国未完成的工作则被另一群人接手。

德国议会解散后，自由主义者建立统一国家的尝试也失败了，于是德意志各国在法兰克福召开了一场新议会。普鲁士的代表就是我们之前提到过的奥托·冯·俾斯麦。如今，他已经得到普鲁士国王的完全信任，这也是他所要求的。他并不在乎普鲁士议会或普鲁士人民的意见。他亲眼目睹了自由主义者的失败，因此他知道要想摆脱奥地利的统治，只有发动一场战争。于是，他开始加强普鲁士军队的建设。他的铁血政策激怒了高层统治者，他们拒绝为他提供必需的资金。俾斯麦甚至不屑于争论。他继续实施自己的计划，从普鲁士的皮尔斯家族和国王那里得到了资金上的支持，不断扩充军队。随后，他便四处寻找能将所有德意志人民的爱国热情激发出来的国家层面的理由。

德国北部有两个小公国石勒苏益格和荷尔斯泰因。自中世纪起，这两个国家就麻烦不断。两国都住着一定数量的丹麦人和德国人，尽管他们受丹麦国王统治，却不是丹麦的一部分。这就引发了无穷无尽的矛盾。我并非刻意提起这个已经被遗忘的问题，最近签署的《凡尔赛和约》似乎把这个问题解决了。但荷尔斯泰因的德国人非常不满丹麦人实施的暴行，石勒苏益格的丹麦人则努力要维护本国的传统。于是，整个欧洲都在讨论这个问题。德国的男声合唱团和体操协会聆听了"被抛弃的兄弟"慷慨激昂的演说，内阁大臣们却没有搞清楚他们究竟想表达什么。可此时，普鲁士已经派出军队，要"收复失去的国土"。奥地利——日耳曼联盟的领导者，绝不允许普鲁士在如此关键的问题上采取单独行动。于是，哈布斯堡军队也加入进来。两个强国组成的联军越过丹麦边境，击退了丹麦人的奋勇反抗，占领了这两个公国。于是，丹麦人向欧洲发出求救，欧洲却置之不理，可怜的丹麦人只好听天由命。

　　随后，俾斯麦便着手准备他统一计划的第二步。他以战后的利益分配为借口，与奥地利发起了争执。哈布斯堡家族掉入了陷阱。俾斯麦和他忠实的将军们率领着一支新组建的普鲁士军队入侵了波西米亚，在不到6周的时间，便将奥地利最后一支军队消灭在柯尼格拉茨和萨多瓦，打开了通往维也纳的大门。但俾斯麦并不想做得太过，他深知自己还需要一些欧洲朋友的支持。他向战败的哈布斯堡家族提出和解，只要他们愿意放弃联盟的领导权。但对于那些曾站在奥地利一边的德意志小国，他就没那么仁慈了，把他们全部划入普鲁士领土。于是北方的大部分国家形成了一个新的组织，也就是所谓的北日耳曼联盟。获胜的普鲁士成为日耳曼民族的非正式领袖。

　　俾斯麦的吞并速度让整个欧洲都惊诧不已。对此，英格兰不甚在意，法国却极为不满。拿破仑三世对法国的统治已经开始动摇。克里米亚战争让法国耗费巨大，却什么目标都没能完成。

　　1863年，拿破仑三世决定再次冒险，想让一个名叫马克西米利安的奥地利大公成为墨西哥人民的皇帝。但随着美国内战北方获得胜利，拿破仑三世的如意算盘又落空了。华盛顿政府要求法国从墨西哥撤军，墨西哥人终于有了一个将敌人铲除干净的机会，他们枪决了那个不受欢迎的皇帝。

　　拿破仑三世要想坐稳皇位，就去要取得新的荣誉。仅仅几年的时间，北日耳曼联盟就变成法国的一个劲敌。拿破仑三世认为，与德国开战有利于他的王朝统治。他便四下寻找借口，而国内革命不断的西班牙刚好给了他这个借口。

　　那时，西班牙王位仍处于空缺状态。一开始，本应由霍亨索伦家族的一个天主教旁系来继承王位，但法国政府不同意，于是霍亨索伦家族便礼貌地拒绝了。但身染疾病的拿破仑三世，深受妻子欧仁妮·德·蒙蒂若的影响。欧仁妮的父亲是一位西班牙绅士，她的曾祖父威廉·基尔巴特里克是一位美国领事，常年驻守在盛产葡萄的马拉加。欧仁妮虽然天资聪颖，但她和当时大多数西班牙妇女一样，没有接受过良好的教育。她受到宗教顾问们的摆布，而这些绅士又非常讨厌普鲁士的那位新教国王。"勇敢起来。"她给自己的丈夫提议道，但她忽略了这句著名的波斯谚语的后半句。它本来的意思是想告诫那些英雄："要勇敢，但绝不可鲁莽。"拿破仑三世对法国军队很有信心，于是他给普鲁士的国王写了一封信，要求他保证"绝不允许霍亨索伦的王孙子弟成为西班牙王位的候选人"。鉴于霍亨索伦家族已经放弃了王位继承权，这个要求完全就是画蛇添足，因此俾斯麦答应了法国政府的条件。但拿破仑三世还是不满意。

　　1870年的一天，威廉国王正在埃姆斯河游泳。一位法国外交官突然造访，想要旧事重提。国王愉快地答道，既然西班牙的问题已经解决了，在这么好的天气里就不需要再讨论这个话题了。作为规定，相关人员把这次会面的内容用电报发给了俾斯麦，此时他正负责处理所有外交事务。为了给普鲁士和法国的媒体提供些猛料，俾斯麦重新编辑了这次谈话内容。很多人对他的做法表示不满，但俾斯麦有自己的借口，他说将官方新闻进行加工是任何一个文明政府的特权。当这篇"编辑后"的电报发表时，柏林群众觉得那个高傲的法国小男人惹恼了他们敬爱的留着白胡子的国王；巴黎市民也义愤填膺，他们彬彬有礼的外交大臣吃了普鲁士王室走狗的闭门羹。

于是，两国展开了一场激战。不到两个月，拿破仑三世和大部分军队都成了德国人的阶下囚。法兰西第二帝国走到了尽头，第三共和国正在积极筹备，誓死守卫巴黎，不让德国侵略者有机可乘。巴黎足足坚守了5个月，就在这座城市投降的10天前，在凡尔赛宫（由德国人最危险的敌人路易十四建造的宫殿）附近，普鲁士国王正式宣布登基，成为德意志皇帝。隆隆的枪炮声向饥饿的巴黎市民宣告，一个崭新的日耳曼帝国已经诞生，从前那个由条顿国家组成的弱小的联盟已不复存在。

通过这个简单粗暴的方法，德国问题终于得到了解决。1871年年底（维也纳会议召开56年后），维也纳会议的阴谋被一一清除。梅特涅、亚历山大和塔列朗想为欧洲人民带来长治久安，他们所采用的方法却引发了无数战争和革命。在18世纪泛滥的"兄弟情谊"之后，出现了一个民族主义时代，它至今仍未结束。

第57章　发动机时代

欧洲人民为争取民族独立而奋起反抗时，他们生活的世界也因一系列发明而发生了改变。18世纪发明的老式大型蒸汽机也成为人类最忠实、最有效率的奴仆。

人类最应该感谢的恩人在50多万年前就去世了。他是个浑身长满毛发的生物，眉毛低低的，眼睛深深的，长着沉重的下颌和像老虎一样锋利的牙齿。他若出现在现代科学家的聚会上肯定十分不妥，但大家都尊他为大师。因为就是他用石块砸开了坚果，用长棍撬起了巨石。人类最早使用的工具——锤子和撬棍就是他发明的。他让人类获得了比地球上任何其他动物多得多的优势，在这一点上，没有人可以超越他。

从那时起，人类就尝试使用更多的工具来让生活变得更加简单。公元前10万年，人类发明了世界上第一只轮子（一个用老树干做成的圆盘），这在当时的社会引起的轰动，绝不亚于数年前发明的飞行器。

在华盛顿，一直流传着一个关于一名专利局局长的故事。19世纪30年代初，他提议，专利局应当被取消，因为"所有能被发明出来的东西都已经被发明了"。当史前人类制造出第一张船帆，不需要靠划桨、撑篙或拉纤绳就可以从一个地方到达另一个地方时，他们肯定有过和这位专利局局长相同的想法。

的确，在人类历史的各个章节中，最有趣的一章就是人们想方设法让其他人或其他东西来代替他们工作。这样他们就可以尽情享受，要么晒晒太阳，要么在岩石上画画，要么训练年幼的狼或老虎，让它们变成温顺乖巧的宠物。

当然，在古时让弱小的邻居成为自己的奴隶，让他做自己不喜欢的事并不是难事。古希腊人和古罗马人都非常聪明，但他们没能发明出更多的机器，原因之一就是当时两个国家都存在着奴隶制度。一个伟大的数学家只要到市场上走一圈，就能用非常便宜的价格买到他需要的所有奴隶，他又何必把时间浪费在线绳、滑轮和齿轮上呢？况且那样会让自己的屋子变得乌烟瘴气。

到了中世纪，奴隶制被废除，较为温和的农奴制留存了下来。但行会仍极力反对使用机器，因为他们认为，这样会让很多行会成员丢掉工作。此外，中世纪的人们对生产大量商品并不十分感兴趣。裁缝、屠户和木匠都只是为了他们生活的小社区而工作，并不想与他们的同行竞争，也不想作出超出生活所需的商品。

到了文艺复兴时期，教会对科学研究的干涉相比以前大大减弱，很多人便开始投身数学、天文学、物理学和化学的研究。在三十年战争爆发的前两年，一个名叫约翰·内皮尔的苏格兰人发表了一部专著，描述了对数这个新概念。在战争期间，莱比锡的戈特弗里德·莱布尼茨将微积分体系进一步完善。在《威斯特伐利亚条约》签订的8年前，伟大的自然哲学家牛顿在英国降生。同年，意大利的天文学家伽利略去世。与此同时，三十年战争将中欧的繁荣破坏得一干二净，人们突然对"炼金术"产生了浓厚的兴趣。"炼金术"是发源于中世纪的一门伪科学，人们希望通过此法把普通的金属变成黄金，这当然是不可能的。但那些终日埋头在实验室里的炼金师们有了一些奇思妙想，这些想法给他们的继承者——化学家们提供了很大的帮助。

所有这些人的工作为全世界奠定了一个良好的科学基础，在此基础上，人们制造出更加复杂的机器，一些勇于实践的人充分利用了这些机器。在中世纪，人们已经开始用木头制造一些必需的机器。但木头很容易磨损，铁倒是个很好的材料。但除了在英格兰，其他地方这种资源都十分稀缺。于是，英格兰开始大力发展冶铁业。要想将铁熔化，就需要强劲的火力。早先人们用木头来生火，但渐渐地，森林被砍伐得所剩无几。于是，"石炭"——史前森林的古老化石派上了用场。我们都知道，要想使用煤，需要先把它们从地底下开采出来，再送到熔炉，煤矿也要时刻保持干燥，不能进水。

这就出现了两个亟待解决的问题。在当时，马匹可以用来拉煤车，但抽水的问题就必须用某种特殊的机器来解决。很多发明家都想解决这个难题，他们懂得把蒸汽运用到新机器上。"蒸汽机"的概念早就存在。早在公元前1世纪，伟大的英雄亚历山大就曾描述过几种用蒸汽作动力的机器。在文艺复兴时期，人们曾想制造出一辆"蒸汽战车"。和牛顿生活在同一时期的沃斯特侯爵将他的发明记录在一本书中，其中提到了蒸汽机。此后不久，也就是在1698年，伦敦的托马斯·萨弗里发明了一种抽水机，并申请了专利。同年，荷兰人克里斯琴·海更斯也在试着改良一种机器，它通过火药来引发一系列爆炸。这种发动机类似如今的汽车引擎，只不过我们用的是汽油。

于是，欧洲各地都开始为这个想法忙碌起来。海更斯的法国朋友和助手丹尼斯·帕平，曾在几个国家进行过蒸汽机的实验。他发明出了蒸汽驱动的小货车和桨轮船。但当他尝试用发明的小蒸汽船进行航行时，被船员工会告上了法庭，因为他们担心船员的生计会被这个东西抢走。于是，帕平的小船被没收了。他把一生的积蓄都用在了这些发明上，最后却因为穷困潦倒死在伦敦。在帕平去世的时候，另一个机械迷——托马斯·纽克曼正在潜心研究一种新型蒸汽泵。50年后，格拉斯格仪器制造者詹姆斯·瓦特，对托马斯发明的蒸汽泵进行了改良。1777年，世界上第一台真正具有使用价值的蒸汽机诞生了。

就在人们潜心研究"蒸汽机"的这几个世纪里，世界的政治格局发生了翻天覆地的变化。英国人取代荷兰人成为世界贸易的最大承运商。他们进一步开拓殖民地，把当地出产的原材料运往英国，然后加工成各类商品，再把这些成品出口到世界各地。17世纪时，佐治亚和卡罗来纳的居民开始种植一种新品种的灌木，这种植物会长出奇特的毛状物质，也就是我们所说的"棉毛"。 棉毛采摘过后，会被运往英国，兰开夏郡的工人把它们加工成布料。在初期，工人在家中通过手工来加工棉毛。但很快纺织技术就取得了巨大的进步。1730年，约翰·凯发明了"飞梭"。1770年，詹姆斯·哈格里夫斯为其发明的"纺纱机"申请了专利。后来，一个名叫伊莱·惠特尼的美国人发明出轧花机，可以将棉花脱粒。过去，脱粒需要通过人工完成，一名工人每天最多能将一磅重的棉花脱粒。最后，理查德·阿克赖特和埃德蒙·卡特赖特发明了一种用水力驱动的大型纺织机。18世纪80年代，在法国三级会议召开期间，当人们正在讨论如何才能改变欧洲现有的政治秩序时，瓦特发明的蒸汽机已经被应用在阿克赖特的纺织机上。这项应用在经济和社会领域都引发了重大变革，几乎在世界各个角落，人与人之间的关系都发生了变化。

当固定式蒸汽机成功投入生产后，发明家们便将注意力转移到如何利用机械装置来推动车和船的运转。瓦特曾制订过一项"蒸汽机车"的研发计划，但在他将这个计划进一步完善前，理查德·特里维西克在1804年制造出第一辆火车，它装着20吨重的货物从威尔士矿区的佩尼达兰起程。

与此同时，一位名叫罗伯特·富尔顿的美国珠宝商兼肖像画家来到巴黎，试图说服拿破仑采用他的"鹦鹉螺"号潜水艇和"汽船"，这样法兰西海军就可以一举摧毁英格兰舰队。

富尔顿并不是第一个想到发明汽船的人，毫无疑问，他抄袭了约翰·菲奇的创意。菲奇是康涅狄格州的机械天才，早在1787年，他就在德拉威尔河上对他发明的小型汽船进行了试航。但拿破仑和他的科学顾问对这种可以自动行驶的汽船的可行性深表怀疑。尽管这条装有苏格兰引擎的小船成功在塞纳河上完成了航行，拿破仑皇帝还是放弃了这个威力极强的新式武器。如果他当初采纳了富尔顿的建议，也许就能报特拉法尔海战之仇。

富尔顿回到美国后成为一个追求实际的商人。他与罗伯特·R·利文斯顿合伙，成功开办了一家汽船公司。利文斯顿是签署《独立宣言》的美国革命领袖之一，当富尔顿在巴黎推销他的发明时，利文斯顿刚好担任美国驻法大使。1807年，装有英国博尔顿和瓦特制造的引擎的汽船"克勒蒙特"号（公司的第一艘汽船）正式起航，成为从纽约到奥尔巴尼的固定航班。没过多久，富尔顿的公司就垄断了纽约州全部水域的航运业务。

至于可怜的约翰·菲奇，即第一个把"汽船"应用到商业中的人，最后却悲惨地死去。他倾尽所有家产制造出5条螺旋桨汽船，却全部被毁，这让他身心俱疲。邻居们对他大加嘲讽，正如100年后人们对兰利教授发明的不伦不类的飞行器讥笑不已一样。菲奇一直希望能为国家开辟出一条能够通往西部广阔流域的捷径，但他的同胞们宁愿搭乘平底渡船或徒步走到那里。1798年，菲奇陷入极度的绝望与痛苦中，最后服毒自杀了。

但20年后，"萨凡纳"号汽船载着1850吨重货物以每小时6海里（"毛里塔尼亚"号的速度是它的3倍）的速度从萨凡纳起航，横渡大西洋之后来到利物浦，全程用时25天，创下了新纪录。直到此时，人们的嘲笑声才慢慢平息下来。由于对新生事物的狂热追求，他们错把荣誉颁给了另外一个人。

第一艘蒸汽船

6年后，英国人乔治·斯蒂芬森发明了著名的"移动式引擎"。多年来，他一直潜心研究，想制造出一种能把原煤从矿区直接运往冶炼炉和棉花加工厂的机车。"移动式引擎"的发明让原煤的价格下跌了近70%。在曼彻斯特和利物浦之间，还开通了第一条客运线路，人们可以乘坐时速15英里的火车，从一座城市奔往另一座城市。十几年后，火车的速度提高到每小时20英里。而现在，任何一台正常运作的福特车（19世纪80年代的汽车型号，由戴姆勒和勒瓦索两款小型车改良而来）都比这些早期的"喷漆比利"跑得快。

当极具实践精神的机械工程师们正忙于改良"热力机"时，一群从事"纯科学"研究的科学家（他们每天用14小时的时间来研究"理论上的"科学现象，没有这些理论研究，机器的改良就无法进行）正沿着一个新思路进行研究，他们对大自然最深层、最核心的奥秘开始了探究。

早在2000年前，希腊和罗马的一些哲学家（最著名的就是米利都的泰勒斯和普林尼，公元79年，维苏威火山爆发，罗马古城庞贝和赫库兰尼姆被火山灰埋于地下，普林尼赶往现场研究火山喷发，却不幸身亡）就发现了一种奇特的现象：经过羊毛摩擦之后，琥珀可以将小片稻草或羽毛吸起来。中世纪神学院的老学究们对这种神奇的"电力"现象并不感兴趣。但文艺复兴结束后，伊丽莎白女王的私人医生——威廉·吉尔伯特发表了一篇举世闻名的论文，阐述了

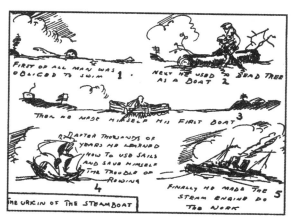

蒸汽船的起源

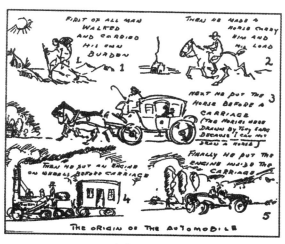

汽车的起源

磁的特性和它的具体表现。三十年战争期间，气泵的发明者——马格德堡市市长奥托·冯·格里克发明了第一台电动机。在随后的1个世纪里，大批科学家投身到电力的研究中。1795年，三名教授先后发明出著名的"莱顿瓶"。同一时期，美国著名的天才科学家本杰明·富兰克林继本杰明·汤姆森（出于对英国的同情，他逃离了新罕布什尔，后来人们称他为朗福德伯爵）之后，将注意力转移到电力研究上。他发现，天空中的闪电和电火花在本质上属于同一种放电现象。此后，他便将余生的全部精力都放在电力研究上。继富兰克林之后出现的，是福特和他著名的"电堆"，还有迦伐尼、戴伊、丹麦教授汉斯·克里斯琴·奥斯特、安培、阿拉果、法拉第，他们都是追求电力本质的研究者。

他们免费把自己的研究成果公之于众。塞缪尔·摩尔斯（和富尔顿一样，他

也是艺术家出身）认为，他可以利用这些新发现的电流，把信息从一座城市传递到另一座城市。他打算用铜线和他发明的一个小机器来做实验。人们对他这一想法嗤之以鼻，于是摩尔斯不得不自己出资来做实验。很快，他就花光了全部积蓄，变得穷困潦倒，人们更加大声地嘲笑他。于是，他向国会求助，一个特别财务委员会答应会给予他支持。但国会议员们对他的实验一点儿都不感兴趣，摩尔斯苦苦等了12年，才盼来一笔数额很小的资金。随后，他在巴尔的摩和华盛顿之间搭建了一条"电报"线。1887年，在纽约大学的一座汇报厅内，他第一次成功地向世人展示了"电报"的传递。1844年5月24日，第一封长途电报从华盛顿发到巴尔的摩。如今，世界各地都布满密密麻麻的电报线，只需短短几秒钟，就可以把消息从欧洲传送到亚洲。23年后，亚历山大·格拉汉姆·贝尔把电流应用到电话上。半个世纪后，马可尼又取得了新突破，发明出一套无线通信系统，从此通信就无须再依赖老式线路了。

当新英格兰人摩尔斯还在致力研究他的"电报"时，英国约克郡的米歇尔·法拉第就发明了第一台"发电机"。1831年，这台小机器正式完工，当时法国爆发了七月革命，整个欧洲还处在维也纳会议建立起的体系被破坏的震撼之中。第一台发电机经过不断改良，时至今日，它已经可以为我们提供热力和照明（基于19世纪四五十年代法国人和英国人的实验，1878年，爱迪生发明了电灯泡），并为各种机器提供动力。如果我没猜错的话，电动机很快就会取代所有热力机，就好像在史前时代，更高等的动物会取代弱于它们的邻居一样。

从个人角度出发（尽管我对机器一无所知），我很乐意看到这一点。因为水力驱动的发电机，既清洁又能更好地为人类所用。但是"热力机"虽是18世纪的奇迹，却是个既吵闹又肮脏的产物。它使整个地球都竖满大烟囱，每天排放出滚滚的灰尘和煤烟。此外，热力机的运作还需要充足的煤炭，于是成千上万的矿工不得不冒着生命危险深入矿井去挖煤。

可惜我只是一名历史学家，必须记录史实，不能发挥自己的想象力。如果我是一名小说家，就会描写人类历史上最后一台蒸汽机车被收入自然历史博物馆，摆在恐龙、飞龙等其他灭绝动物骨架旁的情景。

第58章　社会革命

> 新机器的价格非常昂贵，只有有钱人才能支付得起。从前在小作坊里独自劳作的木匠和鞋匠不得不出卖自己的劳动力，受雇于新机器的拥有者。虽然他们赚的比以前多，但他们还是喜欢以前的生活，因为他们失去了最重要的东西——自由。

在过去，世界上几乎所有的工作都是由独立劳动者来完成的，他们坐在自家门前的小作坊里，拥有属于自己的工具，还可以管教自己的学徒。在行会规定的范围之内，他们可以按照自己的意愿来经营生意。他们过得非常简单，尽管不得不长时间地工作，但他们始终是自己的主人。如果某天他们起床发现当天很适合钓鱼，他们就会去钓鱼。没有人会对他们说"不"。

人力与机械力

但机器的出现改变了这一状态。从本质上讲，一台机器不过是一件被放大数倍的工具。一辆速度为1英里/分钟的火车其实就是一双速度更快的腿，一台能够将厚铁板砸平的气锤就是一对力气更大的铁拳。

虽然我们每个人都可以有一双好腿和一对强有力的拳头，但一辆火车、一个气锤或一个棉花厂却非常贵重，其价格不是一个人所能承担的。所以通常情况下，一伙人会共同出资购买这些设施，然后按照投资比例对铁路或棉纺厂产生的利润进行分成。

因此，人们不断对机器进行改造，直到它们能真正应用于实际并带来利润，生产这些大型器械的厂商开始四下寻找有足够现金来支付这些机器的客户。

在中世纪初期，当土地几乎成为财富的唯一象征，贵族们便被当成唯一的有钱人。但正如我在前一章跟你们说过的，他们拥有多少金银并不重要，因为当时的社会还处在以物易物的阶段，用奶牛换马匹，用鸡蛋换蜂蜜。在十字军东征期间，东西方之间的贸易得到恢复，城市的自由民从贸易中积累了大量财富，这对贵族和骑士构成了严重威胁。

法国大革命将贵族的财富彻底耗尽，却大大增加了中产阶级或"资产阶级"的财富。大革命之后，整个欧洲都陷入动荡不安的局面，许多中产阶级却有机会从世界各地获得更多的财富。国民议会没收了教会的所有土地，并将它们一一拍卖。一些商人为了获得土地，便向议会行贿，其数额高得吓人。最终，他们将几千平方英里的昂贵土地收入囊中。后来拿破仑发动了一系列战争，在战争期间，他们用积聚的资本购买了大量的粮草和军火，再高价售出，以从中谋取暴利。如今他们所拥有的财富已经大大超出日常所需，足够让他们创建工厂，雇佣工人来操作机器。

大机器时代的到来，让成千上万人的生活都发生了巨大变化。仅仅在几年的时间内，许多城市的人口翻了一番。曾经人口密集、被市民当作真正的"家"的市中心，如今却满是简陋破旧的建筑。每天工人们都会在工厂工作11～13个小时，下班之后他们便回到这里休息。第二天早上汽笛一响，他们又要匆匆赶回工厂。

在一些远离城市的农村地区，人们都在谈论着到城镇里赚大钱的事。于是，那些习惯了农村无拘无束生活的农民也来到城市。在密不透风又满是油污的恶劣环境中，他们很快就失去了健康。最后，他们往往会死在贫民窟或医院里。

当然，从农场向工厂的转变并不是一帆风顺的。既然一台机器能完成100个人的工作，那么除了操作机器的那个人，剩下的99个人都会丢掉饭碗，所以他们非常讨厌机器，常常会袭击工厂，烧掉机器。但早在17世纪，保险公司就出现了。因此，厂主们得到了良好的保护，不用担心自己会遭受损失。

不久，更加精良的机器就被安装到工厂里，厂主们在工厂四周筑起高墙，骚乱也就停止了。在这个由蒸汽和钢铁组成的新世界里，旧时代的行会已经无立足之地了。它们消失不见，工人们尝试着组织起全新的工会。但厂主们凭借自身的财富，向各个国家的政客施加压力。他们来到立法机关，让他们颁布一项禁止工人们组织工会的法律，还给出一个冠冕堂皇的理由，即工会妨碍了工人们的"行动自由"。

别把通过这些法律的国会议员当成阴险狡诈的人，他们都是大革命时期"自由"的真正子孙。在那个时代，人们甚至会因为他们的邻居不够热爱自由而杀死他们。"自由"是人类所应拥有的最基本的权利，因此工会不该决定工人们的工作时间和工资。工人们要一直"不受限制地在市场上出卖他们的劳动力"，雇主们也应享有同样的"自由"来经营自己的工厂。社会工业生产受国家控制的"重商主义"时代已经结束了。"自由"的全新定义认为，国家不应干涉商业的发展，让商业按照自身的规律来发展。

工厂

18世纪下半叶，人们不仅对知识和政治产生怀疑，对旧有的经济理念也一样。于是，新的经济理念取代了旧有的经济理念，更能适应时代的发展。在法国大革命爆发的几年前，尽管路易十六的财政大臣杜尔哥并不成功，但他还是重新诠释了"经济自由"的定义。他生活的国家有太多的规矩，太多官员想颁布对自身有利的法律。"取消官方监管，"他写道，"让人民按照自己的意愿去经营，这样所有事情都能顺利进行。"很快，他的"自由经济"理论便流传开来，受到当时经济学家们的推崇。

与此同时，在英格兰，亚当·斯密正忙于《国富论》的创作，他再一次发出维护"自由"和"自然贸易权利"的呼吁。30年后，拿破仑战败，欧洲反动势力在维也纳齐聚一堂，那个曾经在政治上遭百姓否定的自由，如今却出现在他们的经济生活中。

在本章的一开始我就说道，机器的广泛应用会给国家带来巨大的好处，财富会迅速增长。机器能让某一国家——例如英格兰，承担起拿破仑战争时期的全部开销。资本家们（那些用现金购买机器的人）则真正获取了巨额的财富。他们变得野心勃勃，想要在政治上也插上一脚。他们试着要和王公贵族们较量一番，但欧洲大多数国家的管理权还是掌握在后者手里。

在英国，国会议员的选举仍然按照1265年颁布的皇家法令进行，很多新兴工业中心都没有代表。1832年，他们通过了一套修正法案，改变了选举制度，让工厂主们在立法机构中的影响力逐步增强。但是工厂主的行为也引起数以百万计工人的不满，他们在国家治理中根本没有任何话语权。他们也发动了一场争取选举权的运动。他们把自身的需求写进一份文件里，即广为人知的"大宪章"。关于这份宪章的争议愈演愈烈。直到1848年欧洲大革命爆发，这场争论都没停止。英国政府害怕再爆发一场新的雅各宾党革命或其他暴力冲突事件，于是决定召回80高龄的惠灵顿公爵，让他担任军队的总指挥，并面向全国征集志愿者。伦敦全市处于封锁状态，做好一切准备迎接革命的到来。

但因为没有良好的领导，宪章运动自行取消了，英国并没有发生暴力事件。那些有钱的工厂主组成的新兴阶级（我不喜欢鼓吹新社会秩序的信徒们使用的"资产阶级"一词），逐步扩大了对政府的控制，大城市的工业进程也不断把大片农田和牧场变成阴暗的贫民窟，这成为每一座欧洲现代城市中独有的景象。

第59章 奴隶解放

机器的广泛应用并没有像曾亲眼目睹铁路取代马车的那一代人所想的那样，给人们带来幸福和繁荣。人们提出了很多建议，但都没能解决这个问题。

1831年，就在英国第一个修正法案即将通过时，英国著名立法家及最讲求实际的政治改革家杰里米·本瑟姆，给他的朋友写信说："要想自己过得舒服，就得先让别人舒服起来。要想让别人过得舒服，就得爱护他们。要想表达出你对他们的爱，就得采取些实际行动。"杰里米是个诚实的人，他把心中最真实的东西写了下来。他的观点得到很多同胞的赞同。对于那些不幸的邻居，他们觉得自己有责任让他们幸福起来，于是他们尽己所能去帮助他们。是时候该做点儿实事了！

在旧社会，工业的发展在很大程度上还受到中世纪规定的制约，因此"经济自由"（迪尔歌德的"自由竞争"）的概念是非常必要的。但把"行动自由"作为最高准则，却造成了非常可怕的后果。工作时间并不固定，它完全取决于工人的体能限度。纺织女工只要还能坐在纺织机前，没有因为劳累而昏厥，她就得继续工作。五六岁的孩子也被带到棉纺厂里做工，竟然说这样他们就不会在大街上遇到危险了，也不会虚度时光。政府还颁布了一条法令，强迫穷人家的孩子到工厂做工，不然就会受到惩罚，被绑在机器上。作为回报，他们会得到足够的粗粮来维持生命，还有一个像猪圈一样的地方用来休息。通常，由于过度劳累，他们在工作时会不自觉睡着。为了让他们保持清醒，监工会拿着鞭子到各个车间巡视，然后狠狠地抽打他们的指关节，好让他们回到工作中。可想而知，在这种环境中，成千上万的儿童相继死去。这是件非常遗憾的事情。人心都是肉长的，雇主也是人，他们也真心希望能够废除童工制度。但因为每个人都是"自由的"，儿童也是人，所以他们也有"自由"工作的权利。另外，如果琼斯先生不让这些五六岁的儿童到他的工厂里干活儿的话，他的竞争对手斯通先生就会把他们雇用到自己的工厂，那样琼斯先生就会面临破产的危险。因此，只要国会没有颁布法令禁止所有工厂雇用儿童，那么琼斯先生就不会停止雇用童工。

　　但现在，国会的掌权者已经不再是那些旧贵族（这些旧贵族并不把新兴的工厂主和他们的钱放在眼里，毫不避讳地鄙视他们），而是来自各个工业中心的代表们。因此，只要法律没有允许工人组织工会，当前的状态就不会有什么变化。当然，当时的智者和社会学家们并没有对这种状况置之不理，他们只是孤立无援。机器以惊人的速度征服了全世界，人类用了很多年的时间和精力才让机器成为人类的奴仆，而不是主人。

　　非常奇怪的是，当这个残酷的雇佣制度被全世界所采用的时候，第一个向它发起冲击的竟是非洲和美洲的黑人奴隶。奴隶制度最早是由西班牙人带到美洲大陆的。他们曾试着让印第安人做他们的劳工，让他们在农庄和煤矿干活。但当印第安人被带离他们生活的野外时，很多人都倒下并死去。为了不让这个人种在地球上消失，一位好心的传教士向西班牙统治者建议，可以把非洲的黑人带到这里干活儿。黑人身强力壮，能够在艰苦的环境中生存。不仅如此，和白人生活在一起，还能让他们了解基督，拯救自己的灵魂。因此，从各方面考虑，对于善良的白人和愚昧的黑人兄弟来说，这都是个绝妙的安排。但是随着机器的应用，社会对棉花的需求激增，如此一来，黑人不得不比以前更加卖力地干活儿。他们也像印第安人一样，在外国主人的残酷虐待下频频死亡。

　　奴隶在美洲受到虐待的事情不断传到欧洲大陆，在欧洲所有国家，人们都开始掀起废除奴隶制的运动。在英国，威廉·威尔伯福斯和扎卡里·麦考利（他的儿子是一位伟大的历史学家，如果你想知道一本历史书究竟多有趣，那么你一定要读他写的英国历史）组织了一个学会，目的就是废除奴隶制。首先，他们让国会通过了一项法律，让"奴隶交易"变成一种非法行为。1840年后，英国所有的殖民地都没有奴隶的存在了。1848年爆发的革命，让法国殖民地的奴隶也得到解放。1858年，葡萄牙通过了一条法令，宣布在20年内让所有奴隶重获自由。1863年，荷兰废除了奴隶制。同年，沙皇亚历山大二世让农奴们重获自由。从他们失去自由的那一天算起，已经过去了200多年。

　　在美国，解决这一问题非常困难，甚至还爆发了一场内战。尽管《独立宣言》中已经写下"人人生而平等"，但这个原则并不适用于那些深皮肤、在南方种植园劳作的人们。久而久之，北方人对奴隶制的存在越来越不满，他们也毫不掩饰自己的厌恶之情。但南方人说，没有这些奴隶，他们就没有足够的人手来种植棉花。在近半个世纪的时间里，众议院和参议院都为这个问题争吵不休。

　　北方人坚持己见，南方人也毫不示弱。当双方无法达成一致的时候，南方各州便提出要退出联邦，以此来威胁北方。在美国历史上，这是个非常危险的时候，很多事情都有可能发生。但全靠一位伟人的努力，这些危险的事情才没有发生。

1860年11月6日，亚伯拉罕·林肯被强烈反对奴隶制的共和党推选为美国总统。此前，他是伊利诺伊州的一名律师，完全靠自学成才。林肯深知奴隶制所代表的邪恶本质，常识告诉他，北美大陆绝不允许有两个敌对的国家存在。因此当南方的几个州自发建立起"美国南部联邦"时，林肯决定接受挑战。于是，北方各州开始召集志愿军。成百上千的热血青年响应政府号召，加入志愿军。随后战争打响，这一打便是4年。南方军队准备充分，在李将军和杰克逊将军的英明领导下，连连击退北方军队。但新英格兰和西部雄厚的经济实力开始发挥作用。在反奴隶制战争中，格兰特一战成名，这个原本默默无闻的军官摇身一变，成了查理·马特尔将军。他向南部发起一系列猛攻，没给对手留下任何喘息的机会。1863年年初，林肯总统发表了《解放奴隶宣言》，所有奴隶都重获了自由。1865年4月，在阿波马托克斯，李将军率领最后一支部队宣布投降。几天后，林肯总统遭到一个疯子的刺杀，但他已经完成了使命。除了古巴仍受西班牙统治外，在文明世界的每一个角落，奴隶制都走到了尽头。

正当美国的黑人在享受重获的自由时，欧洲的"自由民"却还生活在水深火热之中。的确，对许多现代作家和社会观察家而言，工人大众（即所谓的无产阶级）仍然顽强地活着，这是个奇迹。他们住在贫民窟，房间粗陋不堪。他们吃不好，接受的教育也仅够应付工作。一旦有人死亡或发生意外，他们的家人就会无依无靠。酿酒业（它对立法机构有着深远影响）为他们提供了大量的廉价威士忌和杜松子酒，让他们暂时忘却生活中的不幸。

从20世纪三四十年代开始，社会生活就发生了巨大的改善，这并不是某个人努力的结果。通过整整两代人的聪明才智，才消除了机器的突然出现所带来的毁灭性后果。他们并不是要毁掉整个资本主义体制，这么做是非常不明智的。如果能够合理运用其他人所积累起来的财富，那么全人类都可以从中受益。有种观点认为，工厂主拥有工厂和财富，有权决定工厂运营与否，无须考虑基本的生活需求；而工人为了生计必须工作，且无权质疑工资的高低。有种观点认为，这二者之间存在真正的平等。他们却竭力反对这一观点。

改革者们努力推行一系列法令，来规范工厂主与工人之间的关系。鉴于此，各国的改革者们不断取得胜利。如今，大多数工人都得到了很好的保护；他们的工作时间减少到平均每天8小时；他们的孩子也被送到学校，不用在矿坑和梳棉车间里干活儿了。

但还有一些人，他们终日面对冒着黑烟的大烟囱，听着火车发出的隆隆声，看着堆满各种材料的仓库。他们不禁思考，在未来的日子里，这股巨大的力量究竟能帮人们实现怎样的目标？他们记得，人们在没有贸易和工业竞争的社会里曾度过几十万年。那么，他们就不能改变现有的社会秩序，废除那个以牺牲人类幸福而换取利益的竞争制度吗？

这种想法——这种对美好生活的幻想，在很多国家都出现过。在英国，罗伯特·欧文——诸多纺织厂的拥有者，建立了一个所谓的"社会主义社区"，获得了成功。但随着欧文的逝世，这个名为"新拉娜克"的社区也走向了尽头。在法国，一位名叫路易斯·布朗的新闻记者，曾试图在全国范围内建立一个"社会主义车间"，但法国的情形并没有得到改善。越来越多的社会主义作家意识到，这些位于工业社会之外的小社区是不会取得成功的。因此，在制订出有效的补救措施之前，很有必要研究一下工业和资本主义社会的基本规则。

在罗伯特·欧文、路易斯·布朗和弗朗西斯·傅立叶这些实践派社会主义者之后，出现了一批社会主义的理论研究者，如卡尔·马克思和弗里德里希·恩格斯。这两个人当中，马克思更有名气。他是个非常聪明的犹太人，和家人在德国住过很长一段时间。他听说了欧文和布朗的社会实验，于是对劳工、工资和失业等问题产生了浓厚的兴趣。但他的思想并不受德国当局的欢迎，于是他不得不逃到布鲁塞尔，随后又来到伦敦。他在《纽约论坛报》担任记者，日子过得非常清贫。

在那时，没人对他的经济学著作给予重视。但在1864年，马克思建立起第一个国际工人组织。3年后，他的著作《资本论》的第一卷得到正式发行。马克思坚信，人类发展的全部历史其实就是"有产者"和"无产者"的斗争。机器的引进和广泛应用创造出一个新的社会阶层。这个阶层通过消耗自身的剩余价值来购买工具，通过雇用工人来创造更多的财富，最后再用这些财富去修建更多的工厂，如此循环往复。与此同时，根据马克思的说法，第三等级（资产阶级）会变得越来越富有，第四等级（无产阶级）则会变得越来越贫穷。他预言，到最后，世界上的所有财富都会归一人所有，其他人都会成为他的雇员，全凭他的意志生活。

为避免这样的情况发生，马克思建议全世界所有国家的工人联合起来，为施行诸多政治和经济措施而奋斗。1848年，正值欧洲最后一场大革命爆发之际，马克思发表了《共产党宣言》，在宣言中他提到了那些政治和经济措施。

可想而知，这些观点非常不受欧洲当局的欢迎。很多国家（尤其是普鲁士）都制定了诸多严厉的法令，以抵制社会主义者。政府还召集警察，负责驱散社会主义者的集会，并把发表演说的人逮捕起来。但残酷的镇压并没能给政府带来任何好处，因为不断的牺牲反而成了新势力最好的广告。在欧洲大陆，社会主义者的数量稳步增加，人们很快就意识到，社会主义者根本没打算采取暴力手段，他们想用在各国议会中不断增强的实力来维护工人阶级的利益。某些社会主义者甚至会担任内阁大臣，他们和那些进步的天主教徒及新教徒合作，尽力把工业革命带来的危害降到最低，并对机器和累计资本所产生的利润进行更加合理的分配。

第60章 科学的时代

整个世纪又经历了一场巨变，这场变革比政治和工业革命都更为重要。在经历了几代人的迫害之后，科学家们终于重新获得行动自由，他们正试图找出宇宙遵循的基本规律。

埃及人、巴比伦人、迦勒底人、希腊人和罗马人都曾在科学概念产生和科学探索方面作出过贡献。但公元4世纪的人类大迁移毁坏了整个地中海世界的古代文明。而和人类的现世生活相比，基督教更加关注人类的灵魂，他们把科学当成人类妄自尊大的表现。在基督教看来，科学干预了万能的上帝所管辖的事务，因此与"七宗罪"有着密切的联系。

从某种程度上来说，文艺复兴将中世纪砌起的这面偏见之墙打破了。但到了16世纪早期，宗教改革又取代了文艺复兴，它极力反对"新文明"。科学家们再次受到了威胁，如果他们敢违背《圣经》，超越其规定的范围来探索知识领域，就会受到严厉的惩罚。

哲学家

在我们的世界里，随处可见将军们的塑像，他们高坐马上，带领斗志昂扬的士兵走向辉煌的胜利。有时你会看见一座不起眼的大理石碑，它就是某位科学家最后的长眠之地。也许等到1000年之后，我们会用完全不同的方式来处理这些事情。到了那个幸福的年代，孩子们应该会知道科学家们的惊人勇气和难以想象的献身精神。抽象的知识让如今的世界变成一个一切皆有可能的世界，而科学家就是这一领域的伟大先驱。

许多科学先驱都曾遭受过贫穷、嘲笑和侮辱。他们生活在阁楼里，死在地牢中。他们不敢在书的封面写上自己的名字；在世时，他们不敢把自己得出的结论公之于众，经常会把手稿偷偷送往阿姆斯特丹和哈勒姆的某家秘密印刷厂。不论是天主教还是新教，都视他们为眼中钉、肉中刺，不断向他们发动攻击，还唆使在教区生活的百姓向这些"异端分子"施以暴力。

不过科学家们总能找到保护伞。荷兰人向来崇尚容忍，尽管当局对科学研究并不感兴趣，但他们绝不会干涉人们思想的自由。于是，荷兰成了知识分子追求自由的避风港。法国、英国、德国的哲学家、数学家和物理学家都可以在荷兰得到片刻休息，呼吸一下自由的空气。

在某章里，我曾经跟你们说过，13世纪的伟大天才罗杰·培根为了不受教会的侵扰，数年里连一个单词都不曾写过。500年后，作家们在编写《百科全书》时，仍然受到法国宪兵的密切监视。又过了半个世纪，达尔文大胆地对《圣经》里上帝创世的故事提出质疑，这让他成为教徒眼里全人类的敌人。时至今日，对那些勇于探索人类未知世界的科学家的迫害仍然没有完全结束。当我在撰写本章时，布莱恩先

伽利略

生正在大肆鼓吹"达尔文主义威胁论"，教唆听众来共同纠正这位伟大英国自然学家的错误。

但这些都只是些细枝末节。需要完成的事还是要完成。每一项科学发现和发明的最终受益人其实都是人民大众，尽管他们一直都将这些远见卓识的科学家当成不切实际的理想主义者。

17世纪的科学家们仍将兴趣放在探索宇宙上，以研究地球的位置和太阳系的关系。教会当然不会支持这种不切实际的好奇心。哥白尼是世界上第一个证明太阳是宇宙中心的人，直到他死的那天，他的著作才得以发表。伽利略一生中的大部分时间都处在教会的严密监视中，但他始终坚持用望远镜来观测宇宙，为艾萨克·牛顿提供了大量实际观察证据。伽利略的数据给牛顿提供了极大的帮助，牛顿是伟大的英国数学家，发现了"万有引力"的定律，即每个落体都具有的普遍特性。

至少在当时，这个定律让人们失去了探索宇宙的兴趣，转而开始研究地球。17世纪后半叶，安东尼·范·利文霍克发明了显微镜（一种外形奇特、略显笨拙的小东西），让人们能够研究那些能够导致人类患病的微小生物。显微镜的发明为"细菌学"的研究奠定了基础。在19世纪最后的40年里，人们发现了很多可以导致疾病的微生物，很多难以治愈的疾病都得以消除。显微镜还让地理学家们能够更加细致地对各种岩石和从地下挖掘出来的化石（史前动植物的尸体）进行研究。这些发现让他们相信，地球要比《创世记》里描述的久远得多。1830年，查尔斯·莱尔先生出版了《地质学原理》。该书对《圣经》中记载的创世故事给予了否定，用更加精彩的语言描述了地球缓慢发展的过程。

与此同时，拉普拉斯正在验证一个全新的理论。该理论认为，在整个宇宙中有一片浩瀚的星云，星云中有一个行星系，而地球不过是这个星系中的一个小斑点。通过使用分光镜，本生和基尔霍夫还观测到我们的近邻——太阳的化学成分，而伽利略是最早发现这些奇异斑点的人。

同时，在经过与天主教和新教国家的神职政府的艰苦抵抗之后，解剖学家和生理学家们终于获得了解剖尸体的特许。他们总结了很多有关人体器官的知识，让我们摆脱了中世纪庸医的胡乱诊断。

距离人类第一次仰望星空，思考星星为什么会挂在夜空，已经过去了几十万年。然而，就在不到一代人的时间里（1810年到1840年），科学的各个领域百花齐放，取得的成就大大超过之前几十万年之和。对于接受传统教育的人来说，这段时间一定非常不好过。我们可以理解他们对诸如拉马克和达尔文这样的科学家的憎恨，尽管两人并没有明确告诉他们，他们是"猴子的后裔"（我们的祖辈经常把这种说法当成一种人身侮辱），但他们暗示说，伟大的人类经过一系列的演变才成为如今的样子。而人类的祖先可以一直追溯到地球最早的居民——水母。

19世纪，中产阶级崛起，开始统领全球。他们想使用天然气和电灯，还想把所有科学发现都应用于实践。但那些发现者——研究"科学理论"的科学家时至今日还饱受质疑。没有他们，人类就不可能取得进步。最终，他们作出的贡献得到了人们的认可。过去，有钱人会把财产捐献出来修建教堂；如今，他们会把钱投到大型图书馆的修建上。一群沉默寡言的人，在这里和人类无形的敌人进行着斗争。为让后人过上更加幸福、健康的生活，他们常常会牺牲自己的性命。

过去很多不能治愈的疾病都被祖先们视为"上帝的惩罚"。但事实上，它们不过是由我们的骄傲自大和茫然无知所造成的。如今，每个孩子都知道，只要对饮用水略加注意，就能避免感染风寒。但这个事实是医生们在经过许多年的努力之后，才让人们信服的。对口腔细菌的研究，让预防蛀牙变成可能。如果不得不拔掉一颗坏牙，我们只需深吸一口气，高高兴兴地去看牙医就行了。1846年，美国报纸首次报道了可以使用乙醚来实现"无痛手术"的新闻，但欧洲人并不相信这一传闻。在他们看来，万物都应承受痛苦，若有人想逃避痛苦，那就是在跟上帝的意志作对。多年之后，乙醚和氯仿才被普遍应用到外科手术之中。

但这场进步的战争最终取得了胜利。偏见之墙上的裂缝越来越宽，随着时间的推移，人们终于打破了旧时代的愚昧无知。一些人冲破传统观念的束缚，向崭新的、更加幸福的社会大步迈进。但突然间，他们发现一道新的障碍挡在了面前。一座新的反动碉堡在旧时代的废墟中建立起来。为了摧毁这最后一道防线，上百万人献出了自己的生命。

第61章　艺术

关于艺术的一章。

当一个健康的婴儿吃饱睡足后，他就会哼哼几声，表示很开心。在成人耳朵里，这些哼哼声没有任何意义，它听上去就像"咕噜、咕噜"的声音。但对于婴儿来说，它就像美妙的音乐，这是他第一次对艺术作出的贡献。

等他长大一点儿，可以坐起来的时候，就开始制作泥饼。成年人对这些泥饼并不感兴趣。地球上有上百万名婴儿，他们在同一时间制作出上百万个泥饼。但对于婴儿来说，这代表着他们向艺术的殿堂又迈进了一步。现在，婴儿变成了雕塑家。

三四岁的时候，双手开始听从大脑的指挥，婴儿成了画家。对他宠爱有加的妈妈给他买了一盒彩色画笔，很快他就在每一张纸上都画满奇怪的图案。这些弯弯曲曲的笔画代表着房子、马和激烈的海战。

然而，这种"创作"的幸福时光很快就结束了。孩子们开始上学，课业占据了他们大部分的时间。生活的本领或者说"谋生"的本领成为每个小孩子生活中最重要的东西。他们要学习乘法表，还有法语的不规则动词的过去式，留给"艺术"的时间少之又少。除非某个孩子对这种没有什么现实回报、单纯为了快乐而创作的愿望十分强烈，否则成年后他们就会忘记自己生命的前5年都奉献给了艺术。

国家的发展和儿童的成长一样。在逃离了漫长的冰川时期的种种危险后，穴居人重建了自己的家园，开始制造一些他们认为很漂亮的东西，尽管在与森林里的野兽搏斗时，这些东西起不到什么实际作用。他们把捕获的大象和鹿画在洞穴四周的墙壁上，还把石头磨成他们心中最美丽的女神形象。

埃及人、巴比伦人、波斯人以及其他东方民族，在尼罗河和幼发拉底河的岸边建立起自己的国家后，便开始为国王修筑辉煌的宫殿，为女人制作精巧的首饰，在花园里种上各种奇花异草，让它看上去光彩夺目。

我们的祖先是一支来自遥远的中亚草原的游牧民族，他们身为战士和猎人，过着自由自在的生活。他们为崇拜的领袖创作歌曲，还发明了一种诗体，时至今日仍广为流传。1000年后，当他们来到希腊并建立起"城邦国家"时，他们通过庙宇、雕塑、喜剧、悲剧以及所有可以想到的艺术形式，来表达喜怒哀乐。

和他们的迦太基劲敌一样，罗马人一直在忙着治理其他民族和赚钱，对那些"既没有实际用途又没有丰厚利润"的精神探险丝毫不感兴趣。他们征服了世界，修建起道路和桥梁，但他们的艺术完全借鉴于希腊人。罗马人创造出来的建筑非常实用，满足了当时社会发展的需求。但在雕塑、历史、镶嵌工艺和诗歌方面，他们照搬希腊原作，把它们变成拉丁版本。没有"个性"（这个概念非常模糊，也难以给出具体定义），艺术就不会出现，而罗马世界的统治者并不相信这种特殊形式的个性。帝国需要高效的士兵和商人，创作诗歌或绘画的事就留给外国人吧。

随后，黑暗时期到来了。日耳曼部落就像一头疯狂的公牛，闯进了西欧的瓷器店。在他看来，他不明白的东西就没有用途。用如今的话说，他喜欢封面印着靓丽女郎的杂志，便把祖传的伦勃朗名画扔进了垃圾桶。没过多久，他增长了些见识，于是想要弥补几年前造成的损失。但垃圾桶早就不见了，里面的名画也随之消失。

但这时，他从东方带来的艺术已经发展成非常漂亮的东西，成为带有自身特色的"中世纪艺术"，这让他之前因无知而造成的损失多少得到了些弥补。至少对于当时的北欧来说，所谓的"中世纪艺术"是日耳曼精神的产物，只借鉴了一点希腊和拉丁艺术，与埃及和亚洲古老的艺术形式没有任何关系，更不用说印度和中国了——因为对于当时的人们来说，这两个国家根本不存在。事实上，南欧各国对北欧的影响微乎其微，所以意大利人完全不能理解他们的建筑风格，很看不上那些只有使用价值却不美观的东西。

你们一定听说过"哥特式"这个词。通常你会联想到一座古老的城堡，细高的尖顶直入云霄。但这个词的真正含义是什么呢？

它的真正含义是"不文明的""野蛮的"东西——可能是由"野蛮的哥特人"创造出来的。他们对已经建立起来的古典艺术原则没有任何敬意，只忙于修建"恐怖的现代建筑"来满足自己低俗的品位，他们对古罗马广场和雅典卫城这样的艺术典范视若无睹。

然而在好几个世纪里，这种哥特式建筑代表了人们对艺术的最忠实表达，激励着整个北欧大陆。从前面的一章里，你会记得中世纪晚期的人们是如何生活的。除了生活在乡村的农民，其余人都是"城市"里的"市民"，"城市"这个词在古拉丁语中就是部落的意思。在这些高墙和深深的护城河背后，这些善良的居民其实就是一个部落里的成员，他们共同面临危险，也一起分享财富，这些都是由他们共同的保护体系发展而来的。

在古希腊和古罗马的城市中，庙宇林立的市场成为城市生活的中心。中世纪时，教堂——也就是上帝的住所，成为这样的中心。现代新教徒一周只去一次教堂，一次就待几个小时，所以我们很难理解中世纪的教堂对社会意味着什么。当你出生不到一个星期时，就会被带到教堂接受洗礼。童年时，你会到教堂去听《圣经》里的故事。后来你长大成人，便成为这座教堂的会员。如果你是个有钱人，你还会修建一座独立的小教堂，在里面供奉守护自己家族的圣人。作为当时最神圣的建筑，教堂一天24小时都对外开放。从某个角度来说，它更像现代的俱乐部，对镇子上的所有居民开放。在教堂里，你很有可能对一位姑娘一见钟情，她将成为你的新娘，你们在神圣的祭坛前宣誓。等到生命走到了尽头，你就会被葬在这座建筑的石板下。你的孩子、孩子的孩子都会经过你的坟墓，直到末日来临。

由于中世纪的教堂不仅仅是上帝居住的地方，还是日常生活的中心，因此它和人们创造出来的其他建筑有所不同。埃及人、希腊人和罗马人的神庙都只用来供奉当地的某个神灵。祭司们也无须在奥赛里斯、宙斯或朱庇特的神像前宣讲教义，因此神庙的内部空间并不需要特别大。对于生活在古地中海地区的人民来说，他们的所有宗教活动都是在露天场所举行的。但在北欧，天气恶劣，所以大部分宗教活动都是在教堂内进行的。

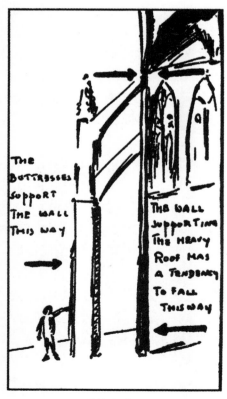

哥特式建筑

几个世纪以来，建筑师们都在纠结如何才能建造出空间足够宽阔的建筑。罗马人的传统告诉他们，要想把石墙砌得厚重的话，窗户就不能大，不然墙体就会失去支撑的强度。于是，他们在建筑顶层加了一层厚重的石顶。到了12世纪，十字军开始东征后，欧洲的建筑师们才有机会看到穆斯林建筑师的设计。他们从清真寺的穹顶中得到灵感，设计出一种全新的建筑风格，以满足当时频繁的宗教活动的需求。于是，他们在意大利人称为"哥特式"或未开化的建筑的基础上，对这种奇特的风格加以完善。他们发明出一种拱形屋顶，以"筋骨"作为支撑。但如果这个屋顶过重的话，就容易将墙壁压垮。就像一个体重为300磅的人坐在一张儿童椅上一样，椅子肯定会被压成碎片。为了解决这一难题，一些法国设计师开始用"扶跺"来加固墙体。扶跺就是支撑墙体的巨大石块，在墙壁支撑屋顶的时候，扶跺可以用来支撑墙壁。为了进一步确保屋顶的安全，建筑师们又用"飞跺"来支撑屋顶。这个建筑方法很简单，你看一眼图纸就明白了。

这个新建筑方法使得大扇窗户可以镶嵌在墙壁中。在12世纪，玻璃还是一种极为昂贵的商品，只有屈指可数的私人建筑物会安装玻璃窗户。甚至连贵族住的城堡也没有玻璃窗户。屋子里一年四季都有风穿过，这也解释了为什么当时人们在屋子里还要穿上皮衣。

幸运的是，生活在古地中海的人们深谙制作彩色玻璃的技巧，这项工艺还没有完全失传。人们对彩色玻璃的制造工艺进行了改良。不久，哥特式教堂就装上了彩色玻璃窗户，每扇窗户都由五彩缤纷的玻璃碎块组成，讲述着《圣经》里的故事，玻璃外面还镶着长长的铅质窗框。

于是，装饰一新的教堂里挤满了热切的信徒，而这项让信仰变得"生动"的技艺也达到了前无古人、后无来者的水平。为了建造上帝之屋和人间乐园，人们不惜投入大量人力和物力。罗马帝国衰亡后，雕塑家们就丢掉了饭碗，如今他们又回到自己的艺术工作中。教堂的正门、廊柱、扶跺和飞檐上，都刻满了上帝和圣人们的形象。绣工们也开始忙碌起来，为教堂的墙壁制作挂毯。珠宝匠们也大展才华，用光彩夺目的珠宝装饰祭坛，当之无愧地接受人们的崇拜。就连画家也不甘示弱，但因为没有适当的素材，他们只好作罢。

这又让我想起另一个故事。

在基督教刚刚创立之时，罗马人用小块的彩色玻璃来镶嵌教堂和房屋的地面和墙壁，还用这些玻璃碎片来拼图。但这种艺术非常高深，画家们难以将内心的想法淋漓尽致地表达出来。相信所有玩过彩色积木的孩子，都会有和这些画家一样的感受。因此，除了俄罗斯，这门镶嵌工艺在中世纪时期几乎失传。后来君士坦丁堡陷落，拜占庭的镶嵌画家们在俄罗斯找到了庇护所，开始用彩色玻璃装饰东正教的教堂。直到布尔什维克革命爆发，人们不再修建教堂，这种情况才停止。

当然，中世纪的画家们还可以用石膏水来配制颜料，然后在教堂的墙壁上绘画。在随后的几个世纪里，这种"新鲜石膏"画法（通常人们把它称为"湿壁画法"）都广为流传。如今，这种画法就如同手稿里插入的写生风景画一样罕见。在现代城市里，几百个画家里估计只有一个能掌握这种画法。然而在中世纪，画家们没有别的办法，他们没有更好的颜料，所有人便成为湿壁画家。但这种方法有着诸多弊端。通常在几年之后，石膏就会从墙上脱落，或者是因为湿气太重而使画面受潮，就像湿气会侵蚀我们家里的墙纸一样。人们想尽一切办法，想找到某种能够取代石膏颜料的东西。他们试着把颜料融进酒里、醋里、蜂蜜甚至鸡蛋的蛋清里，但没有一种办法能够使人满意。人们不断进行尝试，一直持续了1000年。在羊皮纸上作画，中世纪的画家们可谓非常成功。但换成在大块的木板或石块上作画时，颜料就会粘在上面，他们一直没能解决这个问题。

但到了这时，人们已经不再像中世纪时那样热衷于宗教了。在城市里，富有的自由民取代主教成为艺术的风向标。由于这个时期的艺术创作主要是为了维持生计，因此艺术家们开始为雇主工作，他们为国王、大臣和有钱的银行家画肖像。在非常短的一段时间里，新兴的油画画法迅速在欧洲传播开来。几乎每个国家都形成了一套独特的画派，创造出的肖像画和风景画反映出了当地人民的艺术品位。

例如在西班牙，贝拉斯克斯的画作专门以宫廷小丑、皇家挂毯厂的纺织女工，以及与国王和宫廷相关的人物为主题。在荷兰，伦勃朗、弗朗斯·海尔斯及弗美尔的画作，以商人的库房、邋遢的妻子和傲慢无礼的孩子，以及给他带来无比财富的商船为主题。在意大利则恰恰相反，教皇是艺术的最大赞助商，所以米开朗基罗和柯雷乔仍以圣母与圣人的形象为题材。在英格兰，贵族势力庞大，而且十分富有，艺术家们开始为政府中的要员绘画。在法国，国王至高无上，艺术家们便以国王的贵妇朋友为创作对象。

教会逐渐走向衰亡，一个全新的阶级在社会中诞生，绘画领域发生了巨大的变化，这些变化也反映在其他艺术形式中。印刷术的发明让作家通过为大众写书而赢得名望。就这样，小说家和插画家诞生了。但那些买得起书的人，可不是整天坐在家里盯着天花板的人。他们想找点儿乐子，但中世纪的游吟诗人已经满足不了人们对娱乐的渴望了。从2000年前的希腊到今天，职业剧作家们又有了发挥才能的机会。在中世纪，戏剧只是宗教庆祝活动的一部分。13～14世纪的悲剧讲的都是耶稣受难的故事。但到了16世纪，大众剧目开始出现。当然，当时职业剧作家和演员们的社会地位很低。威廉·莎士比亚曾被当成马戏团的小丑，用他的悲剧和喜剧给邻居们带来笑声。1616年莎士比亚去世后，才赢得了人们的尊重，戏剧演员也不必生活在警察的监视下了。

和莎士比亚处于同一时期的，还有西班牙剧作家洛佩·德·维加。他创作了1800多部世俗剧和400多部宗教剧，曾多次受到教皇的赞许。一个世纪后，法国人莫里哀凭借其创作天分，成为路易十四的莫逆之交。

从那以后，戏剧开始受到人们的热爱。如今，在每一座规划良好的城市，"戏院"都成了必不可少的一部分，那些只有在电影院里才能看到的"哑剧"如今已遍布大江南北。

还有一种艺术极受民众欢迎，那就是音乐。要想掌握大部分古老的艺术，需要很多的技巧。要想让笨拙的双手听从大脑的指挥，将头脑中的形象呈现在大理石或画布上，需要多年的刻苦练习。有的人甚至用一辈子的时间去学习表演或创作小说。同样地，要想很好地欣赏一幅画作、一部小说或者一件雕塑，公众也要接受大量的训练。但如果不是聋哑人，几乎所有人都能欣赏某种音乐。中世纪时，人们听到的都是宗教音乐。圣歌的节奏与和声有着一套严格的法则，很快，这种音乐就让人们觉得十分单调。除此之外，圣歌也不适合在大庭广众之下演唱。

文艺复兴改变了这种状况。音乐再次成为人类最好的朋友，不论快乐还是忧伤，音乐都可以相伴左右。

埃及人、巴比伦人和古犹太人都对音乐极为钟情。他们甚至可以把不同的乐器组合起来，形成一支颇具规模的乐队。希腊人却对这些蛮夷制造出来的噪声皱起了眉头。他们更喜欢听人朗诵荷马和品达的诗歌。他们允许朗诵者以里拉（一种非常简单的弦乐器）为伴奏，但要得到众人的允许才可以使用。罗马人却恰恰相反，他们喜欢在晚餐和聚会时让乐队伴奏。我们如今所使用的大部分乐器（当然是改良版）都是由他们发明出来的。早期的教会非常看不上这些音乐，因为其中包含了太多刚刚被毁掉的异教元素。对于三四世纪的主教们来说，能够听合唱团唱完几首圣歌，表明他们已经非常有耐心了。要是没有乐器伴奏，教徒们很容易就会唱跑调，于是教会允许风琴作为伴奏乐器。风琴是在公元2世纪时被发明出来的，由一组排箫和一对风箱构成。

随后，便到了大迁徙时代。罗马最后的音乐家不是被杀死，就是沦为流浪艺人，走街串巷，靠卖艺为生，就像现代游轮上的竖琴手一样。

到了中世纪末期，城市中出现了一种更贴近大众的文明，它扩大了人们对音乐家的需求。在狩猎和战争中作为联络信号的乐器（如羊角号），被重新改造成能在舞厅和宴会厅里演奏的乐器，发出的声音极为悦耳。一种以马鬃为弦的乐器曾作为老式吉他进行演奏，它是弦乐器里最古老的一种，其历史可以追溯到古埃及和亚述时期。到了中世纪末期，这种六弦琴

游吟诗人

演变成现代的四弦小提琴，斯特拉迪瓦里和18世纪的其他小提琴制作家对其进行了改良，让它几乎达到了尽善尽美的境界。

最后，人们终于发明出现代钢琴，在所有乐器当中，钢琴传播得最为广泛，它曾跟随音乐迷们进入荒野丛林和格陵兰的冰天雪地里。其实所有键盘乐器都是由风琴发展而来的，但演奏家在演奏时还需要有人配合他在旁边拉动风箱，现在这份工作可以通过电力来完成。因此，音乐家们想找到一个更便于操作又不受环境制约的乐器，这样便可帮助他们训练教堂唱诗班的学生。11世纪，一个生活在阿雷佐（诗人彼特拉克的出生地）的名叫奎多的本尼迪克派僧侣发明了现代的音乐诠释体系。在11世纪的某个时期，随着人们对音乐的喜爱逐步加深，第一台键弦合一的乐器诞生了。它会发出丁零丁零的声音，就像玩具店里的儿童钢琴所发出声音一样。1288年，在维也纳，中世纪的流浪音乐家（他们曾经被归为骗子和老千一类）成立了世界上第一个独立的音乐家协会。一种单弦琴经过改良，成为现代斯坦威钢琴的前身，当时的人们把它叫做"翼琴"（因为它不仅有弦，还有键盘）。音乐家们把它从奥地利带到意大利，经过再次改良后变成了"斯皮内特"琴，因其发明者威尼斯人乔万尼·斯皮内特而得名。到了18世纪，在1709~1720年，巴托罗密欧·克里斯多佛利发明了一种可以同时弹出强音和弱音的钢琴。这种乐器经过某些改良，就变成如今的钢琴。

于是，世界上第一次出现了一种简单、便捷又能在几年之内就掌握的乐器。与竖琴和提琴不同，钢琴无须不断地调音、试音，和中世纪的大号、单簧管、长号和双簧管相比，其声音也更加悦耳。就像留声机的出现让成千上万的人对音乐着迷一样，早期钢琴的出现也把音乐知识传播到更远的地方。音乐成为每一个接受良好教育的人不可缺少的一部分。王公贵族和有钱的商人还会保留私人的管弦乐队。音乐家们不再是四处游荡的游吟诗人，反而成为社会上备受尊重的一员。后来，人们把音乐加进戏剧表演中，现代歌剧就是由此发展而来的。最初，只有少数有钱的王公贵族才能看得起"歌剧"，但随着这种娱乐形式的发展，很多城市都建立起歌剧院。首先是意大利，然后是德国，歌剧给人们带来了无尽的欢乐。但还是有少数基督教徒会对音乐产生怀疑，他们认为音乐太过美妙，会给灵魂的健康带来伤害。

到了18世纪中期，音乐在欧洲蓬勃发展。随后便出现了世界上最伟大的音乐家，即在莱比锡市的托马斯教堂担任风琴师的约翰·塞巴斯蒂安·巴赫。他针对所有乐器进行创作，从喜剧音乐、流行舞曲到庄严肃穆的圣歌和赞美诗，为现代音乐的发展奠定了坚实的基础。1750年他去世后，莫扎特取代了他的位置。莫扎特的音乐让人感到很欢乐，常常让我们眼前浮现出由节奏与和声交织而成的蕾丝。在他之后是路德维希·冯·贝多芬。这个命运悲惨的人为我们带来了现代交响乐，他自己却无法听到这些伟大的作品。因为在他生活最贫困的日子里，他得了一场风寒之后便再也听不到声音了。

贝多芬生活在法国大革命时期。他对这个辉煌新时代的到来满怀希望，还把自己创作的一首交响曲献给了拿破仑。但他失望了。1827年贝多芬去世，拿破仑遭到流放，法国大革命的热情也渐渐消退。但蒸汽机横空出世，整个世界都充斥着一种与《第三交响曲》所营造出来的梦境截然不同的曲调。

的确，蒸汽、钢铁、煤和大工厂创造出的世界新秩序，对艺术、绘画、雕塑、诗歌和音乐的需求少之又少。艺术的保护者——生活在17～18世纪的主教、王公贵族和商人们已经离世了。工业世界的领导者们都太过繁忙，也没接受过教育去欣赏蚀刻画、奏鸣曲或象牙制品，更不用说那些创造了这些东西却对他们所生活的社区毫无实际贡献的人了。工厂里的工人每天都要忍受机器发出的轰鸣声，对先人用长笛和提琴演奏出的乐曲早已失去了兴致。艺术成为这个新兴工业时代的继子，与生活彻底分割开来。那些留存下来的画作也只是被摆放在博物馆里，慢慢淡出人们的视线。音乐则成了一小部分人的专属，他们成为"批评家"，将音乐从寻常百姓家带到音乐厅中。

但艺术渐渐找回了自我，尽管这个过程非常缓慢。人们开始意识到，伦勃朗、贝多芬和罗丹才是他们真正的先知和领袖。而一个没有艺术和欢乐的世界，就像一个没有欢声笑语的幼儿园，索然无味。

第62章　殖民扩张与战争

在这一章中，我本应介绍过去50年所发生的诸多政治事件，但我在这章中做了一些解释，也表达一下我的歉意。

如果我能预知写一部关于世界历史的书有多困难，我是不会接受这个任务的。当然，不管是谁，只要他愿意在图书馆花上五六年的时间，潜心研究一堆发霉的书，都可以创作出一本普通的历史书，里面还会详细记录发生在每个世纪、每片土地上的重大事件。但这并不是我写这本书的目的。出版商希望出版一本有节奏感的历史书，里面的故事可以一笔带过，无须赘述。而现在，我就快写完这本书了，却发现某些章节的确是一笔带过，其他章节却颇显冗余，就像游荡在无边的沙海里一样，一路拖拖拉拉。有些章节没什么进展，有些章节又沉溺于那些充满传奇色彩的爵士乐中。我不喜欢这样。于是，我建议将整部手稿毁掉，从头再写，但出版商是不会允许的。

作为解决难题的第二个方法，我把打出来的手稿交给了几个好友，让他们阅读我已经写完的内容，并提出宝贵意见。但这么做的结果更让我揪心。每个人都有自己的偏见和喜好。他们都想知道，为什么我要把他们最喜欢的国家、最尊敬的政治家和最感兴趣的罪犯从书中删掉。他们中的一些人认为，拿破仑和成吉思汗应该是最高荣誉获得者的候选人。我跟他们解释说，我已经尽我所能来公平对待拿破仑了，但和乔治·华盛顿、古斯塔夫·瓦萨、汉谟拉比、林肯以及其他十几个历史人物相比，他就逊色多了。但因为篇幅有限，我只能用寥寥几笔来赞颂他们的伟大事迹。至于成吉思汗，我只承认他在大肆屠杀上很有才能，所以我并没有打算对他进行过多的描写。

某位批评家对我说："目前为止，整本书的内容都不错，但是你要怎么描写清教徒们呢？我们正在庆祝他们抵达普利茅斯300周年，他们应该占更多的篇幅。"对于这个问题，我的回答是，如果我写的是一本关于美国历史的书，那么清教徒的故事就会占满前12章的一半。然而，这本书讲述的是整个人类的历史，清教徒来到普利茅斯这件事情，在几个世纪之后才会在国际上产生重大影响。而且美利坚合众国是由13个州发展起来的，并不是一个州。此外，在美国建国的头20年里，那些至关重要的领导者都出身于弗吉尼亚、宾夕法尼亚和尼维斯岛，而不是马萨诸塞州。因此，用一页的篇幅和一章特别绘制的地图来讲述清教徒的故事，就应该让他们心满意足了。

先驱者

接下来轮到史前时期的专家。他问我，既然霸王龙在史前时期如此有名，为什么我不能再多写一些关于克罗马农人的故事呢？因为生活在10000年前恐龙时期的他们，已经有了高度文明。

的确如此，但我为什么没对他们进行过多描写呢？因为我没法像某些著名的人类学家那样，承认这些原始居民的文明有多完美。卢梭和18世纪的一些哲学家提出了“高贵的野蛮人”这一说法，认为他们在混沌伊始就生活在几近完美的幸福之中。现代科学家则抛开这些深受我们祖辈喜爱的“高贵的野蛮人”，用一群生活在法兰西谷地的“辉煌的野蛮人”取而代之。35000年以前，他们结束了那些长着低额头、尚未开化的尼安德特人和其他日耳曼民族的原始生活方式，向我们展示了他们描绘的大象以及雕刻的人像，我们给他们以无上的赞美。

我不认为他们这么做有什么错。但我认为我们对那整段时期发生的事还知之甚少，很难准确地重现早期西欧社会的样子。因此我宁愿不谈论这些事情，也不想说些或许与实际不符的话。

还有另外一些批评家直接指出，我书中的有些内容很不公平。为什么我没有提到像爱尔兰、保加利亚和暹罗（如今的泰国）这样的国家，却硬要写荷兰、冰岛和瑞士这样的国家呢？我的回答是，我没有把任何一个国家硬写进我的书里。

它们在特定的场景下自然而然地出现，我没法把它们从书中摘出去。并且为了让读者能够理解我的观点，我想阐明我在选择写作对象时的依据。

其实只有一个原则，那就是"某个国家或某个人是否曾想出某种新思想或做过某件富有创造力的事，从而改变了整个人类的历史"。这并不是我个人喜好的问题，它需要作者具有冷静的判断，就像数学家们一样。在人类历史上，没有哪个民族能像蒙古人那样生动；也没有哪个民族能像蒙古人那样几乎没取得什么成就，对人类进步也没作出什么贡献。

亚述国王提拉华·毗列色的一生充满戏剧色彩，但对于我们来说，他就好像从没存在过一样。同样地，我提到荷兰共和国，并不是因为德·鲁伊特的水兵曾在英国的泰晤士河中钓鱼，而是因为当欧洲出现各种各样不受大众欢迎的问题时，诸多传奇人物各抒己见，在他们遭到迫害时，正是这个位于北海岸边的小国热情地接待了他们。

诚然，无论是达到鼎盛时期的雅典，还是佛罗伦萨，他们的人口只有堪萨斯城人口的1/10。但不论这两个地中海小城中的哪个不曾存在，我们如今的文明就会大不一样。但对于这个地处密苏里河畔的繁华大都会，我无法作出如上的论断（在这里，我要向怀安特县善良的百姓致以诚挚的歉意）。

既然以上都是我个人的观点，那么请允许我在这里阐明另一个事实。

我们去看医生时，会提前弄清楚他是外科医生、门诊医生、顺势疗法医生还是信仰疗法医生，这样我们才能知道他会用哪种方法对我们进行治疗。我们在选择历史学家时，也应当像选择医生时一样谨慎。我们会认为，"好吧，历史就是历史"，然后就一直这么认为。但一个从小生长在苏格兰偏僻乡村、受到长老会教派家庭严厉管教的作者，和一个在孩童时期就被家长带去听罗伯特·英格索尔等否认鬼神存在的演讲的作者相比，他们对人类关系的每一个问题都会产生不同的看法。随着时间的推移，两个人或许都会忘了当初受过的训练，也不再去教堂或讲堂。但幼年接触到的一切会一直影响他们，会从他们的一言一行当中表现出来。

在这本书的前言部分，我告诉过你们，我不是个完美的向导。既然这本书即将写完，我觉得有必要强调一下这一点。我出生在一个老派自由主义氛围浓烈的家庭，接受的知识都来自达尔文等19世纪的科学家。幼年时，我曾和我的叔父度过了大部分时光。他是名伟大的收藏家，家里有16世纪伟大的法国散文作家蒙田的全部作品。我出生在鹿特丹，后来又到高达市读书，这让我对埃拉斯穆斯有了一定的了解。不知道出于什么原因，不太宽容的我被这位宽容的演说家征服了。后来，我又知道了阿尔托·法朗士，而偶然间读到的一本萨克雷写的小说《亨利·穆斯芒德》，让我跟英语有了第一次接触。在众多用英语撰写的图书中，这本书给我留下的印象最深刻。

　　如果我出生在一个快乐的美国中西部城市，那么我可能会对童年时听说过的圣诗产生某种情感。但我对音乐的最初记忆可以追溯到童年时代的某个下午，我的母亲带我去听巴赫的赋格曲。这位伟大的新教音乐家如数学一样精准的乐曲深深打动了我，之后每次我在祈祷会上听到那些一成不变的圣诗时，内心都会充满巨大的痛苦。

　　如果我出生在意大利，从小就沐浴在阿尔诺山谷温暖的阳光中，那么我会对色彩缤纷、充满阳光的图画情有独钟。但实际上我对它们并不感兴趣，因为我最早是在一个阳光罕见的国家接触到艺术的。那里总是阴雨不断，一旦阳光照射下来，就会形成强烈的明暗对比。我在这里强调这些事实，是想让你们了解这本史书作者的想法，这样你们或许可以更好地理解他所表达的观点。

　　说完这些简短但非常必要的题外话，我们言归正传，看看最后50年发生了什么。这段时间发生了很多事，但没有几件特别重要的大事。多数强国都变成庞大的商业集团，不再仅仅是政治的载体。他们修筑铁路，开辟新的航线，来往于世界各地。他们用电报网络把不同地区连在一起。同时，他们还不断扩大自己的殖民地。所有能被触及的非洲和亚洲土地都会被某个强国占为己有。法国成为阿尔及利亚、马达加斯加、安南（如今的越南）和东京湾（在东亚）的宗主国；德国占领了西南非和东非的部分地区，在喀麦隆、新几内亚和许多太平洋岛屿上建立起居住地，还以几名德国传教士在中国被杀为借口，强行占领了黄海边上的胶州湾。意大利本想在阿比尼西亚（如今的埃塞俄比亚）碰碰运气，但尼格斯的黑人士兵将意大利打得落花流水，他们只好进攻土耳其，抢占了位于北非的的黎波里。在占领了整个西伯利亚之后，俄国又侵占了中国的旅顺港。1895年，中国在甲午战争中输给日本，台湾岛被日本占领。1905年，日本进军朝鲜，将整个朝鲜王国归为殖民地。1883年，英国——这个世界上拥有最多殖民地的帝国，以"保护"的名义占领了埃及。埃及曾一度被人们忽略，但1868年苏伊士运河的开通让它变成外国列强入侵的对象。英国不遗余力地"保护"着埃及，但也不忘从中攫取大量财富。在随后的30年里，英国在全球发动了一系列殖民战争。1902年（经过3年艰苦卓绝的战争后），它占领了德兰士瓦和奥兰治自由邦这两个独立的布尔共和国。与此同时，它还唆使塞西尔·罗兹在非洲建立一个更大的国家，从南部的好望角一直到北部的尼罗河口，把凡是没有被欧洲其他列强占领的岛屿和省份全都划进来。

　　1885年，精明的比利时国王利奥波德利用亨利·斯坦利的发现，建立了刚果自由邦。一开始，这个位于赤道的帝国施行的是"严格的君主专制制度"。但经过多年杂乱无章的统治，1908年，它被比利时人吞并，成为其殖民地。比利时人废除了滥用职权的制度。利奥波德陛下曾一度允许这种制度存在，因为他并不在乎当地人的命运，只要自己能得到象牙和天然橡胶就好。

征服西方

　　至于美国，它拥有的土地已经足够多了，所以并不想进一步扩张领土。但西班牙人在古巴（西班牙在西半球的最后一块殖民地）的残忍统治，让华盛顿政府不得不采取行动。很快，这场平淡无奇的战争就结束了，西班牙人被赶出了古巴、波多黎各和菲律宾，后两者成为美国的殖民地。

　　世界经济的发展循序渐进。英国、法国和德国的工厂数量不断增加，对原材料的需求量也相应增加。欧洲工人的数量也在不断增加，他们对食物的需求也越来越大。这些都要求各国建立更多、品种更齐全的市场，更易开采的煤矿、铁矿和油田，更易种植的橡胶园，也需要更多的小麦和谷物供应量。

　　对于那些准备开辟一条通往维多利亚湖的航线和在山东修筑铁路的人们来说，欧洲大陆上发生的政治事件已经无关紧要了。他们知道欧洲有很多问题悬而未决，但他们并不关心这些。由于他们的刻意忽视和冷漠，他们的后代继承了一笔仇恨与痛苦相互牵绊的遗产。多少个世纪以来，欧洲大陆东南角上的巴尔干半岛一直纷扰不断，战火连年。19世纪70年代，塞尔维亚、保加利亚、门的内哥罗和罗马尼亚的人民又一次奋起反抗，想获得自由，土耳其人（得到很多西方列强的支持）则想阻止这一切。

　　1876年，土耳其人在保加利亚展开了惨无人道的大屠杀，这让俄国人民忍无可忍。俄国政府只好出面干涉，就像麦金利总统不得不前往古巴，制止惠勒将军在哈瓦那继续屠杀一样。1877年4月，俄国军队跨过多瑙河，风卷残云般地攻下了希普卡。在占领了普列文纳之后，他们又一路向南，一直攻打到君士坦丁堡。土耳其不得不向英国求助。当英国政府对苏丹伸出援手时，很多英国民众都极为不满。但迪斯雷利（他刚助维多利亚当上印度女王，由于俄国人曾经在印度境内对犹太人施以残酷镇压，他反而更喜欢土耳其人）还是决定出兵。1878年，俄国被迫签下《圣斯蒂芬诺和约》，巴尔干问题则留在同年6月和7月召开的柏林会议上解决。

这次著名的会议完全由迪斯雷利一人掌控。这位睿智的老人留着一头油光锃亮的卷发，态度傲慢却又有几分幽默，深谙阿谀奉承之道，就连俾斯麦都对他畏惧三分。在柏林会议上，这位英国首相密切关注着盟友土耳其的命运。最终，大会承认门的内哥罗、塞尔维亚、罗马尼亚三国独立。保加利亚获得了半独立，沙皇亚历山大二世的侄子、巴登堡的亚历山大亲王成为保加利亚的统治者。但他们并没有机会来增强自己的实力或开发国内资源，因为英国把注意力都放了土耳其身上，它可以作为一道屏障阻挡俄国的进攻，从而保障了英国的安全。

更糟糕的是，柏林会议允许奥地利从土耳其人手中接管波斯尼亚和黑塞哥维娜，将其划入哈布斯堡王朝的领地。但不得不说，奥地利将这两个地方管理得很不错。那些被人遗忘的省份得到了良好的治理，其发展水平可以和英国的殖民地相提并论。但这里聚集了很多塞尔维亚人。起先，它们都是斯蒂芬·杜什罕建立的大塞尔维亚帝国的一部分。14世纪初，他战胜了土耳其人，阻止他们对西欧进行进一步入侵。在哥伦布发现美洲大陆的150年前，其首都乌斯库勃（如今的斯科普里）曾是塞尔维亚文明的中心。塞尔维亚人始终没有忘记他们昔日的辉煌，是啊，有谁会忘记呢？所以他们并不喜欢在这两个地方看见奥地利人。在他们看来，按照传统这两个省份都应该是他们的土地。

1914年6月28日，在波斯尼亚首都萨拉热窝，奥地利王储斐迪南遭到暗杀。行凶的是一名具有强烈爱国情怀的塞尔维亚学生。

这次恐怖的刺杀事件瞬间点燃了第一次世界大战的导火索，尽管它并不是战争爆发的唯一原因。但我们并不能把全部责任归到这位几近疯狂的塞尔维亚青年或那位奥地利受害者身上。战争爆发的根源还要追溯到柏林会议的召开。当时，欧洲各国都忙于建立一个物质文明世界，却忽略了旧巴尔干半岛上那个被世人遗忘的古老民族，无视了他们的渴望和梦想。

第63章　一个全新的世界

世界大战的爆发就是为了建立一个更加美好的全新世界。

　　有一小批热情高涨的知名人士应该为法国大革命的爆发负责任，其中最具声望的就是德·孔多塞侯爵。为了穷苦大众的利益，他甚至献出了自己的生命。在德·阿朗贝尔和狄德罗撰写《百科全书》时，他曾是他们的助手之一。在法国大革命爆发的最初几年里，他一直是国民议会温和派的领导者。

　　之后国王和保皇分子企图叛国，这使得激进分子有机会把政府掌控在自己手中，并大肆屠杀了他们的反对者。孔多塞侯爵却因他的宽容、仁慈和坚定而遭到了怀疑。孔多塞被列为"不受法律保护的人"，只能任凭"爱国者们"的摆布。他的朋友们不顾生命危险想把他藏起来，但孔多塞拒绝了，他不愿看到朋友们白白牺牲。他逃走了，想回到家里，那里或许会安全一些。他赶了三天三夜的路，筋疲力尽、伤痕累累地来到一家小旅店，想要些吃的。警觉的乡民们对他进行了搜查，从他的口袋里找到一本拉丁诗人贺拉斯的诗集。这表明他们的囚犯接受过良好教育，而在那个年代，但凡受过良好教育的人都会被视为革命的敌人。他们抓住了孔多塞，把他用绳子绑起来，堵住他的嘴，把他关进村中的拘留所。第二天清晨，士兵们要把他带回巴黎斩首示众，却发现他已经死了。

　　这个为了人类付出全部却没有得到一丝回报的人，有足够的理由对人类失望。但他写过这样几句话，时至今日仍被当成至理名言，就像130年前一样。我把这几句话在这里重复一遍：

　　"大自然为人类带来了无限的希望。人类想尽办法要挣脱枷锁，向着真理、高尚和幸福迈出坚定的步伐，这为哲学家们描绘了一片光明的前景，让他们能够从那些时至今日还在影响这个世界的错误、罪行和不公中得到莫大的安慰。"

　　地球刚刚经历了一场浩劫，和这场世界大战比起来，法国大革命不过是一场意外。人们却感到无比震惊，成千上万人心中最后一丝希望的火光也被浇灭了。他们高唱进步之歌，在他们为和平作出祈祷之后，随之而来的却是4年的大屠杀。他们不禁问道："为了那些还没有摆脱穴居生活的人类,我们付出了这么多,到底值不值得?"

战争

答案只有一个。

那就是:"值得!"

第一次世界大战的确是一场浩劫,但这并不意味着世界走到了终点。恰恰相反,它将为人类翻开崭新的一页。

写一本关于古希腊、古罗马或中世纪的历史书很容易。因为曾经在那个早已被人类遗忘的历史舞台上出演的演员们,都已离开了人世。我们可以对他们作出冷静的评判。台下鼓掌叫好的观众也已经离场,我们的评语并不会伤害他们的感情。

但是要想把当代历史真真切切地还原出来,是非常困难的。对于和我们共度一生的人来说,他们所不解的问题也是困扰我们的难题。这些难题要么把我们伤得太深,要么让我们喜出望外,我们无法秉承百分之百的公平来描述历史,而不是把它当成一种宣传手段。但我还是要告诉你们,我为什么会赞同可怜的孔多塞所表达的对美好明天的坚定信念。

在此之前,我曾多次提醒过你们,要注意所谓的历史时代划分给人们造成的错觉。根据这个划分,人类历史被分成4个阶段:古代、中世纪、文艺复兴和宗教改革以及现代。而"现代"这个词是最有争议的。它好像在向我们透露:20世纪的人类已经取得了人类最伟大的成就。50年前,以格莱斯顿为首的英国自由主义者认为,第二次改革法案已经彻底解决了建立真正的议会制民主政府的问题,能让工人在政府中享有与雇主相同的权利。当迪斯雷利和他的保守派朋友说他们只是"在黑暗中盲目前进"的时候,他们的回答是"不"。他们对自己的事业很有信心,也坚信社会各个阶层都会联合起来,为他们的政府赢得胜利。从那以后发生了很多事情,一些仍然健在的自由主义者也开始明白他们当初犯了错误。

对于任何一个历史问题来说，没有一个答案是绝对的。

每一代人都要努力进取，否则就会像懒惰的史前动物一样走向灭亡。

当你明白这个伟大的道理时，你对生活就会有一个全新的认识，眼界也更加开阔。然后你会把自己想象成你的后代。此时时间已经来到了公元10000年，他们也会学习历史。但对于我们用文字记录下来的短短4000年内发生的事情，他们会作何感想呢？也许在他们眼里，拿破仑是和提拉华·毗列瑟（亚述统治者）生活在同一时期的人物，还有可能把他跟成吉思汗或马其顿的亚历山大混为一谈。在他们看来，刚刚结束的这场世界大战，和发生在罗马与迦太基之间为争夺地中海霸主所进行的长达128年的商业战争大同小异。他们认为，19世纪的巴尔干问题（塞尔维亚、保加利亚、希腊和门的内哥罗为争取自由而发动的战争），就是大迁徙时代各部族混战的延续。他们看到兰斯教堂的照片时（这座教堂刚刚被德国大炮击毁），就好像我们看着毁于250年前土耳其与威尼斯之战中的雅典卫城的照片一样。在他们眼里，我们这代人对死亡的恐惧简直太幼稚，但对于直到1692年还对女巫执行火刑的种族来说，这种说法很自然。甚至我们引以为傲的医院、实验室和手术室，在他们看来也不过是对中世纪炼金术师和江湖医生的工作室的改良而已。

造成这一切的原因很简单。我们这些所谓的现代人，其实远远没有达到"现代"的程度。刚好相反，我们仍属于穴居人的最后一代。一个全新的时代即将开启，但基础还没有打牢。只有当人类有勇气对现存的事物提出质疑，并在"知识和理解"的基础上创造一个更为理性、更为包容的社会时，人类才有机会成为真正的"文明人"。而对于这个全新的世界来说，这次世界大战是成长所必须经历的痛楚。

后来的很长一段时间里，很多人写了很多本书，证明这次大战是由某个人引发的。社会主义者也会出书来谴责资本主义者，说正是他们为了谋求"商业利益"而引发了这次战争。资本家则会反驳说，他们在战争中得到的远比他们付出的少得多，他们的孩子总是冲在战争的最前线，不断

帝国思想的传播

牺牲。他们还会证明各个国家的银行家们是如何竭尽全力来阻止战争的。法国历史学家会罗列德国人犯下的种种罪行，从查理曼大帝时代一直到威廉·霍亨索伦统治时期；德国历史学家并不会坐以待毙，他们会指出从查理曼时期到普恩加莱担任首相这段时期的种种罪行。于是，所有人都可以堂而皇之地说，战争是由自己的敌对方引起的。而在所有国家当中，无论是与世长辞还是尚在人世的政治家都会奔向打字机，描述他们如何缓解敌意，却不得不被狡猾的敌人卷入战争的故事。

　　100年后，所有历史学家都不会再受这些道歉和借口的困扰。他们会知道战争爆发的真正原因，还会明白某个人的野心、邪念和贪婪都不是战争最终爆发的原因。早在我们伟大的科学家们忙于创造一个遍布钢铁、化学和电力的新时代时，这个祸根就埋下了。他们忘了人类的大脑要远远慢于谚语中的乌龟，比著名的树懒也懒得多。和那些充满勇气的领袖相比，他们更是要慢100～300年。

　　祖鲁人披上羊皮之后还是祖鲁人；经过训练后会骑自行车、会抽烟的狗还是狗。以此类推，一个开着最新款罗尔斯—罗伊斯但思想仍停留在16世纪的商人，还是一个有着16世纪思想的商人。

　　如果你一开始没有想明白这个道理，那就再读一遍。有一天你会对这个道理理解得更加透彻，也就会明白1914年之后发生的很多事情。

　　为了让你明白我的观点，或许我应该再给你举一个常见的例子。电影院会把电影中搞笑的台词打在大屏幕上。下次再去看时，如果你有机会就观察一下电影院里的观众。有些人好像一下就明白了台词的意思，他们用不到一秒的时间就把台词读完了。另一些人反应比较慢，还有一些人则会花上20～30秒。最后还有一些人，他们的理解能力有限，通常其他观众都开始揣摩下一段台词的含义时，他们才会反应过来。我举这个例子是想说明，在现实生活中，不同人的反应也大不相同。

　　在之前的某一章里，我曾跟你们说过，尽管罗马的最后一位皇帝已经去世，罗马帝国的精神仍留存了1000年。它导致一堆"仿罗马帝国"的建立，同时还给罗马主教提供了一个成为整个教会首脑的机会，因为他们代表着罗马的帝国主义精神。这让很多本性善良的蛮族首领卷入到犯罪和无休无止的战争中，因为他们的一生都活在"罗马"这个神奇的符号下。所有人，无论是教皇、皇帝还是普通士兵，和你我其实没有本质上的区别。他们只不过生活在一个深受罗马传统影响的世界，而这个传统是鲜活的，它镌刻在一代又一代人的心里。因此，他们甘愿为一项在今天连10个支持者都找不到的事业而奋斗，甚至不惜牺牲自己。

　　在另外一章，我还跟你们说过，在宗教改革的一个多世纪后，爆发了一场空前的宗教战争。如果你把三十年战争那一章和科学发明那一章相比较的话，就会发现当世界上第一台蒸汽机出现在法国、德国和英国科学家们的实验室里时，这场大屠杀刚好开始。但在当时，世界对这些奇特的机器并不感兴趣，而是继续谈论神学。如今，神学只会让人哈欠连天，甚至都不会让人生气。

世界就这样发展着。1000年后，历史学家们会用同样的词语来描述19世纪的欧洲。他们会发现，当大部分人投身于恐怖的民族战争时，他们身边的实验室里坐满了一群严肃认真的家伙，他们对政治丝毫不感兴趣，一门心思在研究怎样才能从大自然中得出问题的答案。

你们会慢慢理解我所说的话。仅在一代人的时间里，工程师、科学家和化学家们，就已经让他们发明出来的大型机器、电报、飞行器和煤油产品，遍布欧洲、美洲和亚洲的各个角落。他们创造出一个全新的世界，在这个世界中，时空的距离根本不足挂齿。他们不断发明出新的产品，还努力让这些产品能被普通大众消费得起。这些我之前都曾说过，但很有必要在此重复一遍。

为了能让工厂不断发展下去，获得土地所有权的工厂主们急需原材料和煤，特别是煤。但与此同时，大众的思想还停留在十六七世纪。在他们眼里，国家仍是一个王朝或政治组织。这个繁冗的中世纪政治体制，则要立即解决一大堆新机器和工业世界中特有的现代化难题。根据几个世纪前制定的游戏规则，他们已经竭尽所能。每个国家都建立起庞大的陆军和海军，以便在遥远的土地上争夺殖民地。不论在哪，只要这个地方还没有被人占领，它就会变成英国、法国、德国或俄国的殖民地。如果当地居民反抗，他们就会被杀。但通常情况下，他们不会作出反抗。只要他们不干涉钻石、煤矿、油田和橡胶园的开发，就会平静地生活下去。他们还可以从殖民者那里分一杯羹。

有时在寻找原材料的过程中，两个国家会同时看上同一片土地。那么战争就会爆发。15年前，俄国和日本就是为了争夺中国的一块土地而大打出手。但这样的冲突都只是意外，没人真心想打仗。事实上，早在20世纪初，人们就觉得使用士兵、军舰和潜艇来打仗非常荒谬。他们觉得，只有在多年前的君主专制社会和贪婪的王朝里，暴力才是解决问题的方法。他们每天都阅读报纸，看科学家们又发明了哪些新产品。还看到新闻报道说英、美、德三国科学家联手，共同推进医学或天文学的发展。在他们生活的世界中，每个人都忙于贸易、商业和工厂，只有极少一部分人会发现，国家（一个怀有某些共同理想的人组成的巨大共同体）制度已经落后几百年后了。他们想要以此告诫他人，但其他人都忙于自身事务，无暇分身。

我知道自己已经打了很多比方，但是抱歉，我还要再用一次。埃及人、希腊人、罗马人、威尼斯人和所有生活在17世纪的商业冒险家们建造的国家之船（这个古老而精准的比喻无论何时都形象生动）十分坚固，领航者对船员和船只的性能一清二楚。他们对祖先留下的航海技术的局限性也了如指掌。

随后，钢铁与机器的新时代出现了。国家之船开始出现一个又一个变化。它的体积变大了，船帆也被蒸汽机所取代。客舱的条件得到了改善，但更多人不得不下到锅炉舱里去。虽然工作环境更加安全，但他们不喜欢这份工作，就像前人不喜欢操纵危险的帆船锁具一样。最终，古老的木船变成了崭新的现代游轮，但船长和船员没有变。就像100年前一样，他们由人们任命或选举。他们所掌握的航海技术却和15世纪一样。在他们的船舱里，仍然挂着路易十四和腓特烈大帝时期的航海地图和信号旗。简言之，他们（尽管这并不是他们自身的过错）根本胜任不了。

而国际政治这片海域也并不宽阔。众多帝国和殖民地的大型船只在这里你追我赶，发生事故是在所难免的。事故也确实发生了。如果你有勇气涉足这片海域的话，仍能看见海面上漂浮着的残骸。

这个故事的道理其实很简单。世界急需一个能够承担重任的领导者——需要有过人的胆量和远见卓识，能够清楚地认识到我们才刚刚起航。此外，还要掌握一套全新的航海技术。

他们可能需要做上几年的学徒，才能最终成为领导者。他们必须排除万难，走到巅峰。当他们来到桥边时，一个船员的嫉妒就可能让他们全军覆没。但终有一天，会出现一个人把船只安全开进港口，那么他就会变成那个时代的英雄。

第64章　永恒的真理

　　"对于我们生活中出现的种种问题，我思考得越多便越坚信，我们应该选择'讽刺和怜悯'来充当我们的陪审团和法官，就像古埃及人为过世的亲友向女神伊西斯和内夫图斯祷告那样。

　　"讽刺和怜悯都是我们的良师益友。前者用她的微笑让人心生愉悦，后者则用她的眼泪让人生变得圣洁。

　　"我所祈求的讽刺并不是一个残酷的女神。她从不会嘲笑真爱和美德。她温和又仁慈。她的微笑可以化解人们心中的敌意。正是她让我们学会去讥笑那些恶棍和傻瓜，如果不是她，我们或许会软弱到'鄙视或憎恨'他们"。

　　我谨以法国大作家法朗士的这些名言警句作为写给你们最后的话。

纽约，古墓街8号

6月26日，星期六

第65章　7年之后

　　凡尔赛和约是在刺刀刀尖上成文的条约。在混战的焦灼时期，无论费色圭尔上校提出多么有建设性的战争新理论，人们从来没有把它看作一种能够成功维护和平的手段。

　　更糟糕的是，和平的致命武器全部掌控在老一辈人的手中。一群年轻人打架是这样的情况：他们也许会相互争斗，如同彼此有不共戴天之仇，然而一旦积压的愤怒得以释放，前一秒还剑拔弩张，下一秒就会称兄道弟。但对那些把脸刮得干干净净的老头儿来说，情况就截然不同了，他们带着一生郁郁不得志的愤怒围坐在绿桌边，准备裁决那些在全盛时期无视法律和国际礼仪且手无寸铁的对手。

　　处在这样一个时期，请上苍怜悯我们吧！

　　唉！在过去4年，上帝遭受着极大的诋毁，他没心思伸出仁慈的双手救助那些不值得救的孩子们。

　　这场屠杀是他们咎由自取。现在让他们竭尽所能自己解决这些难题吧！

　　从此，我们知道怎样才算是"竭尽所能"。而且，最后7年发生的事情简直像上演了一场充满大错特错、贪婪、残忍和鼠目寸光的卑劣行为的连续剧——在一个如此令人瞠目结舌的愚蠢时代（如果能让我忽略这一点的话），这7年的故事能在人类烦闷低能的历史中独树一帜，就足以说明问题了。

　　生活在公元2500年的人会怎样评价

战火中的世界

这场导致欧洲文明毁灭，并将毫无戒备的美国人推上人类领导地位的大动荡的最终根源，我们自然无法预测。但自从国家发展成为高度组织化的机构，根据前车之鉴可能会得出这样一个结论，即两大商业竞争派别间的冲突绝不可避免，只是早晚的事。简单来说，他们会认为德国已经成为大英帝国繁荣昌盛的极大威胁，不能允许它进一步发展为世界多样性需求的主要供应方。

我们从这一苦难之河走过后发现，要想对过去10年间发生的事情的真相作出判断，简直难上加难。但是现在，7年之后，如果我们崇尚和平的友邻之间没有发生过多骚乱，还是有可能得出几个比较明确的结论的。

过去500多年的历史，实质上是对所谓"统治力量"和其对手之间巨大纷争的实录记载，"统治力量"的敌对方希望把对手从天生好命的位置上赶下来，自己以公认的海上霸主身份继任先前统治者的地位。西班牙的荣光之路就是踏在大意大利共和国联邦和葡萄牙的尸体上形成的，当西班牙刚刚在远殖民地区建立起日不落帝国（可能由于地理原因或是传言）时，荷兰人便试图掠夺其成果。鉴于两国实力大小的悬殊，荷兰共和国获得明显胜利。然而，还没等荷兰人把世界其他地区收入囊中，英、法两国便抓住这次巨大的直接获利机会，将荷兰兜里还没焐热的战利品抢了过来。一切结束之后，英、法两国又展开了一场瓜分战利品的耗时、耗资巨大的争夺战。最终，英国以胜利告终，此后成为世界霸主长达一个多世纪之久。它所向无敌，那些试图效仿它的弱小国家最终都向它俯首称臣，而其他大国也突然意识到英国是一个如同谜一般存在的政治联盟，而谜底似乎只有英国的统治者（外交政治手腕的先生）才知道。

鉴于这些举世闻名的经济发展历程（每一个小学历史课本都如实记载过），在20世纪前20年，德国统治者所使用的政治手段似乎略显天真。人们把这归咎于恺撒大帝，他们的观点值得我们密切关注。威廉二世是个诚实的人，但能力十分有限，是自欺欺人怪圈的受害者，对于他们这些生在帝王家、与普通人类断绝联系、站在权力巅峰俯视平凡世界的人来说，这个怪圈确实司空见惯。可以肯定的是，没有任何人想去理解英国人的善意，也不曾有过外国人能如此曲解英国人的本性。

生活在北海奇特岛屿上的人们，以贸易为生，为贸易而活。这些没有对英国商业造成影响的

海上霸主

国家，算不上英国的"朋友"，但至少是"可容忍范围内的陌生人"。相反，那些可能威胁到英国统治权的国家，无论其地理位置相隔多远，都是他们的"敌人"，英国必须抓住最初的机会将其一网打尽。所有亲英日耳曼皇帝就友好关系和两国友情所发表的动人演讲和采取的举动，从来都不会让英国人忘掉德国是其最危险竞争对手的事实，而且德国人迟早会向文明未开化世界的每一个角落倾销他们的便宜货。

可这只是问题的一面，它虽然很重要，却不足解释此后爆发的战争中为什么会发生大规模的屠杀。

在铁路和电报发明以前的快乐时光里，每个国家或多或少是一个独立的政治实体，当他们像马戏团里推动卡车的大象般，决心兢兢业业地推动本国发展的时候，两大商业霸权争夺者之间的较量也缓慢地展开，而狡猾的旧派外交官可能已经成功地把这场纷争控制在当地范围之内。不幸的是，1914年的世界已经是一个世界性的大工厂。发生在阿根廷的罢工事件，很容易让德国柏林跟着一起遭殃；伦敦某些原料价格的上涨，会殃及数万名长期生活在水深火热之中的中国苦力，他们甚至不曾听说过泰晤士河边的大城市；一些德国三流大学无名编外讲师的发明，可以让许多智利银行关门；而瑞典哥德堡老商品房的经营不善，也可能剥夺澳大利亚数百名青少年上学的机会。

当然，不是所有国家的工业发展水平都能够保持一致。有些国家仍然处于农业社会，有些刚刚从类似中世纪时期的封建制度中获得解脱。然而，在那些实现工业化的邻国眼中，他们仍然是受欢迎的盟友。相反地，一般来说，这些国家占有了近乎无限的人力资源，如同炮灰般的俄国农民却从来没有对手。

这些大相径庭、彼此冲突的利益关系，是怎样整合成一个巨大的国家联盟，又

人力

是出于何种原因能在长达4年多的时间内对抗同一目标——我们最好把这些问题留给子孙后代去解答。当下，那些将欧洲大陆搅成一摊烂泥的虚伪爱国者还未受到审判。相比起来，未来世界对战前发生的事情一定比现在的我们知道得更多。

在光辉的1926年的炎热8月，我们只希望能够引起大家的关注，从而能认清一个总是被自称历史学家的人所忽视的事实，也就是说，欧洲大冲突拉开了世界大战的序幕，并最终以世界范围的革命宣告结束，这并不是历史正常发展轨迹中的暂停（就如同过去300年中爆发的战争那样），而是标志着一个全新的社会经济时代的到来。那些守护着凡尔赛和平的老一辈人，不过是其原生环境的产物，他们并没有能力意识到这一事实。

他们的思考方式和言行举止依旧没有摆脱旧时代的影响。

这大概就是他们的付出只能被其他人诅咒的原因。但还有另一个因素对这场因小国追求民主和权力而引发的战争所带来的灾难性后果负责，即美利坚合众国姗姗而来的参战决定。

美国对别国政治没有任何深切的兴趣，美国民众自认为生活在3000多英里的大洋彼岸应当十分安全。美国总统威尔逊的大多数朋友和同胞，习惯于按照口号、标题和新闻摘要以及过分乐观的无知（或者对世界其他地区的事务也持这种态度）来对欧洲过去2000多年的历史发展进行思考，他们获得的都是二手历史信息。德国陆、海军领袖借助某些巨大罪行的教唆和鼓吹，让他们的美国朋友们认为，这场战争是一场对与错的斗争、黑与白间的较量，是盎格鲁—撒克逊民族的自主天使和日耳曼民族的专制恶魔之间的生死对决。直到后来，好心又感情用事的美国人（因此也容易走向情绪化和残忍的极端）意识到，单纯相信人性的善意和正义而不去插手战争，几乎不可能。

宣教

接着，一股如同十字军般狂热和富有激情的热潮席卷了这个国家。美国工业的大磨坊开始缓慢但平稳地转动起来，不久，200万名战士奔赴欧洲战场，去终止德国佬那让人难以忍受的邪恶之举。

现在，这几百万名态度严肃、满腔热情的年轻人，必须试着按照他们同胞能够理解的方式，重新评价他们的战斗理念。因此出现了"以战止战"的口号和威尔逊总统著名的十四点原则——国际正义的新"十戒"，出现了小国追求民族自决的热情和决心，还出现了"让世界的民主安全存在"这个让人欢喜雀跃的人类追求。

对于贝尔福、普恩加莱和丘吉尔（更不用说那些旧沙俄统治时期遭到流放的领袖）来说，这类言辞听起来如同异端。如果他们的人民发生这样的战斗呼声，他们很快就会被送往军事法庭进行行刑。但作为统领200万人的总司令和最值得信赖的世界财产的守护者，人们必须对他们的话洗耳恭听。因此，在最后一年半的战争当中，欧洲各国领袖都在为政治理想而战，这一理想和旧克里姆林宫的城墙里，人们用数百种不同方言呐喊出来的了不起的经济创新一样毫无用处。美国向德国提出了合理的条件，这让德国人又惊又喜，于是他们废除了皇帝，将国家从"帝国"改名为"共和国"，然后佩戴红色的帽章，唱着来自国际兄弟会的流行歌曲向莱茵河撤退。这时，盟军首领立马摒弃了美国人愚蠢糟糕的政治理想，准备以和平的方式打破著名的"失败就要遭殃"定律。自从数千年前的穴居时代起，对于严格的决斗而言，这一定律就被认为是合情合理的。

如果威尔逊总统没有单独参加1919年的巴黎和会，没有提出不合时宜的外交协议，欧洲需要处理的任务可能会简单很多。如果威尔逊待在美国，欧洲各国可能已经根据他们的是非判断结束了战争。从美国的角度来看，他们可能会判断错误，可无论对或错，他们的决定都将是对某一种思想派别的真实体现。但是，美国和欧洲的政治理想（从未相交）可怕地交织在一起，导致任何事情都没有被解决，任何一个同盟国都心怀不满，而且和战争相比，和平被证明是无比昂贵的。

然而，还存在另一个重要因素，造成了凡尔赛条约后欧洲的无秩序状态。作为一个半独立国家组成的联盟的首领，威尔逊总统的政治理想是希望建立一个联邦式的世界国家。在美洲大陆已经证实这一理想有可能实现。在一个多世纪的时间里，美国拥有越来越多政治自由、主权独立的联邦，而经济的迅速发展也让这个联邦国家成为全球最繁荣富强的国家。为什么欧洲人不效仿弗吉尼亚州、宾夕法尼亚州和马萨诸塞州在1776年所做的被历史铭记的壮举呢？

确实，为什么不呢？

所以，当威尔逊先生阐述其国际联盟方案的时候，同盟国领袖需要向他深深鞠上一躬，并且洗耳恭听。在当时的情况下，他们甚至同意将世界性的联合众国原则放入其和平条约当中。但是，当威尔逊的总统舰悬挂好船锚，准备驶向西半球的时候，欧洲国家又重新回到曾经的秘密契约和暗中结盟的外交理想模式中去了，抛弃了与威尔逊的政治理想最为接近的成果。

与此同时，美国本土对此表达了强烈的反感。当然，对于其他国家领袖对国际联盟的态度发生转变，很多人将这一切归咎于威尔逊自身的某些人格特点。但是，更加微妙的是，还有一些其他力量开始粉墨登场。

首先，参战士兵回到家园。他们对欧洲情况的所见所闻，让他们不愿意继续延续过去两年间和欧洲的亲密关系。

其次，大多数人开始从战争的愤怒中恢复过来。他们开始理性地思考，不再因担心挚爱的子女会有生命危险而生活在恐惧中。欧洲互不信任的传统又开始崭露头角。很快，和一个世纪以前一样，乔治·华盛顿就"结盟"发出的不祥警告在1918年赢得了大多数百姓的信任。

再次，在持续两年的游行、4分钟的演讲和自由贷款之后，人们开始为正常商业模式的回归而感到开心。

简单来说，威尔逊总统随随便便地向欧洲抛出一个国际联盟的初期想法，而

美国走向世界

美国人拒绝参与国际联盟。但是，这一政治理想仍然像孩子一样存在着，只是它处在惴惴不安的境地，十分弱小且岌岌可危，以至于无法在任何决策中发挥作用，且由于偶尔的责骂和淘气地晃动手指而惹怒朋友。

我们再次面临一个有着不祥意义的历史性假设。

"如果国际联盟真的将整个文明世界成功变成世界性的联邦国家……"

我不知道，但就算是处在最有利的情况之下，威尔逊总统的计划也只有一线生机。

对于这场战争，我们现在才开始理解，它并不是一场以变革为真正意义的战争，它是一场胜利果实毫无防范地被第三方窃取的变革，这个窃取者就是詹姆斯·瓦特的孙子，后来他以"铁人"的称号被越来越多的人所熟知。

蒸汽机（就像后来的电动机一样）最初就受到人类文明家庭的欢迎，因为他是一个甘愿付出的奴隶，而且能够减轻人畜的负担。

但是很快，这个没有生命的杂役明显变得狡猾而且邪恶，这个铁质装备利用短暂休战机会把那些本该是他的主人的人变成了他的奴隶。

在世界各地，一些聪明的科学家可能已经预测到这位难驯服的仆人将会给人类带来威胁，但是当不幸的预言家作出警告时便遭到指责，并被看作全社会的公敌、妥协的布尔什维克主义者和激进人士，他们更被勒令闭嘴，而且被要求承担后果。对战争负责的政治家和外交官，现在需要接手这项严峻的任务，即编造出相对和平的景象，这项崇高的事业不该受到打扰。不幸的是，这群可敬的人几乎对社会科学和政治经济基本准则一无所知，而这些准则支配着我们当前社会的工

业化和体制形式。巴黎的全权大使也不例外。他们在"铁人"的光辉下会面，谈论着完全被"铁人"操控的世界，可是他们对"铁人"的存在毫无知觉，而且直到最后一刻，他们开口闭口谈的都是20世纪的思想，和20世纪一点关系也没有。

后果不可避免。别指望用1719年的思维方式获得1917年的繁荣。但是，这成为日益明显的事实，这也正是凡尔赛老一辈人的所作所为。

现在，我们看到的这个世界被丢弃在憎恶和不理智的狂欢之后——裹挟着对建立新民族的疯狂假象，这个新民族作为历史珍奇也许有一定的价值，但它永远也不可能在一个由煤、油、水、电和批发信贷主导的世界里占有一席之地——

钢铁人

一块被人为分界线分割的大陆，虽然在儿童地图册上看起来很美，但对现代文明没有任何价值——这是一个庞大的穿着黄色、绿色和紫色制服的人类组成的集中营，他们力不从心地模仿着充满传奇历史的祖先，可是他们对当今社会的价值，甚至比不上一个在地下室商店里工作的收银女孩。

这听起来可能是对国家事务的残忍谴责，但是这代表着千百万心存感激和自豪感的忠实的欧洲爱国主义者的心声。

我为此感到抱歉，但是只有欧洲的政治家乐意让拥有现代头脑的人们找到现代问题的解决方式，才能够获得长期的进步和提升。与此同时，人们在痛苦和沮丧中会转向布尔什维克主义和法西斯主义，以寻求解救良方。这样的比喻在不经意间被说了出来，就解释了当前所有政治发展中最为危险和遗憾的地方——欧洲人和美国人之间如野草般迅速生长的厌恶感。因为我想尝试写给不同种族的孩子看，而不是只给大西洋到太平洋那块幸运大陆上的孩子看——那里的星条旗可能被看作极低趣味的展示。但现在是一个讲大白话的时代，尽管这有可能被百分之百的爱国者（爱国者是我最后渴望能够得到的荣誉）误解，我仍愿意努力让自己观点清晰。

我没有说过美国比任何一个旧社会的国家都优秀。然而幸运的是，美国人对于历史几乎毫无记忆，这使得他们比起其他国家拥有更开阔的视野来面对未来和解决当前问题，这使他们能够毫无保留地接纳现代世界，接纳这个世界所有的好与恶，因此他们迅速拥有了一种"生活方式"，使有生命的人类和无生命之物和平共处并且相互尊重。这听起来很荒谬，但是这个高度机械化的国家真正成为第一个让"铁人"对他们俯首称臣的国家。为了这样做，美国人不得不牺牲掉祖先留下的大量压箱底的物件，摒弃了数百个200年或2000年前发挥着极大益处的思想、偏见和政治理想，当下这些思想和理念的价值甚至比不上公共马车和照片。据我所知，除非德国、英国、西班牙以及其他天知道叫什么名字的国家的百姓开始效仿美国，否则欧洲就没有希望可言。

在这样一章当中，指责洛迦诺公约的成果和马克思实用经济的不可行性相当容易，谈论对路易十四和拿破仑时期念念不忘的法国小镇政治家有多么愚蠢也很简单。但是，这只是浪费精力和打印机油墨。

在过去10年中，战争造成的痛苦（不由流血冲突导致，却随世界大战而带来更多痛苦）实际上是由世界经济和政治构架的深刻变化造成的。但是，对于沉浸于旧传统的欧洲国家来说，他们至今也不愿意或者不能够认清这一现实。

凡尔赛条约带来的和平，是旧制度的最后姿态，也是对抗当今时代必然走向的最后一个据点。在不到8年的时间里，一切化作废墟。在充满荣光的1700年，旧制度一定是备受推崇的治国之道。而当下，一万个人中没有一个人愿意去阅读它，因为20世纪是一个受经济和工业原则主导的时代，在这里人们信仰政治无界限，人们相信无法规避的大趋势，即整个世界会变成一个不分语言、种族或以前祖先荣耀的大工厂。

最终在这间大工厂里会出现什么样的成品，人类和机器在积极、明智的合作下会产生何种形式的文明——对此我毫无头绪，但也没什么要紧的。生命的意义在于变化，人类已经不是第一次面临如此紧迫的时刻。

我们远古的祖先和年代较近的先辈也曾经历过这样的危机。

毫无疑问，我们的子孙后代也会经历这些。

但是对于我们这些还活着的人来说，最为严重的问题并不在于全球范围内的经济变革，而是千疮百孔的政治路线。

7年前，激烈的枪声震耳欲聋，探照灯闪瞎我们的双眼。我们不知所措，以至于对自身卷入的巨大动荡一无所知。在那时，任何一个佯装能将我们带回1914年快乐时光的真诚的人，都会被拥立为领袖，获得我们忠诚的追随。

如今，我们知道得更多了。

我们开始认识到，我们曾经浑浑噩噩生活过的舒适旧世界，这个因战争爆发而被打碎的旧世界，在现实生活中存在的时间比效用时长要长几十年。

这并不是说，我们已经认准了眼前这条路。我们在找到正确方向以前，很可能会走无数条错路。而同时，我们也快速地学习到一个非常重要的道理——未来属于生者，死者管不了闲事。

第66章　动态年表

公元前50万—公元1922年

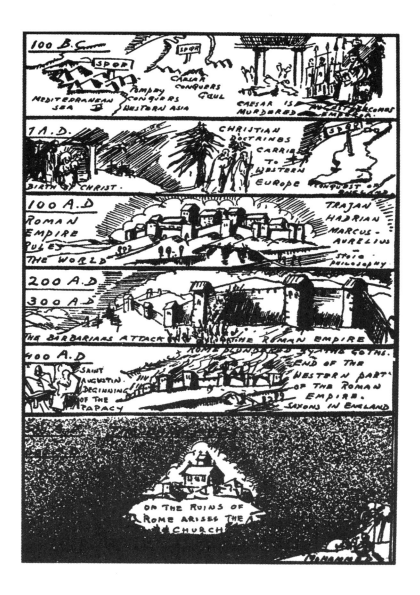

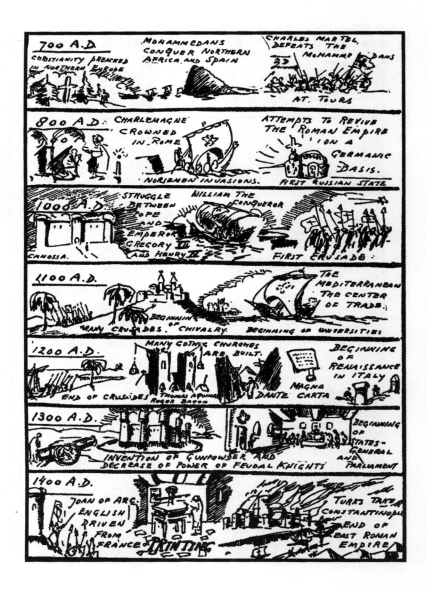

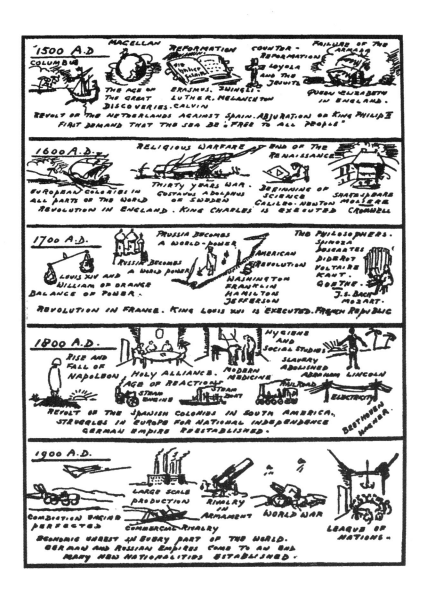